液压气动系统
经典设计实例

张彪 李松晶 等编著

YEYA QIDONG XITONG
JINGDIAN SHEJI SHILI

U0209824

化学工业出版社
·北京·

内 容 提 要

本书选取有代表性的液压气动系统设计实例（包含多种基本回路，并涵盖了液压传动及控制系统、气动系统的多种应用领域），详细介绍了液压与气动系统的设计方法、步骤和技巧。可供液压与气动工程技术人员设计液压与气动系统时参考和借鉴，也作为工科院校机械、自动化相关专业教学、课程设计、毕业设计及液压气动技术培训机构的参考教材。

图书在版编目（CIP）数据

液压气动系统经典设计实例/张彪等编著. —北京：
化学工业出版社，2020.10（2025.1重印）
ISBN 978-7-122-37395-3

Ⅰ.①液…　Ⅱ.①张…　Ⅲ.①液压系统-系统设计
②气压系统-系统设计　Ⅳ.①TH137②TH138

中国版本图书馆 CIP 数据核字（2020）第 122764 号

责任编辑：黄　滢　　　　　　　　　　　　文字编辑：袁　宁　陈小滔
责任校对：宋　玮　　　　　　　　　　　　装帧设计：王晓宇

出版发行：化学工业出版社（北京市东城区青年湖南街 13 号　邮政编码 100011）
印　　装：北京机工印刷厂有限公司
787mm×1092mm　1/16　印张 14½　字数 352 千字　2025 年 1 月北京第 1 版第 4 次印刷

购书咨询：010-64518888　　　　　　　　售后服务：010-64518899
网　　址：http://www.cip.com.cn
凡购买本书，如有缺损质量问题，本社销售中心负责调换。

定　　价：69.00 元

前　言

液压技术由于具有功率重量比大、响应速度快、易于实现标准化和自动化等特点，在工农业生产、航空航天以及国防建设等领域得到了广泛应用。气动系统由于具有环境适应性强、污染小且容易实现等特点，在制造行业及自动化生产领域也有着广泛的应用。液压与气动技术为国民经济和社会生产力的发展发挥了重要的作用。本书所介绍的各液压与气动系统设计实例可作为工程技术人员和研究机构设计液压与气动系统的参考和借鉴，也可作为流体控制及自动化专业教学环节中的参考书和教材。经参数变换和任务量扩展，本书中各设计实例和设计方法及步骤能够成为很好的课程大作业、课程设计和毕业设计的题目及参考。

本书设计实例的选择尽可能包含多种形式的液压与气动系统，涵盖液压传动系统及液压控制系统、气动系统及其多种应用领域。本书选择了组合机床动力滑台液压系统、叉车工作装置液压系统、斗轮堆取料机斗轮驱动液压系统3个典型的液压传动系统以及高炉料流调节阀电液控制系统和火箭炮方向机电液控制系统2个典型的液压控制系统设计实例和工件夹紧气动系统、气动计量系统、气动助力器系统3个典型的气动系统实例。

本书共分10章，前6章为液压部分，后4章为气动部分，主要由哈尔滨工业大学流体控制及自动化教研室的各位老师编写而成。其中第1章和第3章由李松晶老师联合哈尔滨理工大学机械动力工程学院王晓晶老师共同编写，第2章由姜继海老师编写，第4章由王广怀老师编写，第5章由聂伯勋老师编写，第6章由徐本洲老师编写，第7章由张彪老师编写，第8章由李军老师编写，第9章由张彪和李军老师共同编写，第10章由向东老师编写。全书由包钢老师统稿和审定。

在本书的编写过程中，得到了哈尔滨工业大学流体控制及自动化系领导、同事及兄弟院系同事的大力支持和帮助。在书稿整理过程中，温悦、栾家富、潘达宇、张凌玮、张菇、刘吉晓、刘旭玲、张圣卓、彭敬辉、曾文、张亮、李洪洲、曹俊章、张振、韩哈斯敖其尔等协助完成了查找资料、绘图以及文字处理等工作。在此一并表示衷心的感谢。

由于作者水平所限，书中难免会有疏漏之处，敬请广大读者予以批评和指正。

编　者

目　　录

第1章 液压系统设计方法及设计步骤

与所有产品的设计相同，液压系统的设计也遵循一定的设计原则、设计方法和设计步骤。本章在概述液压系统基本设计方法的基础上，着重依次阐述液压系统设计中的明确设计要求、进行工况分析、确定系统方案、计算主要技术参数、拟订液压系统原理图、选择液压元件以及验算液压系统性能等液压系统设计步骤，并对液压系统设计中应该注意的问题进行总结。

1.1 产品的生命周期与液压系统设计原则

液压系统作为一个要面向客户的产品，在设计时，同样应该遵循产品设计的一般规律和原则。但液压系统的设计又具有其特殊性，设计过程中也要根据具体的设计问题，进行具体的分析和设计。

1.1.1 产品的生命周期

如同人体要经过出生、生长、成熟与衰老一样，任何产品都有一个从产生、成长、成熟到衰退的过程。市场营销理论把新产品从投入市场到退出市场的整个过程，分成四个阶段，分别为导入期、成长期、成熟期与衰退期，也称为生命周期，每个时期都有各自的特性。若以时间为横轴（X轴），市场规模（销售额）为纵轴（Y轴），则一个新产品或新技术的发展，会从XY平面左下角到右上角形成一个类似S形的曲线，如图1-1所示。

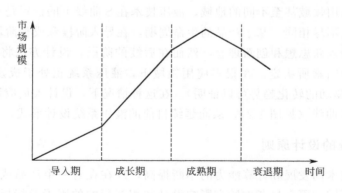

图1-1 产品生命周期的S曲线

图1-1中纵轴通常是产品的"价值"或"预期收益"，例如市场规模或销售额，通常产品价值可以定义为

$$产品价值＝\frac{收益}{成本＋危害}$$

图 1-1 中 S 曲线表明，当一个新产品或新系统处于构思阶段时，例如液压柱塞泵或滑阀，其性能通常是比较差的，设计者需要不断寻找更好的设计方案，提高新产品的性能，此时产品处于 S 曲线的导入期。然后，经过 S 曲线的成长阶段，产品会不断出现一个或多个成熟的设计，此时从越来越成熟的产品设计中消费者会很快得到更多的利益。稍后，产品开始暴露出一些本身无法克服的本质缺陷，例如柱塞泵不可避免地要产生流量脉动，滑阀不可避免地存在着无法克服的液动力，等等。此时，设计者在产品上无法再给消费者提供更多的利益，这是产品接近成熟阶段的特点，即产品处于 S 曲线上的成熟期。通常在这一阶段，设计者已经为消费者提供了所有能够得到的利益，因此设计者不得不把设计重点放在如何降低产品的"成本"和"危害"上。因此，在开始设计某一个产品之前，正确判断该产品在 S 曲线上所处的位置，将会对新设计起到至关重要的影响和指导作用，液压系统的设计也和所有产品的设计一样遵循这一原则。

图 1-1 中 S 曲线表明一个事物的发展轨迹必然遵循 S 曲线，因此设计者应尽量避免产品过早进入衰退期或在前一条 S 曲线发展到顶峰的时候延伸出第二条 S 曲线（见图 1-2），从而形成一个 S 曲线家族，使产品不断获得新的发展生机。

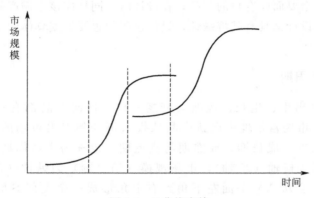

图 1-2　S 曲线家族

对于不同的应用领域甚至不同的地域，液压技术在 S 曲线上的位置是不同的，因此液压系统的设计原则也不尽相同。基于产品的生命周期，在导入阶段和成长阶段，产品或技术仍然有足够的空间引入新思想和创新理念，然而在后续的阶段，设计方法将主要由与"成本"和"危害"有关的因素所决定。在很多应用领域下，液压系统正处于成熟甚至衰退的阶段（从液压驱动向电驱动的转化趋势可以证明）。在这种情况下，设计人员应该开始考虑是否能够寻找到另一个 S 曲线（见图 1-2），从而延续目前的液压系统设计形式。

1.1.2 液压系统的设计原则

随着计算机技术的发展和计算能力的不断提高，现在在对一个产品或系统进行设计时，通常能够从多个不同方面全局考虑所有影响设计和相互影响的因素及指标。对于液压系统，这些因素和指标包括：

① 工作要求/范围（如力矩、功率、速度等）；

② 功率重量比（即功率密度）；

③ 应急操作模式；

④ 故障模式/安全设施（如自锁、液压锁等）；

⑤ 可控性；

⑥ 响应时间；

⑦ 预期寿命；

⑧ 重量；

⑨ 可靠性；

⑩ 可维护性；

⑪ 再生利用性；

⑫ 环保因素（如振动、冲击、温度、噪声、泄漏）；

⑬ 抗燃性；

⑭ 成本。

　　一般来说，大多数液压系统的设计，首先是为了满足工作要求而进行的设计，其次是对成本的考虑，最后考虑系统的可控性、可靠性、可维护性等各种性能要求。除了遵循基本的发展规律外，液压系统的发展还取决于用户日益增加的要求。现在对液压系统设计的要求已达到很高的程度，甚至在大多数设计实例中，只能够满足一两个稳态性能的设计已经不再能够满足用户的需要。

1.2　液压系统设计方法

　　根据不同的设计要求和技术条件，液压系统的设计可以采用经验设计方法、计算机仿真设计方法以及优化设计方法。

1.2.1　经验设计方法

　　对液压系统进行经验设计就是利用已有的设计经验，参考已有类似的液压系统，对其进行重新组合或改造，再经过多次反复修改，最终得出符合要求的液压系统设计结果。这种设计方法具有较大的试探性和随意性，设计所用时间、设计质量与设计者经验有很大的关系。当液压系统较为简单、对性能要求不高时，可以采用经验设计方法。

1.2.2　计算机仿真设计方法

　　随着液压系统设计要求的不断提高，传统的经验设计方法已经不能够满足液压系统的设计要求，因此对于要求较高、需要满足性能指标较多的液压系统，例如复杂的液压元件或液压控制系统，只有采用计算机仿真设计方法才能够缩短设计周期，达到更好的设计效果。计算机仿真技术对于液压元件及系统设计具有十分重要的辅助作用，该技术主要通过数学建模、模型解算以及结果分析等步骤来实现。在系统的数学模型足够精确时，数值分析和仿真计算技术可以显著减少液压系统设计循环次数，提高一次设计成功率，大大缩短设计周期。

1.2.3　优化设计方法

　　所谓优化设计，就是根据给定的设计要求和技术条件，应用最优化理论，使用最优化方法，按照规定的目标在计算机上实现自动寻优的设计。液压系统优化设计的目的是求得所设计液压系统的一组设计参数，以便在满足各项性能要求的前提下，使液压系统同时达到成本费用最低、性能最优或收效最大等设计目标。

优化设计的数学模型一般包括设计变量、约束条件以及目标函数三部分。对于任意一个液压系统的优化问题，其数学模型可描述为

$$\min f(X), \quad X \subset E^n \tag{1-1}$$
$$\text{s.t.} \quad g_j(X) > 0 \quad (j = 1, 2, \cdots, m)$$

式中 X——n 个液压系统设计变量组成的向量，$X = [x_1, x_2, \cdots, x_n]^{\mathrm{T}}$；

         $f(X)$——液压系统优化设计的目标函数，表示 n 维欧式空间中被 m 个约束条件限制的一个可行解域；

$g_j(X) > 0 \ (j = 1, 2, \cdots, m)$——$m$ 个液压系统设计中的约束条件。

（1）设计变量

对于一个较为复杂的液压系统优化设计，设计变量或参数的选择是至关重要的。因而对于变化范围较小的参数基本上可以作为常量处理，同时各个设计变量之间应为相互独立的变量。

（2）约束条件

液压系统在设计过程中所要满足的技术要求或规定，形成了对设计空间寻优范围的约束。

（3）目标函数

液压系统优化数学模型中的目标函数就是液压系统优化设计中要满足的性能指标，是设计变量集合 X 的函数，数学上表示为 $f(X)$，要求 $f(X)$ 达到极小，就是评价设计方案好的标准。

1.3 液压系统设计流程

液压系统中控制部分的结构组成形式有开环式和闭环式两种，所构成的液压系统分别称为液压传动系统和液压控制系统。前者以传递动力为主，因此系统的设计目的主要是满足传动特性的要求；后者以实施控制为主，系统的设计目的主要是满足控制特性的要求。二者的结构组成或工作原理有共同之处，也有一定的差别，因此在设计方法和设计步骤上有相互借鉴之处，但也有所不同。

在设计一台机器时，究竟采用什么样的传动方式，首先必须根据机器的工作要求，对机械、电力、液压和气压等各种传动方案进行全面的方案论证，正确估计应用液压传动的必要性、可行性和经济性。如果确定采用液压传动系统，则按照液压系统的设计内容和设计步骤进行设计，其流程图如图 1-3 所示。液压控制系统的设计内容和设计步骤与液压传动系统有很多共同之处，但同时也增加了更多的液压系统特性分析内容和步骤。

图 1-3 中所述的设计内容和步骤只是一般的液压传动系统设计流程。在实际设计过程中液压系统的设计流程不是一成不变的，对于较简单的液压系统可以简化其设计程序；对于应用在重大工程中的复杂液压系统，往往还需在初步设计的基础上进行计算机仿真或试验，或者局部地进行实物试验，反复修改，才能确定设计方案。另外，液压系统的各个设计步骤又是相互关联、彼此影响的，因此往往也需要各设计过程穿插交互进行。

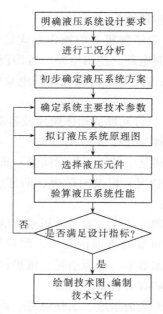

图 1-3　液压传动系统的设计流程

1.4　液压传动系统的设计步骤

图 1-3 所示液压传动系统的设计内容和设计步骤表明，在设计液压传动系统时设计内容主要包括明确液压系统的设计要求、对系统进行工况分析、初步确定系统的设计方案、确定系统的主要技术参数、拟订液压系统原理图、选择液压元件、对所设计液压传动系统的性能进行验算。设计步骤为按照图 1-3 中流程图顺序，从明确液压系统设计要求开始，直到完成对液压系统性能的验算。如果所设计液压系统的性能符合设计要求，则结束设计过程。如果所设计液压系统的性能不能够满足设计要求，则返回相应的前述设计步骤，重新开始设计。

1.4.1　明确液压系统的设计要求

明确用户的设计要求是完成一个液压系统设计任务的关键，为了能够设计出工作可靠、结构简单、性能好、成本低、效率高、维护使用方便的液压系统，必须首先通过调查研究，了解以下几方面内容。

（1）了解主机的概况和总体布局

了解主机的用途、性能、工艺流程和作业环境等，这是合理确定液压执行元件的类型、工作范围、安装位置及空间尺寸所必需的。这一步骤也可以对选用的传动方式进行复核和校验，进一步确定主机采用液压传动是否合理或在多大程度上是合理的，是否能够与其他传动方式相结合，发挥各自长处，以形成更合理的组合传动方式等。

（2）了解主机对性能的要求

通常需要了解如下几方面：

① 机器对负载特性、运动方式和精度的要求　例如，需了解机器工作负载的类型是阻力负载还是超越负载，是恒值负载、变值负载还是冲击负载，以及这些负载的大小。运动方式是直线运动、回转运动还是摆动，以及运动量（如位移、速度、加速度）的大小和范围。

精度要求通常包括定位精度和同步精度等。

② 控制方式及自动化程度　要了解机器的操作方式是手动、半自动，还是全自动。信号处理方式采用有触点继电器控制电路、逻辑电路、可编程控制器，还是微型计算机。

③ 驱动方式　需了解原动机的类型是内燃机还是电动机，并了解原动机的功率、转速及扭矩特性等。

④ 循环周期　了解系统中各执行元件的动作顺序及各动作的相互关系要求。

（3）了解液压系统的使用条件和环境情况

需了解主机工作场所是室内还是室外；工作时间是一班制、两班制，还是三班制；主机工作环境的温度、湿度、污染物情况，以及对防爆、防寒、防震的要求和对噪声的限制情况；维护周期、维护空间等情况。

（4）了解主机在安全可靠性和经济性方面对液压系统的要求

弄清用户在系统使用安全和可靠性方面的要求，明确保用期和保用条件。在经济性方面，不仅考虑投资费用，还要考虑效率、能源消耗、维护保养等运行费用。

（5）了解、搜集同类型机器的有关技术资料

除了要了解同类型机器液压系统的组成、工作原理、系统主要参数外，还要了解其使用情况及存在问题。

1.4.2　进行工况分析

了解了主机的工作要求，便可对主机进行工况分析，即运动分析和负载（动力）分析，绘制运动及负载循环图，以作为设计液压系统的基本依据。对液压系统进行工况分析就是对液压系统所要驱动负载的运动参数和动力参数进行分析，这是确定液压系统执行元件主要参数、设计方案以及选择或设计液压元件的依据。

1.4.2.1　运动分析及运动循环图

运动分析就是根据工艺要求确定整个工作周期中液压系统负载的位移和速度随时间的变化规律，例如某组合机床动力滑台液压系统，根据动力滑台的动作要求，绘制如图1-4所示的位移循环图和速度循环图，这是确定液压系统工作流量和执行元件行程的主要依据。

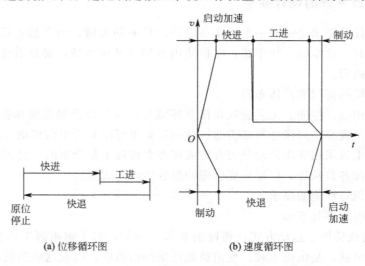

(a) 位移循环图　　　　　(b) 速度循环图

图1-4　组合机床动力滑台液压系统负载的位移循环图和速度循环图

图 1-4(a) 给出了整个工作过程中组合机床动力滑台的位移循环。与图 1-4(a) 中位移循环过程相对应，图 1-4(b) 给出了整个工作循环中动力滑台的速度循环图。从图 1-4 中可以看出，最大速度段出现在快进阶段，在动力滑台匀速进给和退刀过程开始前有启动加速过程，在停止运动前有减速制动过程，为后续的设计提供了依据。

1.4.2.2　负载分析

负载分析主要是研究一台机器在工作过程中，其执行机构的受力情况，又称为动力分析。对液压系统来说，也就是通过试验或计算确定各液压执行元件上负载力或力矩的大小和方向，即确定液压缸或液压马达的负载随时间变化的情况，并注意工作过程中可能产生的冲击和过载等问题，这是最终确定液压系统工作压力的依据。

液压系统承受的负载可以由理论分析确定，也可以通过样机试验来测定。用理论分析方法确定液压系统的工作机构负载时必须考虑到所受到的各种力或力矩的作用，例如工作负载（如切削力、挤压力、弹性塑性变形抗力、重力等）、惯性负载和阻力负载（如摩擦力、背压力）等。

(1) 液压缸的负载及其负载循环图

工作机构做直线往复运动时，液压缸必须克服的外负载力可表示为

$$F = F_e + F_f + F_i \tag{1-2}$$

式中　F_e——工作负载；

　　　F_f——摩擦负载；

　　　F_i——惯性负载。

① 工作负载 F_e　工作负载与机器的工作性质有关，有恒值负载和变值负载。例如，液压机在镦粗、延伸等工艺过程中，其负载随时间平稳地增长；而在挤压、拉拔等工艺过程中，其负载几乎不变。工作负载又可以分为阻力负载和超越负载。阻止液压缸运动的负载称为阻力负载，也称正值负载；助长液压缸运动的负载称为超越负载，也称负值负载。例如，液压缸在提升重物时，负载力为阻力负载；重物下降时，负载力为超越负载。

② 摩擦负载 F_f　摩擦负载是指液压缸驱动工作机构工作时所要克服的机械摩擦阻力。液压缸启动时摩擦负载为静摩擦阻力，可按式(1-3) 计算：

$$F_{fs} = \mu_s (G + F_n) \tag{1-3}$$

式中　G——运动部件所受重力；

　　　F_n——垂直于运动方向的作用力；

　　　μ_s——静摩擦系数。

启动后摩擦负载变为动摩擦阻力，可按式(1-4) 计算：

$$F_{fd} = \mu_d (G + F_n) \tag{1-4}$$

式中　μ_d——动摩擦系数。

③ 惯性负载 F_i　惯性负载即运动部件在启动和制动过程中的惯性力，其平均惯性力可按式(1-5) 进行计算：

$$F_i = \frac{G \Delta v}{g \Delta t} \tag{1-5}$$

式中　G——运动部件所受重力；

　　　g——重力加速度；

　　　Δv——Δt 时间内的速度变化值；

　　　Δt——启动或制动时间。

一般机床可取 $\Delta t=0.1\sim0.5\mathrm{s}$，行走机械可取 $\dfrac{\Delta v}{\Delta t}=0.5\sim1.5\mathrm{m/s^2}$，轻载低速运动部件取较小值，重载高速运动部件取较大值。

液压缸在工作中还必须克服内部密封摩擦阻力，其大小同密封类型、液压缸制造质量和油液工作压力有关。密封摩擦阻力的详细计算比较烦琐，一般将它算入液压缸的机械效率中。

除上述负载外，液压缸在工作过程中还有可能要克服背压阻力和弹性阻力的作用，背压阻力主要是回油背压产生的阻力，弹性阻力来自于液压缸和负载的弹性变形。

根据液压缸的负载随工作时间 t 或行程 S 变化的情况能够绘制液压缸的负载循环图（即 $F\text{-}t$ 或 $F\text{-}S$ 图），例如与图 1-4 中动力滑台液压系统进给过程相对应的负载循环图（即 $F\text{-}t$ 或 $F\text{-}S$ 图）如图 1-5 所示。其中，启动阶段的负载力主要有液压缸活塞和负载的惯性力、机械摩擦力、密封件的密封阻力和回油背压阻力；快进阶段的负载力主要有机械摩擦力、密封件的密封阻力和回油背压阻力；工进阶段的负载力主要有工作负载（刀具的切削力）、机械摩擦力、密封件的密封阻力和回油背压阻力；制动阶段的负载力主要有液压缸活塞和负载的惯性力、机械摩擦力、密封件的密封阻力和回油背压阻力。从负载循环图能够清楚地了解液压缸在整个工作循环内负载力的变化规律、最大负载力以及最大负载力出现的阶段，因此负载循环图是初选液压缸工作压力和确定液压缸结构尺寸的依据。

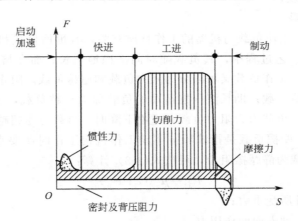

图 1-5　组合机床动力滑台进给阶段液压缸的负载循环图

（2）液压马达的负载及其负载循环图

工作机构做旋转运动时，液压马达必须克服的负载力矩可表示为

$$M=M_\mathrm{e}+M_\mathrm{f}+M_\mathrm{i} \tag{1-6}$$

① 工作负载力矩 M_e　与液压缸的工作负载力一样，液压马达的工作负载力矩可能是定值，也可能是随时间变化的，也有阻力矩负载与超越力矩负载两种形式，应根据机器工作性质进行具体分析。

② 摩擦力矩 M_f　即旋转部件轴径处的摩擦力矩，其计算公式为

$$M_\mathrm{f}=G\mu R \tag{1-7}$$

式中　μ——摩擦系数，启动时为静摩擦系数 μ_s，启动后为动摩擦系数 μ_d；

　　　R——力矩半径；

　　　G——旋转部件所受重力。

③ 惯性力矩 M_i　即旋转部件加速或减速时产生的惯性力矩，其计算公式为

$$M_i = J\varepsilon = J\,\frac{\Delta\omega}{\Delta t} \tag{1-8}$$

$$J = \frac{1}{4g}GD^2$$

式中　ε——角加速度；

$\quad\Delta\omega$——角速度的变化值；

$\quad\Delta t$——加速或减速时间；

$\quad J$——旋转部件的转动惯量；

GD^2——回转部件的飞轮效应，各种回转体的 GD^2 可查《机械设计手册》。

　　和液压缸一样，除上述负载力矩外，液压马达还会受到密封阻力矩、背压阻力矩和弹性阻力矩等负载力矩的作用。根据式(1-6)，分别算出液压马达在一个工作循环内各阶段的负载力矩大小，便可绘制液压马达的负载循环图，即 M-t 图或 M-S 图。

1.4.3　初步确定液压系统方案

　　初步确定液压系统的设计方案主要是确定液压系统执行元件的方案，即确定液压系统的执行元件是采用液压缸还是液压马达以及采用何种结构形式的液压缸或液压马达，前者可以实现直线运动，后者可以实现回转运动，二者的类型、特点及应用场合如表 1-1 所示。对于单纯且简单的直线运动或回转运动，可分别采用液压缸或液压马达直接驱动。但是，现代液压机械的工作机构越来越复杂，对于工作机构运动形式比较复杂的情况可考虑采用经济适用的液压执行元件与其他运动转换机构相配合的设计方案，不仅能达到简化液压系统、降低设备造价的目的，而且能改善液压执行元件的负载状况和运动机构的性能。

表 1-1　液压执行元件类型、特点及适用场合

名　称	特　点	适用场合
双活塞杆缸	双向对称	双向工作的往复运动
单活塞杆缸	有效工作面积大、双向不对称	往返不对称的直线运动、差动连接可实现快进
柱塞缸	结构简单、制造工艺性好	单向工作、靠重力或其他形式外力返回
摆动缸	单叶片式摆角范围大，最大摆角360° 双叶片式摆角范围小，最大摆角180°	小于360°的摆动运动 小于180°的摆动运动
齿轮马达	结构简单、成本低	高速、低扭矩的回转运动
叶片马达	体积小、输出扭矩大	高速、低扭矩、动作灵敏的回转运动
摆线齿轮马达	体积小、输出扭矩大	低速、小功率、大扭矩的回转运动
轴向柱塞马达	运动平稳、扭矩大、转速范围宽	大扭矩回转运动
径向柱塞马达	转速低、结构复杂、输出扭矩大	低速大扭矩回转运动

1.4.4　确定液压系统的主要技术参数

　　压力和流量是液压系统的两个最主要的技术参数，液压元件、辅件以及原动机的规格都是根据这两个参数来确定的。在这一设计阶段确定液压系统的主要技术参数是指确定液压执行元件的工作压力和最大流量，通常是首先选定执行元件的工作压力，然后根据工作压力确定液压缸的主要尺寸或液压马达的排量，最后根据液压缸的速度或液压马达的转速确定其流量。

这一过程可描述为：

已知负载力 F（或力矩 M）和负载速度 v（或转速 n），求系统工作压力（压差）、液压缸直径 D（马达排量 V）以及执行元件和系统流量。求解过程可采用如下的计算流程：

$$系统工作压力 \ p \ （假定给出）\rightarrow \frac{负载力 \ F}{工作压力 \ p} \ 或 \ \frac{负载力矩 \ M}{工作压力差 \ \Delta p} \rightarrow 尺寸（液压缸直径 \ D）或排$$

量（马达排量 V）$\rightarrow Av$ 或 $Vn \rightarrow$ 执行元件流量 $q_{执} \rightarrow$ 系统流量 q

1.4.4.1 初选工作压力

液压系统工作压力的选定，直接关系到整个系统设计的合理程度。选择液压系统的工作压力主要考虑的是液压系统的重量和经济性之间的平衡，在系统功率已确定的情况下，如果系统工作压力选得过低，则液压元件、辅件的尺寸和重量就增加，系统造价也相应增加；如果系统工作压力高，则液压执行元件——液压缸的活塞面积（或液压马达的排量）小、重量轻，设备结构紧凑，系统造价会相应降低。同时执行元件油腔的容积减小，体积弹性模数增大，有利于提高系统的响应速度。但如果系统的工作压力选择过高，则对管路、接头和元件的强度以及对制造液压元件、辅件的材质、密封、制造精度等要求也会大大提高，有时反而会导致液压设备重量和成本的增加以及系统效率和使用寿命的下降。同时，高压时，内泄漏量大，容积效率降低，系统发热和温升严重，系统功率损失增加，噪声加大，元件寿命缩短，维护也较困难。就目前的技术和材质情况，综合考虑重量和经济性指标，一般认为选取 35MPa 左右的工作压力是最经济的，但条件允许时，通常还是选用较低的供油压力（常用的供油压力等级为 7～28）。设计时，可根据系统的具体要求和结构限制条件综合考虑更多的因素，选择适当的供油压力。

通常液压系统执行元件的工作压力可以根据经验按照负载大小或主机的类型进行选择，推荐的选择方法如表 1-2 和表 1-3 所示，执行元件的回油背压经验值如表 1-4 所示，液压系统的压力损失经验值如表 1-5 所示。

表 1-2　按负载选择执行元件工作压力

负载 $F / \times 10^3 \mathrm{N}$	<5	$5\sim10$	$10\sim20$	$20\sim30$	$30\sim50$	>50
工作压力 p/MPa	$<0.8\sim1$	$1.5\sim2$	$2.5\sim3$	$3\sim4$	$4\sim5$	$>5\sim7$

表 1-3　按主机类型选择执行元件工作压力

主机类型	机　床				农业机械、小型工程机械、工程机械辅助机构	塑料机械	液压机、大中型工程机械、起重运输机械	船舵机	航空航天
	磨床	组合机床	龙门刨床	拉床					
工作压力/MPa	$\leqslant5$	$3\sim5$	$2\sim8$	$8\sim10$	$10\sim16$	$6\sim25$	$20\sim32$	$8\sim25$	$21\sim28$

表 1-4　执行元件回油背压

系统类型	背压/MPa	系统类型	背压/MPa
简单系统或轻载节流调速系统	$0.2\sim0.5$	用补油泵的闭式回路	$0.8\sim1.5$
回油路带调速阀的系统	$0.4\sim0.6$	回油路较复杂的工程机械	$1.2\sim3$
回油路设置有背压阀的系统	$0.5\sim1.5$	回油路较短，且直接回油箱	可忽略不计

表 1-5　液压回路压力损失

系统结构情况	总压力损失/MPa
采用节流阀调速及管路简单的系统	$0.2\sim0.5$
进油路有调速阀及管路复杂的系统	$0.5\sim1.5$

1.4.4.2　液压缸的主要参数计算

液压缸的有效作用面积（活塞或环形腔作用面积）可通过负载力和工作压力进行计算，即

$$A_{缸} = \frac{F}{p_s \eta_m} \tag{1-9}$$

或

$$A_{缸} = \frac{\pi}{4} D^2$$

式中　p_s——液压缸的工作压力；

　　　η_m——液压缸的机械效率，通常为 $0.85 \sim 0.99$；

　　　D——液压缸活塞直径。

根据液压缸活塞的有效作用面积 $A_{缸}$ 和直径 D，再通过选择合适的杆径比 d/D 来确定液压缸活塞杆的面积 A' 和直径 d，通常可以按照活塞杆的受力状态和液压缸的速度比（或简称速比）来选取杆径比 d/D。当活塞杆受拉时，一般取 $d/D = 0.3 \sim 0.5$；当活塞杆受压时，为保证压杆的稳定性，一般取 $d/D = 0.5 \sim 0.7$。或按下述原则：

$$d/D = (0.5 \sim 0.55) \quad (p \leqslant 5.0\text{MPa})$$
$$d/D = (0.6 \sim 0.7) \quad (5.0\text{MPa} < p \leqslant 7.0\text{MPa})$$
$$d/D = 0.7 \quad (p > 7.0\text{MPa})$$

在对液压缸的速度比有要求时，杆径比 d/D 还可以按液压缸的往返速度比 $i = v_2/v_1$（其中 v_1、v_2 分别为液压缸的正、反行程速度）的要求来选取，然后校核活塞杆的结构强度和稳定性。液压缸的速度比 i 也是液压缸无杆腔和有杆腔的面积比，其值应符合国家标准 GB 7933—87 规定的面积比值，如表 1-6 所示。速比越大意味着液压缸的活塞杆越粗，因此在活塞杆受压情况下，如果存在稳定性不足的问题，通常选用大的速比，但也要注意液压缸回程的承载能力是否足够。此外，在相同流量下，大速比液压缸回程速度快。

表 1-6　推荐的液压缸速比和活塞直径

φ	D	20	25	32	40	50	63	80	(90)	100	(110)	125	(140)	160	(180)	200	(220)	250	320	400	500
	A_1	3.14	4.91	8.04	12.6	19.6	31.2	50.3	63.6	78.5	95.0	123	154	201	254	314	380	491	804	1257	1963
1.06	d	—	—	—	10	12	16	20	22	25	28	32	36	40	45	50	56	63	80	100	125
	A_2	—	—	—	11.8	18.5	29.2	47.1	59.8	73.6	88.9	115	144	188	293	295	356	460	754	1178	1841
	φ				1.07	1.06	1.07	1.07	1.06	1.07	1.07	1.07	1.07	1.07	1.07	1.07	1.07	1.07	1.07	1.07	1.07
1.12	d	—	—	10	12	16	20	25	28	32	36	40	45	50	56	63	70	80	100	125	160
	A_2	—	—	7.25	11.4	16.1	28.0	45.4	57.5	73.6	88.9	110	138	181	230	285	342	441	726	1134	1762
	φ			1.11	1.10	1.11	1.11	1.11	1.11	1.11	1.12	1.11	1.11	1.11	1.11	1.11	1.11	1.11	1.11	1.11	1.11
1.25	d	—	10	14	18	22	28	36	40	45	50	56	63	70	80	90	100	110	140	180	220
	A_2	—	4.12	6.50	10.0	15.8	25.0	40.1	51.1	62.6	75.4	98.1	123	163	204	251	302	396	650	1002	1583
	φ		1.19	1.24	1.25	1.24	1.25	1.25	1.25	1.25	1.26	1.25	1.25	1.24	1.25	1.25	1.26	1.24	1.24	1.25	1.24
(1.32)	d	10	14	16	20	25	32	40	45	50	56	63	70	80	90	100	110	125	160	200	250
	A_2	2.35	3.37	6.03	9.42	14.7	23.1	37.7	47.7	58.9	70.4	91.5	115	151	191	235	285	368	603	944	1472
	φ	1.33	1.46	1.33	1.34	1.33	1.34	1.33	1.33	1.33	1.34	1.34	1.33	1.33	1.33	1.33	1.33	1.33	1.33	1.33	1.33
1.4	d	—	12	18	22	28	36	45	50	56	63	70	80	90	100	110	125	140	180	220	280
	A_2	—	3.75	5.50	8.77	13.5	21	34.4	44.0	53.2	63.9	84.2	104	137	176	219	257	337	550	877	1348
	φ		1.30	1.46	1.43	1.46	1.48	1.46	1.45	1.46	1.46	1.49	1.46	1.48	1.46	1.45	1.43	1.46	1.40	1.46	1.43	1.46
1.6	d	12	16	20	25	32	40	50	56	63	70	80	90	100	110	125	140	160	200	250	320
	A_2	2.01	2.90	4.00	7.66	11.6	18.6	30.6	39.0	47.4	56.5	72.5	90.3	123	159	191	226	290	490	766	1159
	φ	1.56	1.69	1.64	1.64	1.69	1.68	1.64	1.63	1.66	1.68	1.69	1.70	1.64	1.60	1.64	1.68	1.50	1.64	1.64	1.69

续表

φ		20	25	32	40	50	63	80	(90)	100	(110)	125	(140)	160	(180)	200	(220)	250	320	400	500
	D	20	25	32	40	50	63	80	(90)	100	(110)	125	(140)	160	(180)	200	(220)	250	320	400	500
	A_1	3.14	4.91	8.04	12.6	19.6	31.2	50.3	63.6	78.5	95.0	123	154	201	254	314	380	491	804	1257	1963
2	d	14	18	21	28	35	45	56	63	70	80	90	100	110	125	140	160	180	220	260	360
	A_2	1.60	2.36	4.24	6.41	9.46	15.3	25.6	32.4	40.1	44.3	59.1	75.4	106	132	160	179	236	424	641	946
	φ	1.96	2.08	1.90	1.96	2.08	2.04	1.96	1.96	1.96	2.12	2.08	2.04	1.90	1.93	1.96	2.12	2.08	1.90	1.96	2.08
2.5	d	—	20	25	32	40	50	63	70	80	90	100	110	125	140	160	180	200	250	320	400
	A_2	—	1.77	3.13	4.52	7.07	11.5	19.1	25.1	28.3	31.4	44.2	58.9	78.3	101	113	126	177	313	452	207
	φ	—	2.78	2.57	2.78	2.78	2.70	2.63	2.53	2.78	3.02	2.78	2.61	2.57	2.53	2.78	3.02	2.78	2.37	2.78	2.78
5	d	—	—	—	—	45	56	70	80	90	100	110	125	140	160	180	200	220	280	360	450
	A_2	—	—	—	—	3.73	6.54	11.8	13.4	14.9	16.5	27.7	31.2	47.1	53.4	60	66	111	188	239	373
	φ	—	—	—	—	5.26	4.76	4.27	4.76	5.26	5.76	4.43	4.93	4.27	4.76	5.16	5.76	4.43	4.27	5.26	5.26

注：1. 括号内数值为非优先选用者。

2. D、d 为缸径、杆径（mm）。

3. A_1、A_2 为无杆侧、有杆侧有效面积（cm²）。

液压缸直径 D 和活塞杆直径 d 的最后确定值，还必须根据上述计算值就近圆整成国家标准所规定的标准数值，否则所设计液压缸将无法采用标准的密封件。如所设计液压缸与标准液压缸参数相近，最好选用国产的标准液压缸。

1.4.4.3　液压马达的主要参数计算

液压马达的排量 V_m 可表示为

$$V_m = \frac{2\pi M}{\Delta p \eta_{mm}} \tag{1-10}$$

式中　M——液压马达的负载力矩，N·m；

Δp——液压马达的进、出口压力差，Pa；

η_{mm}——液压马达的机械效率，一般齿轮马达和柱塞马达取 0.90～0.95，叶片马达取 0.80～0.90。

对于要求工作转速很低的液压马达，按负载力矩计算出液压马达排量后，还需按最低工作转速验算其排量，即

$$V_m \geqslant \frac{q_{min}}{n_{m,min}} \tag{1-11}$$

式中　$n_{m,min}$——要求液压马达达到的最低转速，r/min；

q_{min}——系统的最小稳定流量，L/min。

1.4.4.4　液压缸或液压马达的流量计算

液压缸的最大流量为

$$q_{max} = A v_{max} \tag{1-12}$$

式中　A——液压缸的有效面积（有杆腔面积 A_1 或无杆腔面积 A_2）；

v_{max}——液压缸的最大速度。

液压马达的最大流量为

$$q_{max} = V_m n_{m,max} \tag{1-13}$$

式中　$n_{m,max}$——液压马达的最高转速。

1.5　拟订液压系统原理图

　　液压系统原理图的拟订是从液压系统的作用原理和结构组成上满足各项设计要求的具体体现，可通过确定系统类型、选择液压基本回路以及由基本回路组成液压系统这三个步骤来实现。

1.5.1　确定系统类型

　　液压系统主要分为开式系统和闭式系统两种类型，采用哪种类型主要取决于液压系统的调速和散热方式。一般来说，凡是具备较大空间可以存放油箱且不宜另外设置散热装置的系统，要求结构尽可能简单的系统，或采用节流调速、容积-节流调速的系统，都适于采用开式类型；凡允许采用辅助泵进行补油并通过换油来达到冷却目的的系统，对工作稳定性和效率有较高要求的系统，或采用容积调速的系统，都适于采用闭式类型。

1.5.2　选择液压基本回路

　　主要根据执行机构的性能、负载、速度和运动形式来确定组成液压系统的基本回路。在液压系统参考书和设计手册中都可以找到关于液压基本回路的介绍内容，因此最好的方法是从参考书或设计手册介绍的诸多成熟方案中选择合适的基本回路来满足系统设计的要求。选择基本回路时既要保证主机的各项性能要求，也要考虑符合节约能源、减少发热、减少冲击等原则。基本回路的选择应首先从对主机性能起决定作用的换向和调速回路开始，然后根据需要考虑其他回路。

　　（1）选择换向和调速方案

　　液压执行元件运动方向和运动速度控制是拟订液压回路的核心问题，应根据主机运动方向和调速性能要求选择合适的基本回路。对于中小流量的液压系统，大多采用换向阀的各种组合形式来实现系统对换向的要求；对于高压大流量的液压系统，多采用先导式阀和插装阀来实现。对于调速回路，如果系统要求调速刚度大，回路简单，则采用节流调速方式，并根据系统对启动冲击、温升对密封件的影响等要求选择进口、出口还是旁路节流调速。如果要求系统效率高、发热少，则采用容积调速方式。回路的循环方式一般由调速方式来确定，节流调速通常采用开式回路，容积调速大多采用闭式循环形式。

　　（2）选择压力控制方案

　　在液压系统工作过程中，要求系统保持一定工作压力或压力在一定范围内变化，有时也要求压力能够多级或无级地连续调节。对于节流调速回路，由定量泵供油，用溢流阀调节系统所需压力，并保持系统压力基本恒定。在容积调速系统中，用变量泵供油，安全阀起安全保护作用并限定系统的最大工作压力。如果系统需要流量不大的高压油，可以考虑采用增压装置实现的增压回路，而不会采用高压液压泵。当考虑到系统间歇工作时的节能和发热等问题时，应考虑采用不同形式的卸荷回路。如果系统某个支回路的工作压力需低于主油源压力时，应考虑采用减压回路。

　　（3）选择顺序动作方案

　　不同的设备类型对主机执行机构的顺序动作要求也不同，有的要求按照固定的方式运行，有的可以是随机的或人为控制的。例如，工程机械工作装置的动作多是人为控制的，因此顺序动作可以由操作人员操纵手动多路阀来实现。加工机械的顺序动作通常是由行程控制的，因此可以采用行程阀或行程开关来实现。此外，还可以采用时间控制（如时间继电器）或压力控制（如压力继电器）的顺序动作方式。

除上述设计方式，对有垂直运动工况的系统应考虑采用平衡回路，有快速运动部件的系统要考虑增设缓冲和制动回路，有多个执行元件的系统还要考虑同步或互不干扰回路等。此外，在不同的工作阶段，系统所需要的流量差别较大时，可以考虑采用双泵或多泵供油方式，或者增设蓄能器作为辅助油源。

1.5.3　由基本回路组成液压系统

由液压基本回路组成系统的方法是首先选择和拟订液压系统的主回路，其次拟订所需要的辅助回路，之后把各种液压基本回路综合在一起，并加入其他起辅助作用的元件和装置，例如加入保证顺序动作或自动循环的相应元件；接入起安全保险、联锁作用的阀和装置以及辅助元件。然后进行整理合并，去掉作用相同或相近的元件和油路，使系统简单，成为完整的液压系统。为便于液压系统的维护和监测，在系统的关键部位还要装设必要的检测元件，例如压力表、温度计和流量计等。最后进行回路检查，看是否能够实现系统的设计要求。此外，还应注意防止系统过热，提高系统效率，系统循环中的每一个动作是否安全可靠、相互间有无干扰等。在实际的设计过程中，确定液压系统原理图时，应尽量参考已有的同类产品或相近产品的有关设计资料。

绘制液压系统原理图时，各液压元件图形符号应尽量采用国家标准中规定的图形符号，在图中要按照国家标准规定的液压元件职能符号的常态位置绘制，对于自行设计的非标准元件可用结构原理图或半结构示意图绘制。在系统图中，应注明各液压执行元件的名称和动作、各液压元件的序号以及各电磁铁的代号，并附有电磁铁、行程阀及其他控制元件的动作顺序表。

1.6　选择液压元件

在选择液压元件时，首先根据系统性能要求和成本要求，选择液压元件的类型；然后分析或计算出该元件在工作中承受的最大工作压力和通过的最大流量，以便确定元件的规格和型号；最后根据液压元件的类型、规格和型号，在不同厂家的产品中选择最适合的标准元件。

1.6.1　液压泵的选择

液压泵类型的选择一般由以下几个特定的因素决定，分别是：

① 定量或变量；

② 最大供油压力、流量或功率；

③ 成本；

④ 泵的压力脉动和噪声；

⑤ 自吸性能；

⑥ 对污染的敏感程度；

⑦ 转速；

⑧ 重量。

在实际应用场合，如果可以使用定量泵，则首选外啮合齿轮泵，因为外啮合齿轮泵结构简单，成本较低，具有良好的自吸性能，对油液污染的敏感程度低，并且具有相对较小的重量。对于有低噪声要求的系统，还可以选择内啮合齿轮泵、叶片泵或螺杆泵。当系统由单泵供油时，可通过多路阀（中位旁通换向阀）来实现不同功能的分流。如果要求系统能够提供两个独立的流量，可采用双泵串联（双联泵）的方式，并通过设置不同的压力来实现双泵流量的分离或合并。

在需要调节液压泵输出流量的场合，可以通过把单作用叶片泵、轴向柱塞泵或径向柱塞泵的排量在零到最大值之间进行调节的方法来实现。变量泵的控制方法有压力补偿、负荷传感以及力矩或功率限制等。除了可以控制送给系统的流量之外，变量泵还可以提高整个系统的工作效率以及减少发热和工作成本。在一些实际应用中，液压系统工作成本的减少会降低整个机器在整个生命周期内的运行成本。

液压泵规格型号主要根据液压泵的额定压力和额定流量等参数进行选择，而液压泵的额定压力和额定流量可根据计算得到的执行元件最大工作压力和流量来确定。

液压泵的最大工作压力为

$$p_p \geqslant p_1 + \sum \Delta p_1 \tag{1-14}$$

式中　p_1——执行元件的最大工作压力，Pa；

　　$\sum \Delta p_1$——液压泵出口到执行元件入口之间总的压力损失，包括沿程压力损失和局部压力损失，Pa。

如果系统在执行元件停止运动时或速度接近于零时才出现最大工作压力，则 $\sum \Delta p_1 = 0$；否则必须计算出油液通过进油路上控制调节元件和管道时的各项压力损失，初算时可凭经验进行估计，或依据表 1-5 中推荐值进行选取。

液压泵的最大供油量为

$$q_p \geqslant \sum_{i=1}^{n} q_{max} + \sum \Delta q_s \tag{1-15}$$

式中　$\sum_{i=1}^{n} q_{max}$——同时动作的各液压执行元件所需流量的最大值之和，L/min；

　　$\sum \Delta q_s$——系统内部所有流量损失之和，L/min；

　　n——同时动作的执行元件个数。

或者为计算方便，也可近似为

$$q_p \geqslant K \sum_{i=1}^{n} q_{max} \tag{1-16}$$

式中　K——系统的泄漏系数，一般取 $K = 1.1 \sim 1.3$，大流量取小值，小流量取大值。

当系统中采用液压蓄能器供油时，q_p 由系统一个工作周期 T 中的平均流量确定：

$$q_p \geqslant \frac{K \sum V_i}{T} \tag{1-17}$$

式中　V_i——系统在整个周期中第 i 个阶段内的用油量。

如果液压泵的供油量是按系统的工进工况进行选取时（如双泵供油方案，其中小流量泵是供给工进工况流量的），其供油量应同时考虑溢流阀的最小溢流量。

在确定液压泵的额定参数时，为了使液压泵工作安全可靠，液压泵额定压力应留有一定的压力储备量，通常泵的额定压力可比工作压力高 25%～60%。液压泵的额定流量则应该尽量与

计算得到的 q_p 相当，不要超过太多，以免造成过大的流量和功率损失。根据液压泵的额定压力和额定流量，可在不同厂家的产品样本中选取合适的液压泵规格和型号。

1.6.2 选择驱动液压泵的电动机

选择驱动液压泵的电动机时，首先根据液压系统的应用场合，确定采用直流型还是交流型的电动机。由于结构原因，直流电动机缺点较多，例如结构复杂，需要定期更换电刷和换向器，维护保养困难，寿命较短，且由于存在换向火花，难以应用于易燃易爆的场合等。与直流电动机相比，交流电动机具有结构简单、工作可靠、易于维护保养等优点，且不存在换向火花，能够应用于易燃易爆的场合。因此，大多数液压系统均采用交流电动机。但对于那些无法提供交流电源的应用场合，液压系统则必须由直流型电动机驱动。例如，在野外作业的工程机械和行走机械中，液压系统的驱动电动机通常采用直流型电动机，或者由内燃机直接驱动。其次，根据液压泵的驱动功率和转速来选择驱动液压泵电动机的规格和型号，驱动液压泵的电动机的转速由液压泵的转速确定，而电动机功率的计算可遵循如下几点原则：

① 在整个工作循环中，液压泵的压力和流量在较多时间内皆达到最大值时，驱动液压泵的电动机功率 P 为

$$P = \frac{p_p q_p}{\eta_p} \tag{1-18}$$

式中　p_p——液压泵的最大供油压力，Pa；

　　　q_p——液压泵的实际输出流量，m^3/s；

　　　η_p——液压泵的总效率，数值可见产品样本，一般有上下限，规格大时取上限，规格小时取下限（如变量泵取下限，定量泵取上限）。

② 限压式变量叶片泵的驱动功率，可按泵的实际压力-流量特性曲线拐点处功率来计算。

③ 在工作循环中，泵的压力和流量变化较大时，可分别计算出工作循环中各个阶段所需的驱动功率，然后求其方均根值 P_{cp}：

$$P_{cp} = \sqrt{\frac{P_1^2 t_1 + P_2^2 t_2 + \cdots + P_n^2 t_n}{t_1 + t_2 + \cdots + t_n}} \tag{1-19}$$

式中　P_1，P_2，$\cdots$，P_n——一个工作循环中各阶段所需的驱动功率，W；

　　　t_1，t_2，$\cdots$，t_n——一个工作循环中各阶段所需的时间，s。

在选择电动机时，应将求得的 P_{cp} 值与各工作阶段的最大功率值比较，若最大功率符合电动机短时超载 25% 的范围，则按平均功率选择电动机；否则应适当增大电动机功率，以满足电动机短时超载 25% 的要求，或按最大功率选择电动机。

1.6.3 液压阀的选择

各种阀类元件的规格型号，可按照液压传动系统原理图和系统工况图中提供的该阀所在支路最大工作压力和通过的最大流量从产品样本中选取。各种阀的额定压力和额定流量，一般大于其最大工作压力和最大通过流量，最好与之相接近。必要时，有时为减小液压阀的通径和成本，避免选用额定流量比最大通过流量高出太多的液压阀，也可允许其最大通过流量超过额定流量的 20%。

具体选择时，溢流阀的额定流量应注意按液压泵的最大流量来选取；流量阀还需考虑最小稳定流量，以满足低速稳定性要求；单杆液压缸系统若无杆腔有效作用面积为有杆腔有效

作用面积的 n 倍，当有杆腔进油时，则回油流量为进油流量的 n 倍，因此应以 n 倍的进油流量来选择通过该回油路的阀类元件。

1.6.4 辅助元件的选择和设计

1.6.4.1 蓄能器

蓄能器作为能量储存设备在液压系统中被广泛应用，其作用包括如下几方面：

① 作辅助油源，补充液压泵输出流量的不足，以满足瞬时大流量的需要；

② 作应急油源；

③ 补偿泄漏；

④ 减小冲击；

⑤ 补偿由于温度或压力引起的容积变化；

⑥ 吸收压力脉动。

选择蓄能器类型时，虽然有些应用场合也会使用重力式和弹簧式的蓄能器，但是考虑到结构的紧凑性和良好的工作性能，大多数应用场合主要采用充气式蓄能器。

蓄能器的规格型号通过计算由蓄能器的容积 V_0 进行选取。例如，某充气式蓄能器工作循环图如图 1-6 所示。初始状态下，蓄能器内部腔体内全部是压力气体而没有油液，此时设其体积为 V_0，压力为 p_0（预先充气时压力），压力气体温度即环境温度为 T_0。当油液进入蓄能器时，气体体积随着气体压力的增加开始被压缩，此时油液压力和气体压力是相同的。当系统压力为最大值 p_2 时，气体体积被压缩至 V_2。

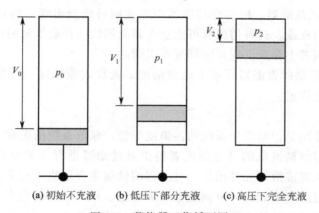

(a) 初始不充液 **(b)** 低压下部分充液 **(c)** 高压下完全充液

图 1-6 蓄能器工作循环图

当液压系统需要流量补充时，蓄能器开始释放能量，蓄能器内气体的体积增至 V_1，压力会随着油液的释放下降至 p_1（最小系统压力）。从蓄能器中释放出的油液体积可以表示为

$$\Delta V = V_1 - V_2 \tag{1-20}$$

对于理想气体，根据蓄能器内气体压缩和膨胀两个过程的理想气体状态方程，经推导，蓄能器内气体体积的变化可表示为

$$\Delta V = V_0 \left(\frac{p_0}{p_2}\right)^{\frac{1}{n_1}} \left[\left(\frac{p_2}{p_1}\right)^{\frac{1}{n_2}} - 1\right] \tag{1-21}$$

式中 n_1——压缩多变指数；

$\quad\quad$ n_2——膨胀多变指数。

由于 n_1 和 n_2 的数值难以确定，通常近似为 $n_1=1$、$n_2=\gamma$，因此，蓄能器内气体的初始体积可计算为

$$V_0 = \frac{\Delta V\left(\frac{p_2}{p_0}\right)}{\left[\left(\frac{p_2}{p_1}\right)^{\frac{1}{\gamma}}-1\right]} \tag{1-22}$$

式中　γ——绝热指数。

已知 ΔV、p_1、p_2、p_0 和 γ，利用式(1-22) 能够计算得到蓄能器容积 V_0，利用这一参数来选择蓄能器的规格型号，能够很好地满足绝大多数液压系统的工业应用要求，但在计算过程中还应注意：

① 由于实际气体的绝热指数是气体温度和压力的函数，所以，在确定蓄能器尺寸时，应该利用实际气体的绝热指数进行计算。

② 由于蓄能器的工作循环决定了蓄能器的油液容积 ΔV，因此在计算之前，根据液压系统的设计需要，正确建立所需的工作循环是保证计算准确性的关键。

③ 根据系统的最大工作压力（例如溢流阀调定压力）来确定压力 p_2 的值，其值必须比保证系统工作性能的压力值要大。

④ 压力 p_1 的确定只要保证系统能够提供足够的压力来克服摩擦、密封等阻力即可。

⑤ 选择预先充气压力 p_0 时应注意防止蓄能器的能量被完全释放。一般情况下，p_0 应大约为系统最小工作压力的 90%。

⑥ 若选用充气式蓄能器，应注意蓄能器中进油阀可能会出现为防止蓄能器的能量被完全释放而过早关闭的现象。这种情况有可能会在蓄能器快速释放能量时出现，主要是由进油阀的异常变形或在阀芯上存在反向速度梯度而引起的。

⑦ 一般在厂家提供的蓄能器样本上也会给出最大释放流速这一参数，应验算所需的释放流速以防止超过允许值。

1.6.4.2　过滤器

过滤器的主要作用是控制液压系统的污染度等级，保证系统的正常工作性能，延长元件的使用寿命。选用过滤精度低的过滤器或者很少对过滤器进行维护都会导致系统的过度污染，使系统工作不可靠或液压元件损坏。过滤器的性能主要取决于两个方面，一方面是过滤污染物的能力，即过滤精度；另一方面包括纳垢容量、压降和过流能力等。过滤器的正确选择需要根据整个液压系统的技术要求以及各种类型过滤器的特点进行认真的评估。

过滤器的选择包括过滤器类型、规格型号的选择和过滤器在回路中安装位置的确定两部分。其中，选择过滤器的型号时，首先根据液压系统的设计要求来选择合适的过滤器类型，然后根据过滤精度选择合适的过滤器型号和规格。此外，还应考虑如下几点：

① 过滤器能在较长时间内保持足够的通流能力；

② 滤芯具有足够的强度，不因油液压力的作用而损坏；

③ 滤芯抗腐蚀性能好；

④ 滤芯能在规定的温度下持久工作；

⑤ 滤芯清洗和更换简便。

除了选择过滤精度外，还需要根据液压系统和元件的污染敏感度和所选用的过滤器类型来决定安装过滤器的位置，以使油液污染程度尽可能降低。过滤器可以安装在液压系统中的

各种位置，例如液压泵的吸油口和排油口、执行元件的进油口和出油口、敏感元件的进油口等位置，如图 1-7 所示。

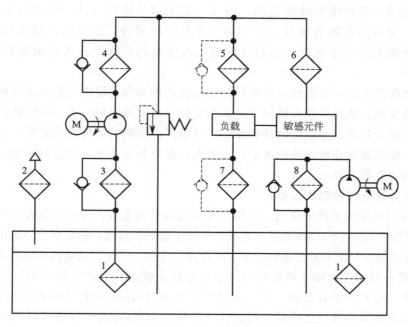

图 1-7　过滤器在液压系统中的安装位置

1—吸油粗滤器；2—注油口/空气滤清器；3—带旁通阀的吸油精滤器；4—带旁通阀的高压过滤器；
5，6—高压过滤器；7—带旁通阀的低压回油过滤器；8—独立于主液压系统的带旁通阀的低压过滤器

液压泵排油口、执行元件和敏感元件的进油口处要使用高压过滤器，系统回油口和液压泵吸油口处可采用低压过滤器。液压泵吸油口过滤器的压降要尽可能低，以免影响液压泵的自吸能力。

1.6.4.3　油箱

油箱最主要的作用是储存油液，此外还起着散热、分离油液中的气泡、沉淀杂质等作用，因此油箱的设计和计算原则是其容积要能够满足液压系统的流量需要，通常按照液压泵从油箱中吸油的最大理论流量来计算。例如，如果某一工业应用中液压泵的最大流量为 q（单位：L/min），则油箱的容积应为 1min 内液压泵最大流量的 a 倍，即

$$V = aq \tag{1-23}$$

按式（1-7）计算油箱的容积时，经验系数 a 可采用表 1-7 中推荐值。

表 1-7　经验系数 a 的推荐值

系统类型	行走机械	低压系统	中压系统	锻压机械	冶金机械
a	1~2	2~4	5~7	6~12	10

大多数应用场合还要在油箱液面上部留出油箱容积 10%～20% 的空间，即 $h_{液面} = 4/5 h_{油箱}$，液面高度为油箱高度的 4/5。上述计算方法十分粗略，而且范围很宽，因此应根据液压系统具体的应用条件和使用要求来确定油箱容积。对于行程较长的液压缸或两腔有效作用面积差别较大的液压缸，应注意验算油箱容积是否能够满足长行程和整个工作循环对油箱容积的要求。蓄能器充液和放液的影响也要加以考虑。

油箱可分为开式油箱和闭式油箱两种。开式油箱是液压系统普遍采用的一种油箱形式，箱中液面与大气相通，在油箱盖上装有空气过滤器。开式油箱结构简单，安装维护方便。闭式油箱一般作压力油箱使用，内充一定压力的惰性气体。油箱的形状大多为矩形或圆罐形，矩形油箱制造容易，箱上易于安放液压元件，所以被广泛采用；圆罐形油箱强度高，重量轻，易于清洗，但制造较难，占地空间较大，在大型冶金设备中经常被采用。

油箱的潜在用途之一是散热，油箱的热交换包括热油和油箱中油液的热交换、油箱中油液和箱壁的热交换、油箱外壁和周围环境的热交换（对流和辐射）等，不同的油箱设计方案散热情况会有很大差别。油箱的设计和安装应尽量保证油箱的最佳散热效果。例如，在结构尺寸设计上，使油箱壁和液压油的接触面积最大；在安装方式上，能够具有更好的空气流通效果和热辐射效果等。

油箱的设计还应注意以下几点：

① 为了保持油箱内油液的清洁，油箱应有周边密封的盖板，盖板上装有空气过滤器，注油及通气一般都由同一个空气过滤器来完成。为便于放油和清理，箱底要有一定的斜度，并在最低处设置放油阀。对于不易开盖的油箱，要设置清洗孔，以便于油箱内部的清理。

② 吸油管及回油管应插入最低液面以下，以防止吸空和回油飞溅产生气泡。管口与箱底、箱壁距离一般不小于管径的 3 倍。吸油管可安装 $100\mu m$ 左右的网式或线隙式过滤器，安装位置要便于装卸和清洗过滤器。回油管口要斜切 45°角并面向箱壁，以防止回油冲击油箱底部的沉积物，同时也有利于散热。

③ 吸油管和回油管之间要保持一定的距离，之间设置隔板，以加大液流循环的途径，起到提高散热、分离空气及沉淀杂质的作用。隔板高度通常为液面高度的 2/3～3/4。

④ 油箱底部应距地面 150mm 以上，以便于搬运、放油和散热。在油箱的适当位置要设吊耳，以便吊运，还要设置液位计，以监视液位。

⑤ 油箱设计还应考虑油箱内表面的防腐处理，不但要顾及与工作液压系统介质的相容性，还要考虑油箱内表面处理后的可加工性、从制造到投入使用之间的时间间隔以及经济性，条件允许时对于要求较高的系统最好采用不锈钢油箱。

一种工业上常用的液压油箱结构设计如图 1-8 所示，该油箱所具备的基本特征及所有辅

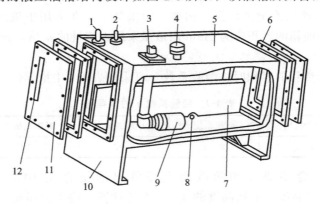

图 1-8　油箱结构及组成

1—回油管；2—泄漏油管；3—泵的吸油管；4—空气滤清器/注油口；5—盖板；
6—密封衬垫；7—隔板；8—排油螺堵；9—吸油过滤器；10—箱体；11—端盖；12—液位计

助元件基本上能够保证前述全部油箱功能的实现。但油箱的设计并不完全局限于图 1-8 所示的结构和组成，可结合具体设计要求和应用条件进行更符合设计要求的设计和布局。

1.6.4.4　集成阀块

集成阀块又称为集成块或阀块，是各个液压元件集成的平台。在集成阀块表面可以安装各种液压阀、压力表以及其他辅助元件，以组成一个完整的液压系统。目前液压系统的控制阀大多数采用集成形式进行安装，即将液压阀件安装在集成阀块上，集成阀块一方面起安装底板作用，另一方面起内部油路作用。这种集成式的液压阀和液压元件的安装方式结构紧凑，安装方便，维护简单。

集成阀块的材料一般为铸铁或锻钢，低压固定设备可用铸铁材料，高压强振场合最好使用锻钢材料。块体形状通常为正方形或长方形。对于较简单的液压系统，液压阀数量较少时，采用一个集成块即可满足安装需要。如果液压系统复杂，控制阀较多，最好采用多个集成块叠积的形式。

集成阀块的设计步骤主要有：

① 确定各个液压元件的尺寸，包括液压元件的外形尺寸、连接尺寸、操作空间大小等。

② 确定孔道的直径。阀块上的公用通道，包括压力油孔 P、回油孔 T、泄漏油孔 L（有时不用）及四个安装紧固的螺栓孔。液压泵输出的压力油经调压后进入公用压力油孔 P，作为供给各单元回路压力油的公用油源。各单元回路的回油均通到公用回油孔 T，然后流回到油箱。各液压阀的泄漏油，统一通过公用泄漏油孔 L 流回油箱。压力油孔的尺寸由液压泵的流量确定，回油孔一般不得小于压力油孔，直接与液压元件连接的液压油孔由选定的液压元件规格确定，与液压油管连接的液压油孔可采用米制细牙螺纹或英制管螺纹，孔与孔之间的连接孔（工艺孔）用螺塞在阀块表面堵死。

③ 确定集成阀块上液压元件的布置。把选择好的各个液压元件放在阀块的各个视图上进行布局，最好让各个阀体集中布置在阀块的正面。保证各个液压元件之间不会干涉，同时还应该考虑元件在安装固定时的操作空间。

④ 确定集成阀块的尺寸，外形尺寸要求满足阀件的安装、孔道布置及其他工艺要求。在液压系统较复杂时，由于液压元件较多，应避免阀块上孔道过长，给加工制造带来困难，所以集成阀块的外形尺寸一般不大于 400mm。为减少工艺孔，缩短孔道长度，阀的安装位置要仔细考虑，使相通油孔尽量在同一水平面或是同一竖直面上。需要多个集成阀块叠积时，一定要保证三个公用油孔的坐标相同，使之叠积起来后形成三个主通道。各通油孔的直径要满足最大允许流速的要求，在设计手册和参考书中均可以找到相应的推荐流速值。油孔之间的壁厚不能太小，一方面防止使用过程中，由于油的压力而击穿；另一方面避免加工时，因油孔的偏斜而误通。对于中低压系统，壁厚不得小于 5mm，高压系统应更大些。

⑤ 集成阀块零件图的绘制。阀块的六个表面都是加工面，其中有三个侧面要安装液压元件，一个侧面引出管道。阀块内孔道纵横交错，需要多个视图和剖面图才能表达清楚。孔道的位置精度要求高，因此尺寸、公差及表面粗糙度均应标记清楚，技术要求也应予以说明。此外，为了便于检查和装配阀块，应把集成回路图和阀块上液压元件布置简图绘在旁边，而且应将各个孔道编号。孔道较多时，最好采用列表的方式说明各个孔的尺寸、深度以及孔与孔之间的相交等情况。

某集成阀块组装图和拆分图分别如图 1-9 和图 1-10 所示。

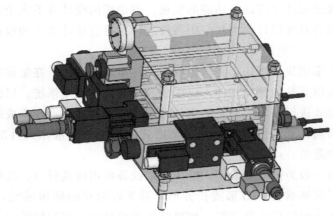

图 1-9　集成阀块组装图

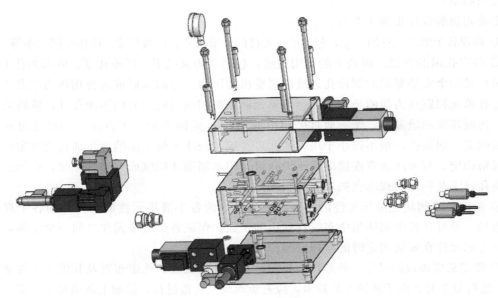

图 1-10　集成阀块拆分图

1.7　验算液压系统的性能

　　液压传动系统的初步设计完成之后，根据拟订的液压系统原理图和选择的液压元件以及管路连接尺寸，能够较为精确地计算出液压系统的压力损失和发热量及温升，从而能够对液压系统的主要性能进行验算，以便评价其设计质量，并改进和完善液压系统的设计。

1.7.1　压力损失的验算

　　液压系统中总的压力损失 Δp_1 为

$$\Delta p_1 = \sum \Delta p_\lambda + \sum \Delta p_\zeta \tag{1-24}$$

式中　$\sum \Delta p_\lambda$——沿程压力损失之和；

　　　$\sum \Delta p_\zeta$——局部压力损失之和。

完成液压系统管路装配草图的绘制后，可根据管路长度、管接头数量和形式等计算出管路的沿程压力损失 Δp_λ 和局部压力损失 Δp_ζ。对于管路中不同的流动状态（如层流或紊流），沿程压力损失 Δp_λ 的计算方法不同，但可以用一个统一的表达式进行计算，即

$$\Delta p_\lambda = 4f \frac{L}{d} \times \frac{\rho v^2}{2} \tag{1-25}$$

式中　f——沿程阻力系数；

　　　L——管路长度；

　　　v——流速；

　　　d——管路直径；

　　　ρ——流体密度。

对于管路中的层流流动，沿程阻力系数 f 可表示为

$$f = \frac{16}{Re} \tag{1-26}$$

式中　Re——雷诺数。

通常确定沿程阻力系数 f 最简单的方法是，利用图 1-11 中雷诺数和沿程阻力系数图表进行查找。图 1-11 也表明，对于管路中的紊流流动状态，沿程阻力系数 f 不仅与雷诺数有关，还与管路内壁的相对粗糙度有关。

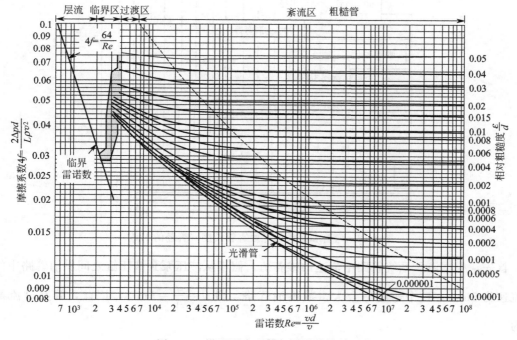

图 1-11　沿程阻力系数与雷诺数的关系

局部压力损失 Δp_ζ 主要产生在阀口、弯管以及接头等部位，液压系统中各种液压阀的型号确定后，产品样本中通常都给出了阀口的压力损失数值，可供查找。弯管或接头处的局部压力损失可以利用式(1-27)中局部压力损失表达式来计算。

$$\Delta p_\zeta = \zeta \frac{\rho v^2}{2} \tag{1-27}$$

这里再以一个估算实例介绍另外一种液压系统局部压力损失估算方法。该方法是把管路中的弯管和接头等效为一定长度的直管路，再利用直管中压力损失表达式进行压力损失估算。例如，几种弯管和接头等效为等径直管的等效方法如图 1-12 所示，等效后的直管长度为管路直径的倍数。

例如，某液压机的压制和顶出液压回路原理图如图 1-13 所示，已知系统的工作介质为 32 号矿物型液压油，工作温度为 50℃，工作压力为 10MPa，额定流量为 60L/min。采用计算等效直管长度的方法估算该回路从液压泵到液压缸入口的压力损失，其方法如下：

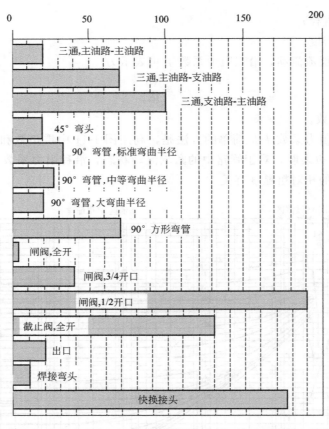

图 1-12　弯管和接头的等效直管长度（管径的倍数）

首先，根据液压系统管路中流速的推荐值，假设从液压泵到液压缸之间供油管路中的平均流速为 5m/s，这个速度适合大多数供油管路，即 $v = \dfrac{q}{A} = 5\text{m/s}$，因此，管路过流截面积为

$$A = \frac{60 \times 10^{-3}}{60 \times 5} = 2 \times 10^{-4}\,(\text{m}^2)$$

又有 $A = \dfrac{\pi d^2}{4}$，因此管路的直径为

$$d = \sqrt{\frac{4 \times 2 \times 10^{-4}}{\pi}} = 16\,(\text{mm})$$

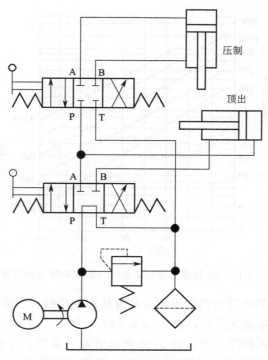

图 1-13 液压机压制和顶出液压回路

　　根据图 1-14 中液压油液的密度与温度和压力的关系以及图 1-15 中液压油液的运动黏度与温度和压力的关系曲线，查得所选用液压油液在 50℃ 和 10MPa 下的密度为 $\rho = 860\text{kg/m}^2$，运动黏度为 $\nu = 24\text{cSt}(1\text{cSt} = 1\text{mm}^2/\text{s})$。

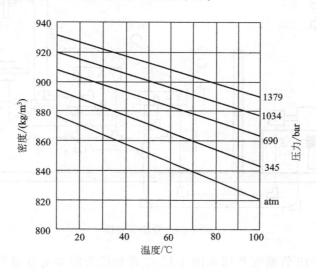

图 1-14 32 号液压油密度与温度和压力的关系
(1bar$=10^5$Pa，1atm$=$101325Pa)

雷诺数 Re 可计算为

$$Re = \frac{vd}{\nu} = \frac{5 \times 0.016}{24 \times 10^{-6}} = 3330$$

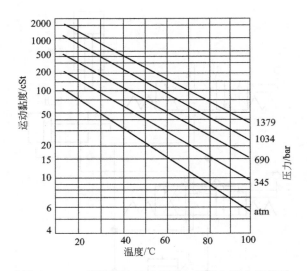

图 1-15　32 号液压油运动黏度与温度和压力的关系

雷诺数 $Re > 2500$，因此管道内的流动为紊流状态。此时，管道内的沿程阻力系数 f 可由图 1-11 确定。假设管壁是光滑的，有 $4f = 0.042$。

将图 1-13 液压系统原理图绘制成图 1-16 所示管路安装图，并标注上各段管路的长度，因此对于顶出回路，从液压泵到执行元件之间整个管路的工作长度 L_p 为

$$L_p = 1.5\text{m} + 8\text{m} + 2\text{m} + 2\text{m} + 0.3\text{m} + 2\text{m} + 1\text{m} = 16.8\text{m}$$

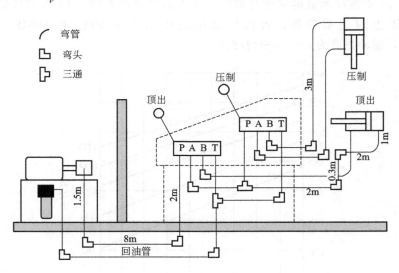

图 1-16　管路安装图

然后，根据图 1-16 管路安装图和图 1-12 弯管和接头的等效管道直径，利用等效长度法，则本例顶出回路供油管路中弯管和接头的等效直管长度结果如表 1-8 所示。

表 1-8　等效直管长度

弯管或接头	等效直管长度/m	弯管或接头	等效直管长度/m
90°直角弯管接头 5 个	5×70＝350	T 形管(直流通)1 个	1×20＝20
标准弯管 1 个	1×32＝32	总计	402 管径

因此，弯管或接头的等效直管总长度为

$$L_{eq} = L_f = 402 \times 0.016 = 6.4 \text{(m)}$$

利用式（1-25）计算总的压力损失，其中管路长度 L 是管道实际长度和等效直管长度之和，即

$$L = L_p + L_f = 16.8 \text{m} + 6.4 \text{m} = 23.2 \text{m}$$

因此，管路引起的总的压力损失为

$$\Delta p = 0.042 \times \frac{23.2}{0.016} \times \frac{860 \times 5^2}{2} = 6.5 \text{(bar)} = 0.65 \text{(MPa)}$$

此外，还需计算管路中阀类元件产生的压力损失。根据图 1-17 厂家提供的换向阀压力损失特性曲线，液压油从 P 口流向 A 口，流量为 60L/min 时，换向阀的压降是 0.8MPa。

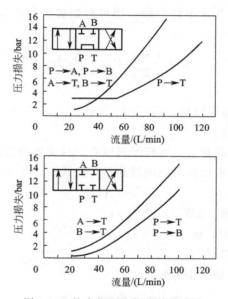

图 1-17　换向阀压力损失特性曲线

供油管路总的压力损失是在该回路中管道、阀以及所有管接头上的压力损失总和，即

$$\Delta p = 0.65 \text{MPa} + 0.8 \text{MPa} = 1.45 \text{MPa}$$

该压力损失偏高，因此需要选用额定功率更大的液压泵，或者可以选用管径更大的管路和管接头以及通径更大换向阀。例如，把管径增至 20mm 再重新计算上述压力损失，则总的压力损失降为 0.25MPa。

经验表明，液流流经阀类元件的局部压力损失在系统的整个压力损失中占很大的比重，因此为了尽早地评价系统的功率利用情况，避免后面的设计工作出现大的反复，在系统方案初步确定之后，通常利用这部分压力损失来概略地估算整个系统的压力损失。

在分别对进、回油路压力损失计算后，将此验算值与前述设计过程中初步选取的进、回油路压力损失经验值相比较，若验算值较大，一般应对原设计进行必要的修改，重新调整有关阀类元件的规格和管道尺寸等，以降低系统的压力损失。实践证明，对于较简单和结构紧凑的液压系统，压力损失验算也可以省略。

1.7.2 系统发热温升的验算

液压系统工作过程中存在着压力损失、容积损失和机械损失，这些损失所消耗的能量多数转化为热能，使油温升高，导致油的黏度下降、油液变质、机器零件变形，影响正常工作。为此，必须控制液压系统温升 ΔT 在允许的范围内，例如一般机床要求温升 $\Delta T = 25 \sim 30℃$；数控机床温升 $\Delta T \leqslant 25℃$；粗加工机械、工程机械和机车车辆温升 $\Delta T = 35 \sim 40℃$。

液压系统的功率损失引起系统发热，因此单位时间的发热量 ϕ 可计算为

$$\phi = P_1 - P_2 \tag{1-28}$$

式中 P_1——系统的输入功率（即液压泵的输入功率），kW；

P_2——系统的输出功率（即执行元件的输出功率），kW。

若在一个工作循环中有几个工作阶段，则可根据各阶段的发热量求出系统的平均发热量，即

$$\phi = \frac{1}{\tau} \sum_{i=1}^{n} (P_{1i} - P_{2i}) t_i \tag{1-29}$$

式中 τ——工作循环周期，s；

t_i——各工作阶段的持续时间，s；

i——工作阶段的序号。

液压系统在工作中产生的热量，可以经过所有元件的表面散发到空气中去，但绝大部分热量是由油箱散发的。油箱在单位时间的散热量可按式(1-30)计算：

$$\phi' = hA\Delta T \tag{1-30}$$

式中 h——油箱的散热系数，$kW/(m^2 \cdot ℃)$；

A——油箱的散热面积，m^2；

ΔT——液压系统的温升，℃。

油箱散热系数的推荐值如表 1-9 所示。

表 1-9　油箱的散热系数 h　　　　　　　　单位：$kW/(m^2 \cdot ℃)$

当自然冷却通风很差时	$(8 \sim 9) \times 10^{-3}$	用风扇冷却时	$(20 \sim 25) \times 10^{-3}$
当自然冷却通风良好时	$(14 \sim 20) \times 10^{-3}$	用循环水冷却时	$(110 \sim 170) \times 10^{-3}$

当液压系统的散热量等于发热量时，即 $\phi' = \phi$，系统达到了热平衡，这时系统的温升为

$$\Delta T = \frac{\phi}{hA} \tag{1-31}$$

如果油箱三个边长的比例在 $1:1:1 \sim 1:2:3$ 范围内，且油面高度为油箱高度的 $\frac{4}{5}$，其散热面积 A 近似为

$$A = 6.5 \times 10^{-2} \sqrt[3]{V^2} \tag{1-32}$$

式中 A——散热面积，m^2；

V——油箱有效容积，L。

按式(1-31)算出的温升值如果超过液压系统的允许值时，系统必须采取适当的冷却措施或修改液压系统原理图，再重新设计，直到温升控制在允许值范围内。

1.8　液压控制系统的设计步骤

　　液压控制系统的设计内容与液压传动系统的设计内容有相同或相近之处，但也有区别。通常液压控制系统的设计内容包括明确液压控制系统设计要求、进行工况分析、选择控制方案、静态分析（确定液压控制系统主要技术参数）、动态分析（确定其他参数）、校核控制系统指标、设计液压油源及辅助装置等步骤，设计流程框图如图 1-18 所示。图 1-18 的设计流程图表明液压控制系统的设计步骤从明确设计要求开始，直到校核控制系统指标。如果所设计液压控制系统满足设计指标，则结束控制系统的设计，进行系统油源和辅助装置的设计。如果经过校核，所设计液压控制系统不满足设计指标要求，则重新确定控制系统的主要技术参数，如果仍然不能够满足设计要求，则可以考虑采用校正装置。

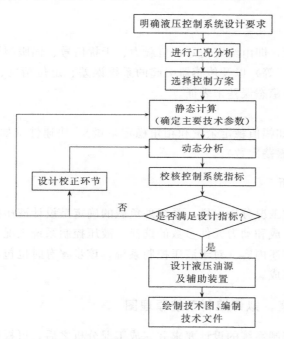

图 1-18　液压控制系统的设计内容和设计步骤

　　图 1-18 中明确设计要求和进行工况分析是液压传动系统设计中不可缺少的两个步骤；选择控制方案等同于液压传动系统设计中液压系统方案的确定；静态分析和动态分析的目的是求得液压控制系统的技术参数，等同于液压传动系统设计中确定主要技术参数和选择液压元件，只不过液压传动系统的设计大多不需要对系统进行动态特性的分析和计算；液压控制系统油源和辅助装置的设计与液压传动系统的设计步骤相同。除此之外，设计液压控制系统时还要对控制系统的性能指标进行校核，必要时需要设计校正装置。

1.8.1　明确液压控制系统设计要求

　　明确液压控制系统的设计要求包括明确主机的设计要求和工作条件以及明确液压控制系统的控制性能要求两部分。例如轧钢机液压压下位置控制系统，除了应能够承受最大轧制负载，还要满足轧钢机轧辊辊缝调节位置精度和调节速度等性能指标。作为被控对象——主机的一部分，液压控制系统与液压传动系统一样，必须满足主机在工艺上和机构上对液压控制系统提出的要求。明确液压控制系统的设计要求和工作条件也和明确液压传动系统的设计要求和工作条件一样，包括了解主机的概况和总体布局、性能要求、工作条件、可靠性和经济性要求等。

设计液压控制系统之前，除了首先明确液压控制系统的设计要求外，还必须明确液压控制系统的控制物理量和性能指标。

（1）明确控制类型及控制物理量的性质

伺服控制系统有机液、电液、气液和电气液等几种类型伺服控制系统，控制信号有模拟信号和数字信号，控制物理量有位置、速度、加速度、力或力矩。设计伺服控制系统时，首先明确采用哪种控制系统，有哪些优势和必要性；其次明确控制类型是模拟控制还是数字控制，开环控制还是闭环控制；最后判定被控制的物理量是位置、速度，还是力。

（2）静态指标

主要是指控制精度，即由给定信号、负载力、干扰信号、伺服阀及电控系统零漂、非线性环节（如摩擦力、死区等）以及传感器引起的系统误差、定位精度、分辨率以及允许的漂移量等，用静态误差和稳态误差来表征。

（3）动态指标

主要包括稳定性（如幅值稳定余量和相角稳定余量）、快速性（如频宽）、过渡过程品质（如超调、过渡时间和振荡次数）。

1.8.2　进行工况分析

与液压传动系统的工况分析一样，系统外负载的确定是设计液压控制系统的一个基本问题，直接影响系统的组成和动力元件参数的选择。液压控制系统工况分析的方法与液压传动系统相同，具体参见前述内容。对于液压控制系统，该步骤有时也包含在明确系统设计要求中，或在静态分析时完成。

1.8.3　选择控制方案，拟订控制系统原理图

在全面了解液压控制系统的设计要求并完成工况分析之后，可根据不同的控制对象，选择液压控制系统基本类型，选定控制方案，并根据选择的控制方案初步拟订整个控制系统的原理图和框图。

选择液压控制系统的基本类型主要就是选择液压动力机构的基本类型。液压动力机构（或称液压动力元件）是指由液压控制元件、执行机构和负载组合成的液压装置。其中液压控制元件可以是液压控制阀或伺服变量泵，液压执行机构可以是液压缸或液压马达。按控制元件和执行机构的不同组合可分为四种类型：阀控液压缸、阀控马达、泵控液压缸和泵控马达。

泵控，又称容积控制，即采用伺服变量泵给执行机构供油，通过改变液压泵的排量来控制进入执行机构的流量，从而控制执行机构的动作。在泵控系统中，液压泵的工作压力与负载相匹配，因此功率损失小，系统效率高，一般无需特殊的冷却装置，结构简单。但泵控系统液压固有频率较低，频带窄，附加的变量控制伺服机构结构复杂，成本高，响应特性不如阀控系统。若控制点较远时，需要很长的管路连接液压泵和执行元件，更导致液压固有频率

降低。因此该类系统多用于大功率、温升不易解决的应用场合。

阀控，又称节流控制，即用伺服阀来控制从液压油源进入执行机构的流量，液压油源通常为恒压油源。阀控系统具有主回路控制简单、结构简单紧凑、频带宽、响应快等特点，但由于是节流控制，功率损失大，效率低，大量液压能被转变为热能而损失掉，以致油温上升快，因此通常需要采取冷却措施。伺服阀体积小，重量轻，为了使动力机构有良好的动力特性，在伺服阀与执行机构的结构布局上可以尽可能靠近或组合成整体式，减小伺服阀和执行元件间液体的质量效应，提高液压固有频率，从而提高系统的动态性能。伺服变量泵尺寸大，所以泵控马达多采用分离式。阀控方式比泵控方式的液压固有频率大，因此阀控方式更适合于快速响应系统。

为满足设计要求，在拟订液压控制系统原理图时，要确定各个元件并考虑系统各个元件之间的相互关系。如输入信号发生器和反馈传感器的方式，采用不同方式则其系统电子部分的框图也会不同。根据拟订的液压控制系统原理图可以绘制系统框图，从而列写系统的传递函数，对系统进行静、动态特性分析。电液位置、速度和力系统有不同的系统框图，具体可参见有关参考文献和手册。

1.8.4　静态分析（确定液压控制系统主要技术参数）

液压控制系统主要技术参数的确定可通过液压控制系统的静态分析来完成，液压控制系统的主要技术参数包括动力机构的主要参数以及其他电气元件的参数。

动力机构是液压控制系统的关键元件，主要作用是在整个工作循环中驱动负载按要求的工作速度运动。其次，它的主要性能参数应能满足整个系统所要求的动态特性。此外，动力机构参数的选择还必须考虑与负载参数的最佳匹配，以保证系统的功耗最小、效率最高。

动力机构主要参数的确定是液压控制系统设计的关键，动力机构的主要参数包括供油压力 p、液压缸有效作用面积 A 或液压马达排量 V 以及液压放大元件主要参数，即伺服阀的节流口过流面积 a 和空载流量 q_0 或液压泵的最大流量 q_{pmax}。当选定液压马达和减速器作执行元件时，还应包括减速器的传动比 i。

液压控制系统的主要参数还包括系统开环增益、反馈元件和其他电气元件的参数等。

液压控制系统的主要技术参数可通过静态计算求得，静态计算主要包括五方面，下面分别予以介绍。

1.8.4.1　供油压力的选择

液压控制系统供油压力的选择与液压传动系统工作压力的选择方法相同，参见本章前述内容。

1.8.4.2　动力机构参数的计算

动力机构的输出特性与动力机构各参数的关系可用动力机构输出特性曲线表示，如图 1-19 所示。将伺服阀的流量-压力曲线经坐标变换，在 v-F_L 平面上表示出来，所得的抛物线即为动力机构稳态时的输出特性。

图 1-19 中 F_L 为负载力，$F_L = p_L A$（其中 p_L 为伺服阀工作压力，A 为液压缸有效作用面积，v 为液压缸活塞运动速度），q_L 为伺服阀的流量，q_0 为伺服阀的空载流量，p_s 为供油压力。当伺服阀空载流量 q_0 和液压缸面积 A 不变时，提高供油压力 p_s 时，动力机构输出特性曲线向外扩展，最大功率提高，最大功率点右移（最大功率点的横坐标右移），如图 1-19(a) 所示。当供油压力 p_s 和液压缸面积 A 不变时，加大伺服阀空载流量 q_0，曲线变

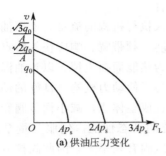 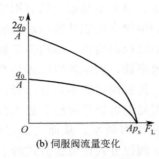 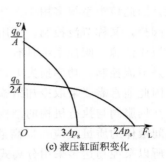

(a) 供油压力变化　　　　**(b) 伺服阀流量变化**　　　　**(c) 液压缸面积变化**

图 1-19　参数变化对动力机构输出特性的影响

高，顶点 Ap_s 不变，最大功率提高，最大功率点横坐标不变，如图 1-19（b）所示。当供油压力 p_s 和伺服阀空载流量 q_0 不变时，加大液压缸面积 A，曲线变低，顶点 Ap_s 右移，最大功率不变，最大功率点横坐标右移，如图 1-19（c）所示。

　　液压动力机构参数的选择除应满足拖动负载和系统性能两方面的要求外，还应考虑与负载的最佳匹配。在液压控制系统设计过程中，实现负载匹配的方法有负载最佳匹配图解法、解析法、近似法等几种方法。

　　（1）负载匹配图解法

　　在负载轨迹曲线 v-F_L 平面上，画出动力机构输出特性曲线。如图 1-20 所示，调整动力机构参数，使动力机构输出特性曲线从外侧完全包围负载轨迹曲线，即可保证动力机构能够拖动负载。图 1-20 中，曲线 1、2、3 代表三条动力机构的输出特性曲线。其中曲线 3 与负载轨迹最大功率点 c 相切，符合负载最佳匹配条件，而曲线 1、2 上的工作点 a 和 b，虽能拖动负载，但系统效率都较低。

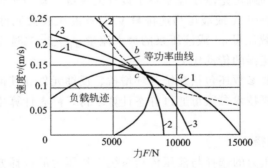

图 1-20　动力机构与负载匹配图形

　　（2）负载匹配的解析法

　　对于一些具有典型负载轨迹的液压控制系统，特别是大功率线性系统，通常可按照负载匹配条件，利用解析法设计动力机构。若系统供油压力已经确定，外扰力为零，采用动力机构的最大功率点与负载轨迹的最大功率点相重合的方法可以直接求得动力机构参数的解析解，即

$$A = \frac{F_L}{p_L} = \frac{3}{2}\frac{F_L}{p_s} \tag{1-33}$$

$$q_0 = \sqrt{3}\, q_L = \sqrt{3}\, A v_L \tag{1-34}$$

式中 　 F_L —— 最大功率点的负载力；

　 　 　 v_L —— 最大功率点的负载速度；

　 　 　 q_0 —— 伺服阀空载流量。

对于惯性负载或弹性负载，根据其负载轨迹，有 $F_m = \sqrt{2} F_L$，$v_m = \sqrt{2} v_L$，因此，可求得液压缸的有效面积为

$$A = \frac{3\sqrt{2} F_m}{4 p_s} = 1.06 \frac{F_m}{p_s} \tag{1-35}$$

式中 　 F_m —— 最大负载力。

伺服阀的空载流量为

$$q_0 = \sqrt{\frac{3}{2}} A v_m \tag{1-36}$$

式中 　 v_m —— 最大负载速度。

（3）负载匹配的近似计算法

在工程应用中，设计动力机构时也经常采用近似计算法，即按最大负载力 F_m、最大速度 v_m 和最大加速度 a_m 来选择动力机构。在伺服阀流量-压力特性曲线上，限定 $p_L < \frac{2}{3} p_s$，并认为最大负载力、最大速度和最大加速度是同时出现的，这样液压缸的有效面积可按式（1-37）计算：

$$A = \frac{m a_m + B_c v_m + K y_0 + F_m}{2/3 p_s} \tag{1-37}$$

式中 　 m —— 液压缸活塞及负载可动部件的总质量；

　 　 　 B_c —— 黏性系数；

　 　 　 K —— 弹性负载的弹性系数；

　 　 　 y_0 —— 弹性负载的最大变形量。

近似计算法应用简便，然而是很偏于保守的计算方法。采用这种方法可以保证系统的性能，但传递效率稍低，因此不适用于大功率系统。

计算阀控液压马达组成的动力机构时，只要将上述计算方法中液压缸的有效作用面积 A 换成液压马达的排量 V，液压缸的负载力 F_L 换成液压马达的负载力矩 M_L，液压缸的负载速度换成液压马达的角速度，并采用相应的计算公式即可。当液压马达系统采用了减速机构时，应注意把负载惯量、负载力矩以及负载的角位移、角速度、角加速度等参数都转换到液压马达的轴上才能作为计算的参数。

减速机构传动比选择的原则是：

① 为保证能得到足够的液压固有频率，传动比应足够大；

② 应保证液压马达的工作转速不超过其最高额定转速，并且不低于最低额定转速；

③ 应保证增大力矩惯量比，提高负载加速度。

1.8.4.3　伺服阀的选择

根据所确定的供油压力 p_s 和由负载流量 q_L（即要求伺服阀输出的流量）计算得到的伺服阀空载流量 q_0，即可由生产厂家提供的伺服阀样本确定伺服阀的规格。伺服阀空载流量是限制系统频宽的一个重要因素，所以伺服阀空载流量应留有余量。通常可取 15% 左右的负载流量作为伺服阀的流量储备。具体选择方法可参见有关教材和设计手册，或咨询伺服阀

生产厂家。

除了流量参数外，在选择伺服阀时，还应考虑以下因素：

① 伺服阀的流量增益线性好。在位置控制系统中，一般选用零开口的流量阀，因为这类阀具有较高的压力增益，可使动力机构有较大的刚度，并可提高系统的快速性与控制精度。

② 伺服阀的频宽应满足系统频宽的要求。一般伺服阀的频宽应大于系统频宽的5倍，以减小伺服阀对系统响应特性的影响。

③ 伺服阀的零点漂移、温度漂移和不灵敏区应尽量小，保证由此引起的系统误差不超出设计要求。

④ 其他，如对零位泄漏、抗污染能力、电功率、寿命和价格等，不同的应用场合都有一定要求。

其他液压阀及液压元件的选择与前述介绍的液压传动系统元件的选择方法相同。

1.8.4.4 根据系统工作状态及精度要求，初步确定系统开环增益

根据自动控制原理，不同类型控制系统的稳态精度取决于系统的开环增益。因此，可以根据系统的类型和系统对稳态精度的要求计算得到系统应具有的开环增益 K，也可以由系统的频宽和系统的相对稳定性要求来确定开环增益 K。

根据二阶或三阶液压控制系统的特性与开环对数幅频特性曲线的关系，当阻尼比 ζ_h 和开环增益 K 与液压固有频率 ω_h 的比值 K/ω_h 都很小时，可近似认为系统的频宽 ω_{-3dB} 等于开环对数幅频特性曲线的穿越频率，即 $\omega_{-3dB} \approx \omega_c$，所以可绘制对数幅频特性曲线，使 ω_c 在数值上等于系统要求的 ω_{-3dB} 值，如图 1-21 所示，再根据绘制的对数幅频特性曲线计算 K 值。

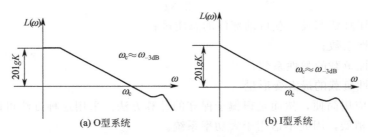

图 1-21 由 ω_{-3dB} 绘制开环对数幅频特性

此外，由于系统的相对稳定性也可用幅值余量和相位余量来表示，因此根据系统要求的幅值余量和相位余量来绘制开环伯德图，同样也可以计算得到开环增益 K。

但应注意，采用上述作图法计算开环增益 K 时，还应综合考虑系统的其他性能要求。

1.8.4.5 反馈元件及其他电气元件的参数确定和选择

根据所检测的物理量，反馈传感器可分为位移传感器、速度传感器、加速度传感器和力（或压力）传感器等，分别适用于不同类型的液压控制系统，作相应类型系统的反馈元件。闭环控制系统的控制精度主要取决于系统的给定元件和反馈元件的精度，因此合理选择反馈元件和反馈传感器十分重要。传感器的频宽一般应选择为控制系统频宽的5～10倍，以保证给系统提供的测量信号是该被测量的瞬时真值，从而减少相位滞后。传感器的频宽对一般系统都能满足要求，因此在设计液压控制系统时传感器的传递函数可近似按比例环节来考虑。

其他电气元件的选择除满足规格要求外，还应根据系统允许的总误差被分配到各元件的允许误差范围，来考虑元件的精度及零漂等要求。

1.8.5　动态分析

液压控制系统的动态特性主要包括系统的稳定性、快速性和过渡过程品质，因此液压控制系统的动态分析就是利用静态分析中确定的液压控制系统主要技术参数，建立系统的数学模型，利用仿真程序，对系统的稳定性、快速性和过渡过程品质进行仿真分析。动态分析方法详见有关参考书和设计手册，动态分析过程可概括为：

① 根据液压控制系统各组成元件的数学模型，推导系统的传递函数；

② 绘制系统框图；

③ 采用频域分析法，绘制系统开环伯德图和闭环伯德图，分析稳定性，校核系统的频宽和峰值；

④ 通过计算机仿真，分析典型信号作用下系统的瞬态响应，校核系统的过渡过程性能指标。

目前，液压控制系统的动态性能多采用现有的数字仿真商用软件进行分析，例如 MATLAB/Simulink、AMESim 等软件。

1.8.6　校核控制系统性能

在确定了系统传递函数的各项参数后，可通过闭环伯德图或时域响应过渡过程曲线或参数计算对系统的各项静动态性能指标和各项稳态误差及静差要求进行校核。该步骤也包括在系统的动态分析过程中，也可以单独作为一个设计步骤和设计内容。

如果经过性能校核，所设计的液压控制系统性能不满足要求，则应调整控制系统设计参数，重复上述计算或采用校正环节对系统进行补偿，从而改变系统的静、动态响应特性或系统精度，直到满足系统的要求。必要时，则需要采用校正环节，选择校正方式和设计校正元件。

1.8.7　设计液压油源及辅助装置

液压控制系统油源和原动机的选择依据及方法与液压传动系统基本相同，但对于液压控制系统尤其应注意两个问题：

① 油液的清洁度等级要求更高；

② 油液中空气含量要在合适的范围内，以免气泡的析出影响油液的可压缩性，从而使控制系统的动态性能下降。

1.9　液压系统的计算机辅助设计软件

目前，液压系统在航空航天、海洋、自动化、工程机械、工业生产等领域有着十分广泛的应用，尽管在不同的应用领域中液压系统的组成和结构存在着很大的差别，但是对于不同的应用场合，所有的液压系统都要满足安全性、高效、可靠性和经济性等要求。系统设计由很多因素决定，例如系统的复杂程度、技术的创新、设计者的经验及合适的分析工具。然而，经过这些设计步骤，有可能系统仍然不能够达到设计要求，造成时间和成本的浪费，而采用计算机仿真则可以避免这一情况，缩短设计周期，节约人力和生产力。

　　随着液压技术的推广使用以及液压仿真技术的发展，从 20 世纪 70 年代开始，液压仿真软件的开发和应用越来越受到各国液压研究人员及软件开发公司的重视。目前，有 Bathfp、AMESim 等几个成熟的液压仿真软件正在被广泛使用。

1.9.1　Bathfp

　　Bathfp 是 20 世纪 70 年代由英国巴斯大学动力传递及运动控制研究中心（Center for Power Transmission and Motion Control）开发的流体动力系统专用仿真软件，最初 Bathfp 只是作为该研究中心开设的流体动力课程的辅助教学软件，随着功能的不断增强，Bathfp 也逐渐被用于各种工程实际系统的仿真分析。目前 Bathfp 有基于 UNIX 操作系统和基于 Windows 操作系统的两个版本。Bathfp 仿真软件主要有如下特点：

　　① 完全免费的软件，任何人都可以从英国巴斯大学动力传递及运动控制研究中心的网站上直接下载使用。

　　② 占用计算机空间少，Windows 版的 Bathfp 整个软件安装后只占用不到 10MB 的空间，运行后占用的计算机内存也很少。

　　③ 基于键合图的数学建模方式。

　　④ 具有回路检查功能，能自动对使用者构造的流体动力回路进行正确性检查，可给出错误信息，并给出回路修改意见，以保证系统的仿真结果是有意义的。这一点对学习液压课程的学生来说更为重要，可以帮助学生总结经验，从而掌握回路及系统的正确绘制及设计方法。

　　⑤ 友好的人机交互界面，丰富的机、电、液元件库。

　　Bathfp 的操作界面如图 1-22 所示。

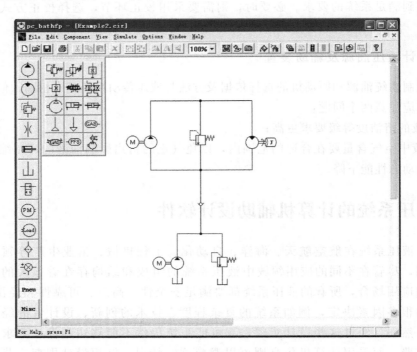

图 1-22　Bathfp 的操作界面

1.9.2　AMESim

AMESim 是由法国 IMAGINE 公司于 1995 年推出的专门用于液压/机械系统建模、仿真及动力学分析的软件。AMESim 的设计思想与 Bathfp 十分相似，都是采用基于键合图的建模方式，但 AMESim 功能更加强大，工具箱及元件库更加齐全，尤其适合于分析电气、机械及液压结构同时存在的系统，软件售价也比较高，对计算机运行环境有一定的要求。

AMESim 软件的主要特点如下：

① 易于识别的标准 ISO 图标和简单直观的多端口框图，为使用者提供了一个友好的界面；

② 根据系统的动态特性，在 17 种可选算法中自动选择最佳积分算法，并具有精确的不连续性处理能力；

③ 12 个开放的模型库基于物理原理和实际应用，包含大量一维流体/机械系统设计及仿真所必需的模型；

④ 超元件功能使用户可以将一组元件集成为一个超元件，并可以将超元件作为一个普通元件使用；

⑤ 内置与 C（或 Fortran）和其他系统仿真软件的接口。借助此特性，用户可以在 AMESim 环境中访问任何 C 或 Fortran 程序、控制器设计特征、优化工具及能谱分析工具等。同时用户还可以将一个完全非线性 AMESim 子模型输出到一个 CAE 或多体软件中去。

AMESim 软件不仅可应用于液压系统，还可应用于其他机械及电气等系统，其应用主要包括：

① 燃料喷射系统，如柴油发动机的直接喷射（高压）、燃油喷射系统的开发、LPG 喷射、电子柴油喷射系统；

② 悬挂系统，如车辆动力学、制动系统、ABS-ESP、气动系统、制动辅助（液压与气动）、润滑系统、动力操纵系统、冷却系统和热力控制；

③ 传动系统，如自动传动、CVT、手动传动、传动网络建模；

④ 液压元件，如液压阀压力脉动、阀/管路/升降机、各类阀的设计；

⑤ 液压回路，如机翼油箱间的油料传输、直升机燃气涡轮的油料供应；

⑥ 系统控制，如直升机机翼多回路控制、太空船火箭助推器控制、舵机控制、飞行员训练生成器、飞机液压控制、离合器控制等；

⑦ 燃油回路，如振动与噪声、热效应；

⑧ 机械系统，如起落架、升降机。

1.9.3　MSC. EASY5

EASY5 软件是 1975 年由美国波音公司开发的公司内部使用的工程系统仿真和分析软件，1981 年作为商业软件由波音公司投放市场，2002 年 EASY5 软件被总部位于美国加利福尼亚州的 MSC. Software 软件公司购买，成为现在的 MSC. EASY5。该软件集中了波音公司在工程仿真方面 20 多年的经验，其中液压仿真系统包含了 70 多种主要的液压元件，涵盖了液压系统仿真的主要方面，是当今世界上主要的液压仿真软件之一。

MSC. EASY5 的主要应用领域包括：液压系统、推进系统、动力系统、智能发动机、混合车辆、控制系统、气体动力系统、风动系统、机械系统、燃油系统、电气系统、热力系统、飞行动力系统、采暖通风/环境控制系统以及多相流体系统等。

MSC. EASY5 是一个基于图形的用来对动态系统进行建模、分析和设计的软件，其建模主要面向由微分方程、差分方程、代数方程及其方程组所描述的动态系统。模型直观地由基本的功能性图块组装而成，例如加法器、除法器、积分器和特殊的系统级部件（如阀、执行器、热交换器、传动装置、离合器、发动机、气体动力模型、飞行动力模型等很多部件）。分析工具包括非线性分析、稳态分析、线性分析、控制系统设计数值分析和图表等。开放的基础构架提供了与其他在计算机辅助分析领域应用的软件和硬件的接口。

EASY5 在液压系统的动态特性仿真及控制器设计方面具有如下特点：

① 液压系统动态过程的仿真通常属于非线性模型的分析和解算范畴。EASY5 求解引擎中的 Switch States 可以很好地解决液压系统模型中的不连续状态。Switch States 可准确判断系统非线性事件的发生和状态转移，从而指导模型的解算，最终使模型能够翔实地反映出液压系统所具有的特性。Switch States 配合软件提供的多种定步长和变步长积分方法，有效地解决了非线性、不连续、大刚性的液压系统求解问题。

② 内涵丰富的流体特性，内置 16 种不同流体的数据库，使用者也可加入自己的流体，相同的模型中也可选择不止一种流体。此外，流体可以是可压缩的，所有流体的特性随压力和温度而变化，是二者的函数。使用者还可以模拟混入空气或流体黏度下降等情况对系统特性的影响。

③ 液压系统控制器的设计多从线性理论出发。EASY5 的线性化分析功能还可以在系统的某一工作点附近提取系统的线性化模型，自动画出液压系统的伯德图、Nyquist 曲线和根轨迹图，以帮助开展控制器的设计。同时 EASY5 为寻找稳态工作点提供了相应的工具，根据设定的工况条件，自动完成计算。

④ 软件分析系统的各种工具统一使用一个数学模型，因此，不必为不同分析而另外建模，具有良好的项目和工程可管理性。

⑤ EASY5 用 FORTRAN 和 C 语言描述模型及积分算法，因而可以很好地继承纯粹由 FORTRAN 和 C 语言实现的模型描述，减少了模型移植的工作量。使用者也可以随时根据自己的需要添加元件或是建立自己的应用库，使仿真分析更具灵活性。

⑥ 能与 ADAMS 动力学分析软件和 MATLAB 以及 MATRIXx 控制系统仿真集成。

⑦ 不仅可分析系统的静态和动态特性，还可进行瞬态特性和气穴现象的分析。

EASY5 软件的用户界面如图 1-23 所示。

1.9.4　Flowmaster

Flowmaster 是由 1984 年成立于英国的 Flowmaster International 公司开发的产品。该产品是面向工程的一维热流体系统仿真软件，凭借其内置的强大一维流体动力系统解算器，工程技术人员可以利用 Flowmaster 建立的系统模型，对复杂的工程系统进行压力、流量、温度、流速的分析，帮助工程技术人员完成流体输运系统、冷却润滑系统、液压动力系统、环控空调系统、污水处理系统、高压供气系统以及热管理等系统的设计。

Flowmaster 具有如下功能：

① 精确预测流体系统中的压力、温度、流量等参数，元件模型主要是基于压力-流量关系的模型，因此能够对系统压力分布、流量分布及元件流阻、流量及流速进行精确的计算。

② 包括了各种分析类型的求解和仿真，例如稳态与瞬态、可压缩与不可压缩、气体与

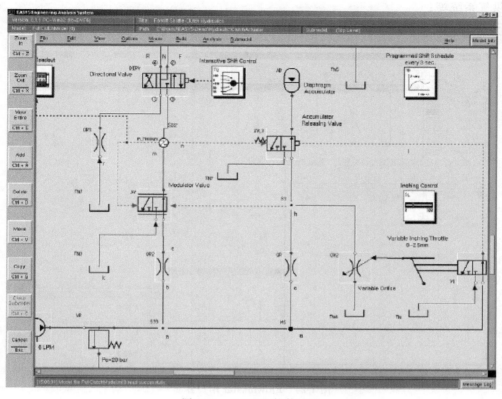

图 1-23　EASY5 软件界面

液体、液压与润滑系统分析等。

③ 除了对流体系统进行常规的静态及动态特性分析外，还可对系统中压力波及气蚀等特殊现象进行捕捉，能够完全捕捉到系统内的压力波动，进而观察系统内压力波的压力峰值及气穴产生等现象。通过控件功能，还可研究阀门关闭控制过程等控制策略，实现系统的优化设计。

④ 元件尺寸分析和复杂管网优化。Flowmaster 可以针对给定的设计流量自动计算出元件所需的管径、管长、孔径、损失系数、摩阻系数等参数。

此外，Flowmaster 还具有完备的元件库、强大的控制器件与控制算法、丰富的第三方软件接口、二次开发环境、开放式的数据库管理以及人机交互式的仿真过程等特点。例如，用户可以将利用 FORTRAN 或 C 语言编写的元件加入元件库中；Flowmaster 建立的虚拟模型可以与其他 CAE 软件，如 MATLAB、FLUENT 进行联合仿真；还可以通过柔性接口，方便地与 Excel、Access 等软件进行数据传递。

Flowmaster 的主要应用领域有航天器（包括太空飞船、航天飞机及空间站等）的燃料供应系统、环境控制调节系统（ECS）、液压系统，飞机的发动机燃料供应系统、环境控制调节系统（ECS）、液压系统、冷却系统、润滑系统，舰艇、潜艇的燃料供应系统、液压系统、设备冷却系统、消防系统、饮用水供应及污水处理系统、上浮/下沉系统，车辆（包括汽车、摩托车等）的燃料供应和喷射系统（200～300MPa）、润滑及冷却循环系统、排气系统和热管理系统，发电厂的冷却水供应系统（包括核电站）、燃料供应系统、汽轮机叶片冷却系统、整个管道系统的浪涌抑制，化学工业、人工煤气、天然气工业以及其他的供油、供水和供气系统等。

Flowmaster 的用户界面如图 1-24 所示。

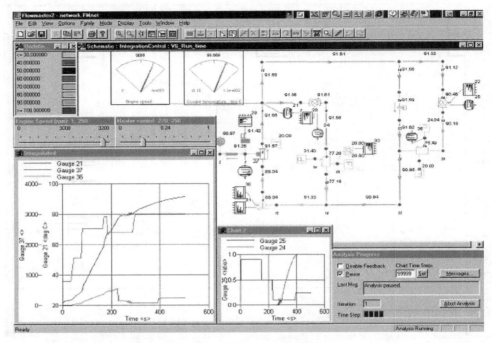

图 1-24 Flowmaster 用户界面

1.10 设计液压系统时应注意的问题

在设计液压系统时，无论是设计液压传动系统还是设计液压控制系统，都应注意以下几个共性问题：

① 由基本回路组成系统时，要注意防止各回路间相互干扰，保证正常的工作循环。

② 提高系统的工作效率，防止系统过热。例如，功率小的系统，可采用节流调速方式；功率大的系统，最好用容积调速方式；经常需要停车或制动的系统，应使液压泵能够及时地卸荷；在整个工作循环中耗油率差别很大的系统，应考虑用蓄能器或变量泵供油等效率高的回路。

③ 防止液压冲击，对于高压大流量的系统，应考虑用阀芯两侧带阻尼孔的液动换向阀代替电磁换向阀，以减慢换向速度；或采用蓄能器增设缓冲回路等，以消除液压冲击。

④ 在满足工作循环和生产效率的前提下，应尽量简化系统。系统越复杂，产生故障的机会就越多。

⑤ 系统要保证安全可靠，对于有垂直下落工况的执行元件应设置平衡回路；对有严格顺序动作要求的执行元件应采用行程控制的顺序动作回路。此外，还应设置互锁装置和一些安全措施。

⑥ 尽量做到设计的标准化和系列化，减少特殊专用件的使用和设计。

除了能够满足系统的工作要求外，在全球经济形势迅速变化的情况下，消费者对液压系统的设计要求将更多地考虑系统的经济性。因此，除了液压技术本身的改进和发展外，社会和经济环境的变化对液压系统设计思想和设计方法的影响也是不可忽视的。

第2章　组合机床动力滑台液压系统设计

作为一种高效率的专用机床，组合机床在大批、大量机械加工生产中应用广泛。本章将以组合机床动力滑台液压系统设计为例，介绍该组合机床液压系统的设计方法和设计步骤，其中包括组合机床动力滑台液压系统的工况分析、主要参数确定、液压系统原理图的拟订、液压元件的选择以及系统性能验算等。

2.1　组合机床动力滑台液压系统的设计要求

2.1.1　组合机床组成及工作原理

组合机床是以通用部件为基础，配以按工件特定外形和加工工艺设计的专用部件和夹具而组成的半自动或自动专用机床。组合机床通常采用多轴、多刀、多面、多工位同时加工的方式，能完成钻、扩、铰、镗孔、攻螺纹、车、铣、磨削及其他精加工工序，生产效率比通用机床高几倍至几十倍。由于通用部件已经标准化和系列化，可根据需要灵活配置，能缩短设计和制造周期。因此，组合机床兼有低成本和高效率的优点，在大批、大量生产中得到广泛应用，并可用以组成自动生产线。某组合机床的组成结构如图 2-1 所示，其中通用部件有动力箱 3、动力滑台 4、支撑件（立柱 1、立柱底座 2、侧底座 5、中间底座 6）和输送部件（回转和移动工作台）等，而专用部件有多轴箱 8 和夹具 7。

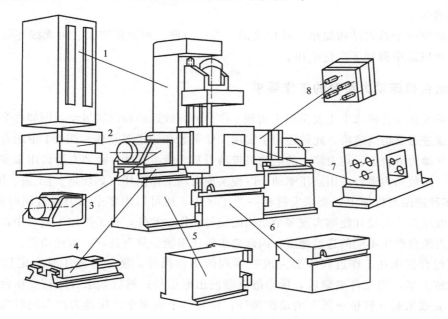

图 2-1　组合机床组成结构图

1—立柱；2—立柱底座；3—动力箱；4—动力滑台；5—侧底座；6—中间底座；7—夹具；8—多轴箱

组合机床的实物如图 2-2 所示。

图 2-2　某组合机床实物图

专用机床是随着汽车工业的兴起而发展起来的。在专用机床中某些部件因重复使用，逐步发展成为通用部件，因此产生了组合机床。通用部件按功能可分为动力部件、支撑部件、输送部件、控制部件和辅助部件五类。动力部件是为组合机床提供主运动和进给运动的部件，主要有动力箱、切削头和动力滑台。支撑部件是用以安装动力滑台、带有进给机构的切削头或夹具等的部件，有侧底座、中间底座、支架、可调支架、立柱和立柱底座等。输送部件是用以输送工件或主轴箱至加工工位的部件，主要有分度回转工作台、环形分度回转工作台、分度鼓轮和往复移动工作台等。控制部件是用以控制机床的自动工作循环的部件，有液压站、电气柜和操纵台等。辅助部件有润滑装置、冷却装置和排屑装置等。

液压系统由于具有结构简单、动作灵活、操作方便、调速范围大、可无级连续调节等优点，在组合机床中得到了广泛应用。

2.1.2　组合机床动力滑台的工作要求

液压系统在组合机床上主要是用于实现工作台的直线运动和回转运动，例如各个动力箱和刀具的快速进退及切削进给，此外还用于实现工件夹紧和输送等动作。图 2-1 中组合机床的动力箱安装在动力滑台上，动力箱上的电动机带动刀具实现主运动，而动力滑台用来完成刀具的进给运动。多数动力滑台采用液压驱动，以便实现自动工作循环（如快进、Ⅰ工进、Ⅱ工进和快退等）。多种进给可根据工艺要求安排在一个工序中，还可以用多个动力滑台同时进行加工，这就要求液压系统的设计能够实现多个结构的同时动作。此外，在工件加工过程中，不同的工艺要求动力滑台产生不同的进给速度，因此要求液压系统应具有良好的调速功能。

通常组合机床在工作过程中要完成一系列的动作循环，例如首先工件由定位缸进行定位，夹紧缸夹紧，当工件夹紧后，压力继电器发出电信号；然后如果有回转工作台，这时回转工作台完成抬起→转位→落下的动作循环；接着一个或多个液压动力滑台同时实现快进→工进→快退→原位停止的动作循环，即液压动力滑台要实现同步动作。动力滑台完成动作循环后，回转工作台完成抬起→复位→落下的动作循环；最后夹紧缸松开，定位缸缩回，至此组合机床完成一个完整的动作循环。由于组合机床的动作循环复杂，动作步骤多，要实现精确可靠的动作循环，则要求液压系统具有很高的自动化程度和自动控制功能，因此液压系统必须与电气控制相结合，应尽可能使用电磁铁、行程开关、压力继电器等电气控制元件。

　　组合机床中定位缸、夹紧缸以及回转工作台的动作循环相对简单，由于动力滑台有时要完成二次或二次以上的进给动作，因此动力滑台的动作循环往往比较复杂。组合机床动力滑台液压系统的典型工作循环如图 2-3 所示，该动力滑台液压系统的工作循环如图 2-3(a) 所示，要完成的动作循环包括原位停止→快进→工进→死挡铁停留→快退→原位停止。

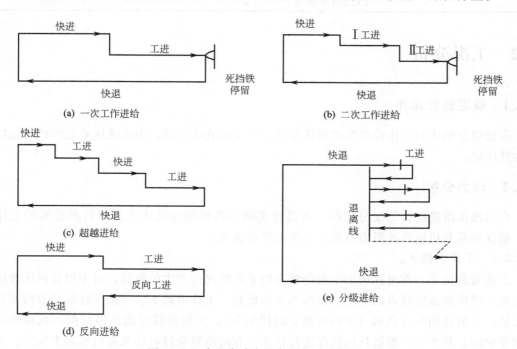

图 2-3　组合机床动力滑台的典型工作循环

2.1.3　本设计实例的设计参数和技术要求

　　设计一个卧式单面多轴钻孔组合机床动力滑台的液压系统，要求液压系统完成的工作循环是：快进→工进→死挡铁停留→快退→原位停止。系统设计参数如表 2-1 所示，动力滑台采用平面导轨，其静、动摩擦系数分别为 $f_s=0.2$、$f_d=0.08$，往复运动的加减速时间要求不大于 0.2s。

表 2-1　设计参数

参　　数			数　　值
主轴参数	孔一	直径/mm	16
		个数	8
	孔二	直径/mm	6
		个数	8
	孔三	直径/mm	10
		个数	4

参　　数	数　　值
快进、快退速度/(m/min)	4.5
工进速度/(mm/min)	20～180
最大行程/mm	400
工进行程/mm	180
材料硬度	HB 240
工作部件重量/N	12000

2.2　工况分析

2.2.1　确定执行元件

多轴组合钻床的工作特点要求液压系统主要完成直线运动，因此液压系统的执行元件确定为液压缸。

2.2.2　动力分析

在对液压系统进行工况分析时，本设计实例只考虑组合机床动力滑台所受到的工作负载、惯性负载和机械摩擦阻力负载，其他负载可忽略。

2.2.2.1　工作负载 F_W

工作负载是在工作过程中由于机器特定的工作情况而产生的负载。对于组合机床液压系统来说，沿液压缸轴线方向的切削力即为工作负载。工作负载 F_W 与液压缸运动方向相反时为正值，方向相同时为负值（如顺铣加工的切削力）。工作负载可能是恒定值，也可能是随时间变化的，其大小需根据具体情况进行计算，有时还要通过对样机进行实测来确定。不同的刀具材料加工不同的工件材料，切削力、切削扭矩和切削功率的计算公式不同，不同刀具材料和不同工件材料所对应的组合机床切削力、切削转矩及切削功率公式的经验公式如表 2-2 所示。

表 2-2　组合机床切削力、切削扭矩及切削功率公式

工序内容	刀具材料	工件材料	切削力/N	切削扭矩 T/N·mm	切削功率 P/kW	备　注
钻孔	高速钢	灰铸铁	$F=26Df^{0.8}HB^{0.6}$	$T=10D^{1.9}f^{0.5}HB^{0.6}$	$P=\dfrac{T_v}{9740\pi D}$	$f_{max}=0.45$
		钢	$F=33Df^{0.7}\sigma_b^{0.75}$	$T=16.5D^2f^{0.8}HB^{0.7}$		$f_{max}=0.8$
		铝	$F=118Df^{0.663}$	$T=59D^2f^{0.663}$		
	硬质合金	灰铸铁	$F=71D^{0.75}f^{0.85}HB^{0.6}$	$T=2.63D^{2.4}fHB^{0.6}$		$f_{max}=0.8$
		钢	$F=20D^{1.4}f^{0.8}\sigma_b^{0.75}$	$T=30D^2f\sigma_b^{0.6}$		
扩孔	高速钢	灰铸铁	$F=9.2f^{0.4}a_p^{1.2}HB^{0.6}$	$T=31.6D^{0.75}f^{0.8}HB^{0.6}$		$a_p=\dfrac{D-d}{2}$
	硬质合金		$F=0.6T/D$	$T=80.6D^{0.83}f^{0.68}a_p^{0.79}HB^{0.6}$		

因此，对于本设计采用高速钢钻头钻铸铁孔时的轴向切削力 F_t（单位为 N）与钻头直径 D（单位为 mm）、每转进给量 f（单位为 mm/r）和铸铁硬度 HB 之间的经验计算公式可

表示为

$$F_t = 26Df^{0.8}(\text{HB})^{0.6} \tag{2-1}$$

钻孔时的切削速度 v 和每转进给量 f 可按照表 2-3 用高速钢钻头加工铸铁件的切削用量和表 2-4 用高速钢钻头加工钢件的切削用量推荐值进行选取。

对于 $\phi 16\text{mm}$ 的孔，硬度 HB=240 的铸铁件，根据表 2-3，由于 HB=240 为可选表中第二组硬度范围上限值，考虑到切削加工安全性，选择切削速度 $v=5\sim12\text{m/min}$，进给量 $f=0.15\sim0.20\text{mm/r}$。本设计实例取切削速度 $v=12\text{m/min}$，进给量 $f=0.20\text{mm/r}$。根据切削速度计算式(2-2)，计算得到钻头的转速 $n=239\text{r/min}$。

表 2-3　高速钢钻头加工铸铁件的切削用量

加工直径 /mm	HB160～200		HB200～240		HB300～400	
	切　　削　　用　　量					
	v/(m/min)	f/(mm/r)	v/(m/min)	f/(mm/r)	v/(m/min)	f/(mm/r)
1～6	16～24	0.07～0.12	10～18	0.05～0.10	5～12	0.03～0.08
6～12		0.12～0.20		0.10～0.18		0.08～0.15
12～22		0.20～0.40		0.18～0.25		0.15～0.25
22～50		0.40～0.80		0.25～0.40		0.20～0.30

注：当采用硬质合金钻头加工铸铁时，切削速度一般为 $v=20\sim30\text{m/min}$。

表 2-4　用高速钢钻头加工钢件的切削用量

加工直径 /mm	$\sigma_b=520\sim700\text{MPa}$		$\sigma_b=700\sim900\text{MPa}$		$\sigma_b=1000\sim1100\text{MPa}$	
	切　　削　　用　　量					
	v/(m/min)	f/(mm/r)	v/(m/min)	f/(mm/r)	v/(m/min)	f/(mm/r)
1～6	18～25	0.05～0.10	12～20	0.05～0.10	8～15	0.03～0.08
6～12		0.10～0.20		0.10～0.20		0.08～0.15
12～22		0.20～0.40		0.20～0.30		0.15～0.25
22～50		0.30～0.60		0.30～0.45		0.25～0.35

$$v = \frac{3.14Dn}{1000} \tag{2-2}$$

式中　n——钻头的转速，r/min。

同样，对于 $\phi 6\text{mm}$ 的孔，本设计实例取切削速度 $v=10\text{m/min}$，进给量 $f=0.12\text{mm/r}$，计算得到钻头的转速 $n=531\text{r/min}$。

对于 $\phi 10\text{mm}$ 的孔，本设计实例取切削速度 $v=12\text{m/min}$，进给量 $f=0.13\text{mm/r}$，计算得到钻头的转速 $n=382\text{r/min}$。

根据表 2-1 中设计参数，由式(2-1)计算加工各种孔径时所需要的切削力。

对于 $\phi 16\text{mm}$ 的孔，有

$$
\begin{aligned}
F_{t1} &= 26Df^{0.8}(\text{HB})^{0.6} \\
&= 26 \times 16 \times 0.2^{0.8} \times (240)^{0.6} \\
&= 3076(\text{N})
\end{aligned}
$$

对于 $\phi6mm$ 的孔，有

$$\begin{aligned}
F_{t2} &= 26Df^{0.8}(HB)^{0.6}\\
&= 26 \times 6 \times 0.12^{0.8} \times (240)^{0.6}\\
&= 767(N)
\end{aligned}$$

对于 $\phi10mm$ 的孔，有

$$\begin{aligned}
F_{t3} &= 26Df^{0.8}(HB)^{0.6}\\
&= 26 \times 10 \times 0.13^{0.8} \times (240)^{0.6}\\
&= 1362(N)
\end{aligned}$$

多轴钻床可实现多个相同或不同孔径的加工，以提高加工效率，因此总切削力为所有主轴切削力之和，即

$$F_t = 8 \times F_{t1} + 8 \times F_{t2} + 4 \times F_{t3} = 8 \times 3076 + 8 \times 767 + 4 \times 1362 = 36192(N)$$

2.2.2.2 惯性负载

最大惯性负载取决于移动部件的质量和最大加速度，其中最大加速度可通过工作台最大移动速度和加速时间进行计算。已知往复加、减速时间最大为 0.2s，工作台最大移动速度，即快进、快退速度为 4.5m/min，因此惯性负载可表示为

$$F_m = m\frac{\Delta v}{\Delta t} = \frac{12000}{9.8} \times \frac{4.5}{60 \times 0.2} = 459(N)$$

2.2.2.3 阻力负载

阻力负载主要是工作台的机械摩擦阻力，分为静摩擦阻力和动摩擦阻力两部分。

静摩擦阻力 $f_j = f_s N = F_{fs} = 0.2 \times 12000 = 2400(N)$

动摩擦阻力 $f_d = f_d N = F_{fd} = 0.08 \times 12000 = 960(N)$

根据上述负载力计算结果，可得出液压缸在各个工况下所受到的负载力和液压缸所需推力情况，如表 2-5 所示。

表 2-5 液压缸在各工作阶段的负载

工况	负载组成	负载值 F/N	液压缸推力 $F'(F'=F/\eta_m)/N$
启动	$F = F_{fs}$	2400	2667
反向加速	$F = F_{fd} + F_m$	1419	1577
快进	$F = F_{fd}$	960	1067
工进	$F = F_{fd} + F_t$	37152	41280
反向启动	$F = F_{fs}$	2400	2667
反向加速	$F = F_{fd} + F_m$	1419	1577
快退	$F = F_{fd}$	960	1067

注：1. 液压缸的机械效率 η_m 通常在 0.9~0.95 之间，此处取 0.9。

2. 此处未考虑滑台上的颠覆力矩的影响。

2.2.3 运动分析

所设计组合机床动力滑台液压系统的速度可根据已知的设计参数进行计算。

已知快进速度和快退速度 $v_1 = v_3 = 4.5m/min$、快进行程 $l_1 = 400 - 180 = 220(mm)$、工进行程 $l_2 = 180mm$、快退行程 $l_3 = 400mm$，工进速度由主轴转速及每转进给量求出，即 $v =$

nf。对于 $\phi16$mm 的孔，根据前述取值 $v=nf=239\times0.2=47.8$(mm/min)；对于 $\phi6$mm 的孔，$v=nf=531\times0.12=63.72$(mm/min)；对于 $\phi10$mm 的孔，$v=nf=382\times0.13=49.7$(mm/min)。如果取最低的工进速度为钻 $\phi16$mm 孔所需要的 47.8mm/min 进给速度，则同时完成 $\phi6$mm 和 $\phi10$mm 孔的加工时，在相同的进给速度下，这两个钻头的进给量或切削速度可以降低些。

2.2.4　负载循环图和速度循环图的绘制

根据表 2-5 中计算结果，绘制组合机床动力滑台液压系统的负载循环图，如图 2-4 所示。

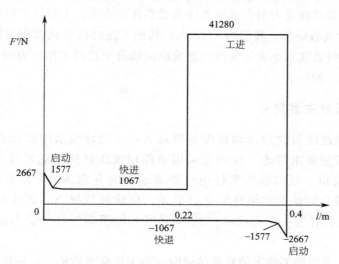

图 2-4　组合机床动力滑台液压系统负载循环图

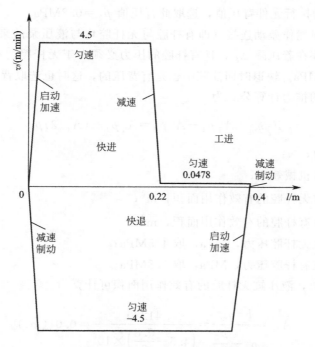

图 2-5　组合机床动力滑台液压系统速度循环图

图 2-4 表明，当组合机床动力滑台处于工作进给状态时，负载力最大为 41280N，其他工况下负载力相对较小。

根据上述计算得到的数据，绘制组合机床动力滑台液压系统的速度循环图，如图 2-5 所示。

2.3 确定主要技术参数

2.3.1 初选液压缸工作压力

图 2-4 所示组合机床动力滑台液压系统负载循环图表明，本设计实例所设计的动力滑台液压系统在工进时负载最大，其值为 41280N，其他工况时的负载都相对较低，参考第 1 章表 1-3 和表 1-4 按照负载大小或按照液压系统应用场合来选择工作压力的方法，初选液压缸的工作压力 $p_1 = 4.5\text{MPa}$。

2.3.2 确定液压缸主要尺寸

由于工作进给速度与快速运动速度差别较大，且设计要求中给出的快进、快退速度相等，从降低总流量需求考虑，应确定采用单作用液压缸的差动连接方式。通常利用差动液压缸活塞杆较粗、可以在活塞杆中设置通油孔的有利条件，最好采用活塞杆固定，而液压缸缸体随滑台运动的常用典型安装形式。在这种情况下，液压缸应设计成无杆腔的工作面积 A_1 是有杆腔工作面积 A_2 2 倍的形式，即活塞杆直径 d 与缸筒直径 D 呈 $d = 0.707D$ 的关系。

工进过程中，当被加工件上的孔被钻通时，由于负载突然消失，液压缸有可能会发生前冲的现象，因此液压缸的回油腔应设置一定的背压（通过设置背压阀的方式），参考第 1 章中表 1-4 中所建议的执行元件背压值，选取此背压值 $p_2 = 0.8\text{MPa}$。

快进时液压缸虽然作差动连接（即有杆腔与无杆腔均与液压泵的来油连接），但是连接管路中不可避免地存在着压降 Δp，且有杆腔的压力必须大于无杆腔，参考第 1 章中表 1-4，估算时取 $\Delta p \approx 0.5\text{MPa}$。快退时回油腔中也是有背压的，这时也选取背压值 $p_2 = 0.8\text{MPa}$。

工进时液压缸的推力计算公式为

$$F/\eta_\text{m} = A_1 p_1 - A_2 p_2 = A_1 p_1 - (A_1/2) p_2 \tag{2-3}$$

式中　F——负载力，N；

η_m——液压缸机械效率；

A_1——液压缸无杆腔的有效作用面积，m^2；

A_2——液压缸有杆腔的有效作用面积，m^2；

p_1——液压缸无杆腔压力，MPa，取 4.5MPa；

p_2——液压缸有杆腔压力，MPa，取 0.8MPa。

因此，根据已知参数，液压缸无杆腔的有效作用面积可计算为

$$A_1 = \frac{F/\eta_\text{m}}{p_1 - \dfrac{p_2}{2}} = \frac{41280}{\left(4.5 - \dfrac{0.8}{2}\right) \times 10^6} = 0.01(\text{m}^2)$$

液压缸缸筒直径为

$$D=\sqrt{(4A_1)/\pi}=\sqrt{(4\times0.01\times10^6)/\pi}=112.8(\text{mm})$$

根据前述差动液压缸缸筒和活塞杆直径之间的关系，$d=0.707D$，因此活塞杆直径为 $d=0.707\times112.8=79.7(\text{mm})$，根据 GB/T 2348—1993 对液压缸缸筒内径尺寸和液压缸活塞杆外径尺寸的规定，圆整后取液压缸缸筒直径为 $D=125\text{mm}$，活塞杆直径为 $d=90\text{mm}$。

此时液压缸两腔的实际有效面积分别为

$$A_1=\pi D^2/4=122.7\times10^{-4}\,\text{m}^2$$

$$A_2=\pi(D^2-d^2)/4=59.1\times10^{-4}\,\text{m}^2$$

代入式(2-3) 中，计算得到液压系统的实际工作压力为

$$p_1=\frac{F/\eta_\text{m}+A_2p_2/2}{A_1}=\frac{41280+59.1\times10^{-4}\times\dfrac{0.8}{2}\times10^6}{122.7\times10^{-4}}=3.56\times10^6(\text{Pa})=3.56(\text{MPa})$$

2.3.3 计算最大流量

组合机床工作台在快进过程中，液压缸采用差动连接（见图 2-6），此时有 $q+q'=q+A_2v_1=A_1v_1$。

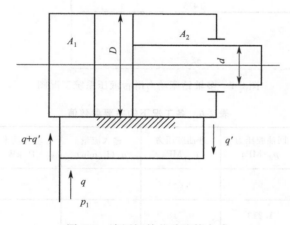

图 2-6 液压缸的差动连接方式

因此，组合机床工作台快进过程中液压缸所需要的流量为

$$q_{快进}=(A_1-A_2)v_1=(122.7\times10^{-4}-59.1\times10^{-4})\times$$
$$4.5\times10^3=28.62(\text{L/min})$$

组合机床工作台在快退过程中液压缸所需要的流量为

$$q_{快退}=A_2v_2=59.1\times10^{-4}\times4.5\times10^3$$
$$=26.6(\text{L/min})$$

组合机床工作台在工进过程中液压缸所需要的流量为

$$q_{工进} = A_1 v_1' = 122.7 \times 10^{-4} \times 47.8 = 0.587(\text{L/min})$$

其中最大流量为快进流量28.62L/min。

根据上述液压缸直径及流量计算结果,进一步计算液压缸在各个工作阶段中的压力、流量和功率值,如表2-6所示。

把表2-6中计算结果绘制成工况图,如图2-7所示。

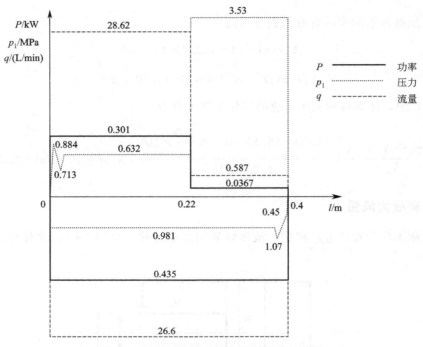

图 2-7 多轴钻床动力滑台液压系统工况图

表 2-6 各工况下的主要参数值

工况		推力 F'/N	回油腔压力 p_2/MPa	进油腔压力 p_1/MPa	输入流量 $q/(\text{L/min})$	输入功率 P/kW	计算公式
快进	启动	2667	0	0.884	—	—	$p_1 = \dfrac{F' + A_2 \Delta p}{(A_1 - A_2)}$
	加速	1577	1.213	0.713	—	—	$q = (A_1 - A_2)v_1$
	恒速	1067	1.132	0.632	28.62	0.301	$P = p_1 q$; $p_2 = p_1 + \Delta p$
工进		41280	0.8	3.75	0.587	0.0367	$p_1 = \dfrac{F' + A_2 p_2}{A_1}$; $q = A_1 v_2$; $P = p_1 q$
快退	启动	2667	0	0.45	—	—	$p_1 = \dfrac{F' + A_2 p_2}{A_2}$
	加速	1577	0.8	1.07	—	—	$q = A_2 v_3$
	恒速	1067	0.8	0.981	26.6	0.435	$P = p_1 q$; $p_2 = p_{背压}$

2.4　拟订液压系统原理图

根据组合机床动力滑台液压系统的设计任务和工况分析结果，所设计机床对调速范围、低速稳定性有一定要求，因此速度控制是该机床要解决的主要问题。速度的换接、稳定性和调节是该机床液压系统设计的核心。此外，与所有液压系统的设计要求一样，该组合机床液压系统应尽可能结构简单，成本低，节约能源，工作可靠。

2.4.1　速度控制回路的选择

工况图 2-7 表明，本设计实例所设计的多轴组合钻床液压系统在整个工作循环过程中所需要的功率较小，系统的效率和发热问题并不突出，因此考虑采用节流调速回路即可。节流调速回路虽然效率低，但是结构简单、成本低，因此更适合于小功率的应用场合。机床的进给运动要求有较好的低速稳定性和速度-负载特性，因此有三种速度控制方案可以选择，即进口节流调速、出口节流调速、限压式变量泵加调速阀的容积节流调速。钻镗加工属于连续切削加工，加工过程中切削力变化不大，因此钻削过程中液压系统的负载变化不大，采用节流阀或调速阀的节流调速回路即可满足要求。但由于在钻头钻入铸件表面及孔被钻通时的瞬间存在负载突变的可能，因此考虑在工作进给过程中采用具有压差补偿的进口调速阀的调速方式，且在回油路上设置背压阀。由于选定了节流调速方案，所以油路最好采用开式循环回路，以提高散热效率，防止油液温升过高。

2.4.2　换向和速度换接回路的选择

所设计多轴组合钻床液压系统对换向平稳性的要求不高，流量不大，压力不高，所以选用价格较低的电磁换向阀控制换向回路即可。为便于实现差动连接，换向阀可以选用一个三位五通电磁换向阀，或选用一个三位四通电磁换向阀和一个两位三通电磁换向阀，如图 2-8 所示。为了便于在间歇工作时手动调整工作台的位置和便于增设液压夹紧支路，可以考虑选用 Y 形中位机能的电磁换向阀，也可根据系统的要求相应地选用其他类型的中位机能。

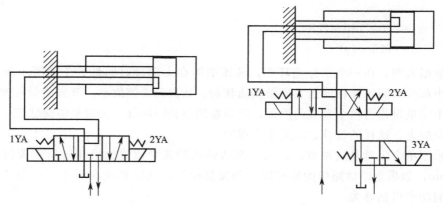

(a) 采用三位五通电磁换向阀　　(b) 采用三位四通电磁换向阀和两位三通电磁换向阀

图 2-8　换向回路

由前述计算可知，当工作台从快进转为工进时，进入液压缸的流量由 28.62L/min 降为 0.587L/min，可选两位两通行程换向阀来进行速度换接，以减少速度换接过程中的液压冲击，如图 2-9 所示。由于工作压力较低，控制阀均用普通滑阀式结构即可。由工进转为快退时，在行程阀回路上并联了一个单向阀可以实现速度换接。为了控制轴向加工尺寸，提高换向位置精度，可以采用死挡块加压力继电器的行程终点转换控制方式。

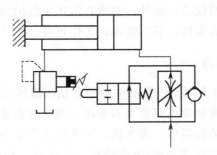

图 2-9　速度换接回路

2.4.3　油源的选择和能耗控制

表 2-6 表明，本设计实例多轴组合钻床动力滑台液压系统的供油工况主要为快进、快退时的低压大流量供油和工进时的高压小流量供油两种工况，若采用单个定量泵供油，显然系统的功率损失大、生产效率低。设计液压系统时，在液压系统的流量、方向和压力等关键参数确定后，还要考虑能耗控制，用尽量少的能量来完成系统的动作要求，以达到节能和降低生产成本的目的。

在图 2-7 工况图的一个工作循环内，液压缸在快进和快退行程中要求油源以低压大流量供油，工进行程中要求油源以高压小流量供油。其中最大流量与最小流量之比 $q_{max}/q_{min} = 28.62/0.587 = 48.76$，而快进和快退所需的时间 t_1 与工进所需的时间 t_2 分别为

$$t_1 = l_1/v_1 + l_3/v_3$$
$$= (60 \times 220)/(4.5 \times 1000) + (60 \times 400)/(4.5 \times 1000)$$
$$= 8.267(s)$$
$$t_2 = l_2/v_2$$
$$= 60 \times 180/47.8$$
$$= 225.9(s)$$

上述数据表明，在一个工作循环中，液压油源在大部分时间都处于高压小流量供油状态，只有小部分时间工作在低压大流量供油状态。从提高系统效率、节省能量角度来看，如果选用单个定量泵作为整个系统的油源，液压系统会长时间处于大流量溢流状态，从而造成能量的大量损失，这样的设计显然是不合理的。

如果采用单个定量泵供油方式，液压泵所输出的流量假设为液压缸所需要的最大流量 28.62L/min，如果忽略油路中的所有压力和流量损失，液压系统在整个工作循环过程中所需要消耗的功率可估算为

快进时 $P_{快进} = pq_{max} = 0.884 \times 10^6 \times 28.62 \times 10^{-3}/60 = 0.422(kW)$

工进时 $P_{工进} = pq_{max} = 3.75 \times 10^6 \times 28.62 \times 10^{-3}/60 = 1.79(kW)$

快退时 $P_{快退} = pq_{max} = 0.981 \times 10^6 \times 28.62 \times 10^{-3}/60 = 0.47(kW)$

可见，在快进、工进、快退过程中，工进过程的功率消耗最大。

如果采用一个大流量定量泵和一个小流量定量泵双泵串联的供油方式，双联泵组成的油源在工进和快进过程中输出不同的流量，此时液压系统在整个工作循环过程中所需要消耗的功率可估算为

快进时　$P_{快进} = pq_{max} = 0.884 \times 10^6 \times 28.62 \times 10^{-3}/60 = 0.422(kW)$

工进时，大流量液压泵卸荷，大流量液压泵出口供油压力接近于零，因此工进时

$$P_{工进} = pq_{max} = 3.75 \times 10^6 \times 0.587 \times 10^{-3}/60 = 0.037(kW)$$

快退时　　　$P_{快退} = pq_{max} = 0.981 \times 10^6 \times 26.6 \times 10^{-3}/60 = 0.43(kW)$

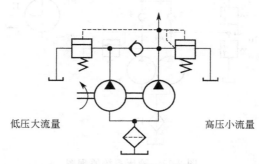

低压大流量　　　　　　　　　　　高压小流量

图 2-10　双泵供油油源

可见，与单泵供油方式相比，如果采用双泵供油的油源设计方案，在工进时系统所消耗的功率可大大降低。

除采用双联泵作为油源外，也可选用限压式变量泵作油源。但限压式变量泵结构复杂，成本高，且流量突变时液压冲击较大，工作平稳性差，因此本设计实例确定选用双联液压泵供油方案，有利于降低能耗和生产成本，如图 2-10 所示。

2.4.4　压力控制回路的选择

由于采用双联泵供油方式，故采用液控顺序阀实现低压大流量泵卸荷，用溢流阀调整高压小流量泵的供油压力。为了便于观察和调整压力，在液压泵的出口处、背压阀和液压缸无杆腔进口处设测压点。

将上述所选定的液压回路进行整理归并，并根据需要作必要的修改和调整，最后画出液压系统原理图如图 2-11 所示，电磁铁和行程阀动作顺序表如表 2-7 所示。

为了解决动力滑台快进时回油路接通油箱，无法实现液压缸差动连接的问题，必须在回油路上串接一个液控顺序阀 9，以阻止油液在快进阶段返回油箱。

表 2-7　电磁铁和行程阀动作顺序表

动作	1YA	2YA	行程阀
快进	+	−	−
工进	+	−	+
快退	−	+	+
停止	−	−	−

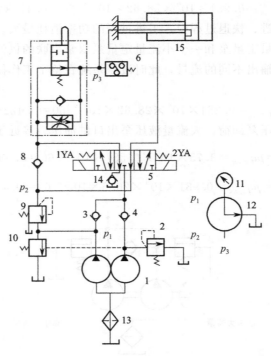

图 2-11　液压系统原理图

1—液压泵；2—溢流阀；3,4,8,14—单向阀；5—三位五通电磁换向阀；6—压力继电器；
7—阀组；9,10—顺序阀；11—压力表；12—多接点压力开关；13—滤油器；15—液压缸

　　为了避免多轴组合机床停止工作时回路中的油液流回油箱，导致空气进入系统，影响滑台运动的平稳性，图中添置了一个单向阀 14。

　　考虑到本设计实例组合机床的用途是钻孔（通孔与不通孔）加工，对位置定位精度要求较高，图中增设了一个压力继电器 6。当滑台碰上死挡块后，系统压力升高，压力继电器发出快退信号，操纵电液换向阀 5 换向。

　　在进油路上设有压力表开关和压力表，钻孔行程终点定位精度不高，采用行程开关控制即可。

2.5　液压元件的选择

　　本设计所使用液压元件均为标准液压元件，因此只需确定各液压元件的主要参数和规格，然后根据现有的液压元件产品进行选择即可。

2.5.1　确定液压泵和电动机规格

2.5.1.1　计算液压泵的最大工作压力

　　由于本设计采用双泵供油方式，根据图 2-7 液压系统的工况图，大流量液压泵只需在快进和快退阶段向液压缸供油，因此大流量泵工作压力较低。小流量液压泵在快速运动和工进时都向液压缸供油，而液压缸在工进时工作压力最大，因此对大流量液压泵和小流量液压泵的工作压力分别进行计算。

根据第 1 章中液压泵的最大工作压力计算方法，液压泵的最大工作压力可表示为液压缸最大工作压力与液压泵到液压缸之间压力损失之和。

对于调速阀进口节流调速回路，参考第 1 章中表 1-5 液压回路压力损失估算值，选取进油路上的总压力损失 $\sum \Delta p = 0.8 \text{MPa}$，同时考虑到压力继电器的可靠动作，要求压力继电器动作压力与最大工作压力的压差为 0.5MPa，则小流量泵的最高工作压力可估算为

$$p_{\text{p1}} = p_{\max} + p_{损} + p_{继电器} = 3.75 + 0.8 + 0.5 = 5.05 (\text{MPa})$$

大流量泵只在快进和快退时向液压缸供油，图 2-9 表明，快退时液压缸中的工作压力比快进时大，如取进油路上的压力损失为 0.5MPa，则大流量泵的最高工作压力为

$$p_{\text{p2}} = p_1 + p_{损} = 1.07 + 0.5 = 1.57 (\text{MPa})$$

2.5.1.2　计算总流量

表 2-6 表明，在整个工作循环过程中，液压油源应向液压缸提供的最大流量出现在快进工作阶段，为 28.62L/min，若整个回路中总的泄漏量按液压缸输入流量的 10% 计算，则液压油源所需提供的总流量为

$$q_{\text{p}} = 1.1 \times 28.62 = 31.482 (\text{L/min})$$

工作进给时，液压缸所需流量为 0.587 L/min，但由于要考虑溢流阀的最小稳定溢流量为 3L/min，故小流量泵的供油量最少应为 3.6L/min。

根据以上液压油源最大工作压力和总流量的计算数值，上网或查阅有关样本，例如 YUKEN 日本油研液压泵样本，确定 PV2R 型双联叶片泵能够满足上述设计要求，因此选取 PV2R12-6/33 型双联叶片泵，其中小泵的排量为 6mL/r，大泵的排量为 33mL/r，若取液压泵的容积效率 $\eta_V = 0.9$，则当泵的转速 $n_{\text{p}} = 960 \text{r/min}$ 时，小泵的输出流量为

$$q_{\text{p小}} = 6 \times 10^{-3} \times 960 \times 0.9 = 5.184 (\text{L/min})$$

该流量能够满足液压缸工进速度的需要。

大泵的输出流量为

$$q_{\text{p大}} = 33 \times 10^{-3} \times 960 \times 0.9 = 28.512 (\text{L/min})$$

双泵供油的实际输出流量为

$$q_{\text{p}} = (6+33) \times 10^{-3} \times 960 \times 0.9 = 33.696 (\text{L/min})$$

该流量能够满足液压缸快速动作的需要。

液压泵参数如表 2-8 所示。

表 2-8　液压泵参数

元件名称	估计流量/(L/min)	规　　格		
		额定流量/(L/min)	额定压力	型号
双联叶片泵	—	5.184+28.512	最高工作压力为 21MPa	PV2R12-6/33

2.5.1.3　电动机的选择

由于液压缸在快退时输入功率最大，这时液压泵工作压力为 1.07MPa，流量为 33.696L/min。取泵的总效率 $\eta_{\text{p}} = 0.75$，则液压泵驱动电动机所需的功率为

$$P = \frac{p_{\text{p}} q_{\text{p}}}{\eta_{\text{p}}} = \frac{1.07 \times 10^6 \times 33.696}{60 \times 0.75 \times 1000} \times 10^{-3} = 0.80 (\text{kW})$$

根据上述功率计算数据，此系统选取 Y132S-6 型电动机，其额定功率 $p_{\text{n}} = 3 \text{kW}$，额定转速 $n_{\text{n}} = 960 \text{r/min}$。

2.5.2 阀类元件和辅助元件的选择

图 2-11 所示液压系统原理图中包括调速阀、换向阀、单向阀等阀类元件以及过滤器、空气滤清器等辅助元件。

2.5.2.1 阀类元件的选择

根据上述流量及压力计算结果，对图 2-11 初步拟订的液压系统原理图中各种阀类元件及辅助元件进行选择。其中调速阀的选择应考虑使调速阀的最小稳定流量小于液压缸工进所需流量。通过图 2-11 中五个单向阀的额定流量是各不相同的，因此最好选用不同规格的单向阀。

图 2-11 中溢流阀 2 和两个顺序阀 9 和 10 的选择可根据调定压力和流经阀的额定流量来选择阀的结构形式和规格，其中溢流阀 2 的作用是调定工作进给过程中小流量液压泵的供油压力，因此该阀应选择先导式溢流阀，连接在大流量液压泵出口处的顺序阀 10 用于使大流量液压泵卸荷，因此应选择外控式顺序阀。顺序阀 9 的作用是实现液压缸快进和工进的切换，同时在工进过程中作背压阀，因此采用内控式顺序阀。最后本设计所选择方案之一如表 2-9 所示，表中给出了各种液压阀的型号及技术参数。

2.5.2.2 过滤器的选择

按照过滤器的流量至少是液压泵总流量的 2 倍的原则，取过滤器的流量为泵流量的 2.5 倍。由于所设计组合机床液压系统为普通的液压传动系统，对油液的过滤精度要求不高，故有

$$q_{过滤器} = q_p \times 2.5 = 33.696 \times 2.5 = 84.24 (\text{L/min})$$

表 2-9 阀类元件的选择

序号	元件名称	估计流量 /(L/min)	规格 额定流量 /(L/min)	规格 额定压力 /MPa	型号
1	三位五通电液阀 5	70	100	6.3	35DY-100BY
2	行程阀	66.5	100	6.3	22C-100BH
3	调速阀	<1	6	6.3	Q-6B
4	单向阀 3	30	100	6.3	I-100B
5	单向阀 4	0.587	10	6.3	I-10B
6	顺序阀(背压阀)9	0.28	25	6.3	X-25B
7	溢流阀 2	5.64	10	6.3	Y-10B
8	单向阀 8	70	100	6.3	I-100B
9	单向阀 14	70	100	6.3	I-100B
10	阀组 7 中单向阀	70	100	6.3	I-100B
11	顺序阀 10	30	63	10	AXY-D10B

因此系统选取通用型 WU 系列网式吸油过滤器，参数如表 2-10 所示。

表 2-10 通用型 WU 系列网式吸油过滤器参数

型号	通径 /mm	公称流量 /(L/min)	过滤精度 /μm	尺寸 M(d)	尺寸 H	尺寸 D	尺寸 d_1
WU-100×100-J	32	100	100	M42×2	153	φ82	—

2.5.2.3　空气滤清器的选择

按照空气滤清器的流量至少为液压泵额定流量 2 倍的原则，即有

$$q_{过滤器} > 2q_p = 2 \times 33.696 = 67.392 (L/min)$$

选用 EF 系列液压空气滤清器，其主要参数如表 2-11 所示。

表 2-11　液压空气滤清器

型号	过滤注油口径 /mm	注油流量 /(L/min)	空气流量 /(L/min)	油过滤面积 /cm²	四只螺钉均布 /mm	空气过滤精度 /mm	油过滤精度 /μm
EF₂-32	32	14	105	120	M5×8	0.279	125

注：液压油过滤精度可以根据用户的要求进行调节。

2.5.3　油管的选择

图 2-11 中各元件间连接管道的规格可根据元件接口处尺寸来决定，液压缸进、出油管的规格可按照输入、排出油液的最大流量进行计算。由于液压泵具体选定之后液压缸在各个阶段的进、出流量已与原定数值不同，所以应对液压缸进油和出油连接管路重新进行计算，如表 2-12 所示。

表 2-12　液压缸的进、出油流量和运动速度

流量、速度	快进	工进	快退
输入流量 /(L/min)	$q_1 = A_1 q_p/(A_1 - A_2)$ $= \dfrac{122.7 \times 31.482}{122.7 - 59.1}$ $= 60.74$	$q_1 = 0.587$	$q_1 = q_p = 33.696$
排出流量 /(L/min)	$q_2 = A_2 q_1/A_1$ $= \dfrac{59.1 \times 60.74}{122.7}$ $= 29.26$	$q_2 = A_2 q_1/A_1$ $= \dfrac{59.1 \times 0.587}{122.7}$ $= 0.28$	$q_2 = A_1 q_p/A_2$ $= \dfrac{122.7 \times 33.696}{59.1}$ $= 69.96$
运动速度 /(m/min)	$v_1 = \dfrac{q_p}{(A_1 - A_2)}$ $= \dfrac{33.696 \times 10}{122.7 - 59.1}$ $= 5.30$	$v_2 = \dfrac{q_1}{A_1}$ $= \dfrac{0.587 \times 10}{122.7}$ $= 0.048$	$v_3 = \dfrac{q_p}{A_2}$ $= \dfrac{33.696 \times 10}{59.1}$ $= 5.7$

根据表 2-12 中数值，当油液在压力管中流速取 3m/s 时，可算得与液压缸无杆腔和有杆腔相连的油管内径分别为

$$d = 2\sqrt{\frac{q}{\pi v}} = 2 \times \sqrt{\frac{60.74 \times 10^6}{\pi \times 3 \times 10^3 \times 60}} = 20.79 (mm)，取标准值 20mm；$$

$$d = 2\sqrt{\frac{q}{\pi v}} = 2 \times \sqrt{\frac{33.696 \times 10^6}{\pi \times 3 \times 10^3 \times 60}} = 15.43 (mm)，取标准值 15mm。$$

因此与液压缸相连的两根油管可以按照标准选用公称通径为 ϕ20mm 和 ϕ15mm 的无缝钢管或高压软管。如果液压缸采用缸筒固定式，则两根连接管采用无缝钢管连接在液压缸缸筒上即可。如果液压缸采用活塞杆固定式，则与液压缸相连的两根油管可以采用无缝钢管连接在液压缸活塞杆上或采用高压软管连接在缸筒上。

2.5.4 油箱的设计

2.5.4.1 油箱长宽高的确定

油箱的主要用途是储存油液，同时也起到散热的作用，本设计实例中油箱的设计根据液压泵的额定流量按照经验计算方法进行计算，然后根据散热要求对油箱的容积进行校核。

油箱中能够容纳的油液容积按 JB/T 7938—1999 标准估算，对于组合机床动力滑台液压系统，由于不必考虑空间的限制，因此可选取经验系数 $\xi=7$，求得其容积为

$$V_{容量}=V=\xi \times q_p=7 \times 33.696=235.872(\text{L})$$

按 JB/T 7938—1999 规定，取标准值 $V_{容}=250\text{L}$，即

$$V=\frac{V_{容量}}{0.8}=\frac{250}{0.8}=312.5(\text{L})=0.3125(\text{m}^3)$$

如果取油箱内长 l_1、宽 w_1、高 h_1 比例为 3：2：1，可得长 $l_1=1119\text{mm}$，宽 $w_1=746\text{mm}$，高 $h_1=373\text{mm}$。

对于分离式油箱采用普通钢板焊接即可，钢板的厚度分别为：油箱箱壁厚 3mm，箱底厚度 5mm，因为箱盖上需要安装其他液压元件，所以箱盖厚度取为 10mm。为了易于散热和便于对油箱进行搬移及维护保养，取箱底离地的距离为 160mm。因此，油箱基体的总长总宽总高分别为

长 $\qquad l=l_1+2t=1119+2 \times 3=1125(\text{mm})$

宽 $\qquad l=w_1+2t=746+2 \times 3=752(\text{mm})$

高 $\qquad h=10+h_1+5+160=10+373+5+160=548(\text{mm})$

为了更好地清洗油箱，取油箱底面倾斜角度为 0.5°。

2.5.4.2 隔板尺寸的确定

为起到消除气泡和使油液中杂质有效沉淀的作用，油箱中应采用隔板把油箱分成两部分。根据经验，隔板高度取为箱内油面高度的 3/4，根据上述计算结果，隔板的高度应为

$$h_{隔板}=\frac{V}{l_1 \times w_1} \times \frac{3}{4}=\frac{0.25}{1.119 \times 0.746} \times \frac{3}{4}(\text{m})=225(\text{mm})$$

隔板的厚度与箱壁厚度相同，取为 3mm。

2.5.4.3 各种油管的尺寸

油箱上回油管直径可根据前述液压缸进、出油管直径进行选取，上述油管的最大内径为 20mm，外径取为 28mm。泄漏油管的尺寸远小于回油管尺寸，可按照各顺序阀或液压泵等元件上泄漏油口的尺寸进行选取。油箱上吸油管的尺寸可根据液压泵流量和管中允许的最大流速进行计算，即

$$q_{泵入}=\frac{q_p}{\eta_V}=\frac{33.696}{0.9}=37.44(\text{L/min})$$

取吸油管中油液的流速为 1m/s，可得

$$d=2\sqrt{\frac{q_{泵入}}{\pi v}}=2 \times \sqrt{\frac{33.696 \times 10^{-3}}{\pi \times 1 \times 60}}=0.0267(\text{m})=26.7(\text{mm})$$

液压泵的吸油管径应尽可能选择较大的尺寸，以防止液压泵内气穴的发生。因此根据上述数据，按照标准取公称直径为 $d=32\text{mm}$，外径为 42mm。

2.6　验算液压系统性能

本设计实例所设计液压系统属于压力不高的中低压系统，无迅速启动、制动需求，而且设计中已考虑了防冲击可调节环节及相关防冲击措施，因此不必进行冲击验算。这里仅验算系统的压力损失，以确定压力阀的调整值，并对系统油液的温升进行验算。

2.6.1　压力损失验算及液压阀调整值的确定

本设计实例动力滑台液压系统中压力损失的验算应按一个工作循环中不同阶段分别进行，主要验算经过液压阀的局部压力损失。这里介绍通过液压阀样本给出的额定流量下压力损失值和经过液压阀的实际流量值来验算液压阀压力损失的方法。

2.6.1.1　快进阶段

经过液压阀的压力损失可估算为

$$\Delta p_V = \Delta p_{额} \left(\frac{q_{实}}{q_{额}} \right)^2 \tag{2-4}$$

式中　$\Delta p_{额}$——额定流量下液压阀的压力损失，Pa；

$\quad\quad q_{额}$——液压阀的额定流量，L/min；

$\quad\quad q_{实}$——液压阀的实际流量，L/min。

本设计实例组合机床动力滑台快进时，液压缸采用差动连接方式，由表 2-6 和表 2-8 可知，进油路上油液通过单向阀 3 和单向阀 4 的流量分别是 28.512L/min 和 5.184L/min，通过电液换向阀 5 的流量是 33.696L/min，然后与液压缸有杆腔的回油汇合，以流量 60.74L/min 通过阀组 7 中的行程阀并进入无杆腔。如果额定流量下单向阀的最大压降为 0.2MPa，电液换向阀 5 的最大压降为 0.5MPa，行程阀的最大压降为 0.3MPa，忽略沿程压力损失，则进油路上的总压降可估算为

$$\sum \Delta p_V = \sum \Delta p_{额} \left(\frac{q_{实}}{q_{额}} \right)^2 = \Delta p_{单} \left(\frac{q_{实}}{q_{额}} \right)^2 + \Delta p_{换} \left(\frac{q_{实}}{q_{额}} \right)^2 + \Delta p_{行} \left(\frac{q_{实}}{q_{额}} \right)^2$$

因此，$\sum \Delta p_V = 0.2 \times \left(\frac{28.512}{63} \right)^2 + 0.5 \times \left(\frac{33.696}{100} \right)^2 + 0.3 \times \left(\frac{60.74}{100} \right)^2 = 0.209（\text{MPa}）$

这一压力损失值较小，不会导致压力阀的开启，故能确保两个泵的流量全部进入液压缸。

回油路上，液压缸有杆腔中的油液通过电液换向阀 5 和单向阀 8 的流量都是 29.26L/min，然后与液压泵的供油合并，经阀组 7 中的行程阀流入无杆腔。由此可算出快进时有杆腔压力 p_2 与无杆腔压力 p_1 之差为

$$\sum \Delta p_V = 0.2 \times \left(\frac{29.26}{63} \right)^2 + 0.5 \times \left(\frac{29.26}{100} \right)^2 + 0.3 \times \left(\frac{60.74}{100} \right)^2 = 0.197（\text{MPa}）$$

此压力损失计算值小于原来的压力损失估算值 0.5MPa，此时液压泵的工作压力可计算为 $p_p = p_1 + \sum \Delta p_V = 0.632 + 0.197 = 0.829（\text{MPa}）$，所以原来的设计是安全的，可以采用。

2.6.1.2　工进阶段

工进时，油液在进油路上通过电液换向阀 5 的流量为 0.587L/min，在调速阀 7 处的压力损失为 0.5MPa，单向阀 4 的流量为 0.587L/min，额定流量下的压力损失为 0.2MPa；根

据表 2-12，油液在回油路上通过电液换向阀的流量是 0.28L/min，在顺序阀 9 处的流量也是 0.28L/min，根据 X-25B 顺序阀样本，该阀的最低开启压力为 0.5MPa，在顺序阀 10 处的流量为 $28.62+0.28=28.9$(L/min)，其额定流量下的压力损失为 0.2MPa。因此这时液压缸回油腔的压力损失为

$$\sum \Delta p_V = 0.2 \times \left(\frac{28.78}{63}\right)^2 + 0.5 \times \left(\frac{0.28}{100}\right)^2 + 0.5 = 0.54(MPa)$$

重新计算工进时液压缸进油腔压力 p_1，即

$$p_1 = \frac{F/\eta_m + A_2 p_2/2}{A_1} = \frac{41280 + 59.1 \times 10^{-4} \times 0.54 \times 10^6}{122.7 \times 10^{-4}} = 3.6(MPa)$$

与表 2-6 中原估算值 3.75MPa 相近，因此原设计能够满足要求。

工进阶段，进油路上的压力损失为

$$\sum \Delta p_V = \sum \Delta p_{额} \left(\frac{q_实}{q_额}\right)^2 = \Delta p_单 \left(\frac{q_实}{q_额}\right)^2 + \Delta p_换 \left(\frac{q_实}{q_额}\right)^2 + \Delta p_调$$

$$\sum \Delta p_V = 0.2 \times \left(\frac{0.587}{10}\right)^2 + 0.5 \times \left(\frac{0.587}{100}\right)^2 + 0.5 = 0.5007(MPa) \approx 0.5(MPa)$$

考虑到压力继电器可靠动作需要压差 $\Delta p_e = 0.5MPa$。故溢流阀的调定压力可设为

$$p_{溢调} \geqslant p_1 + \sum \Delta p_V + \Delta p_e = 3.75 + 0.5 + 0.5 = 4.75(MPa)$$

控制大流量液压泵卸荷的顺序阀 10 的调定压力应小于 $3.75+0.5=4.25$(MPa)。

2.6.1.3　快退

快退时，油液在进油路上通过单向阀 3 的流量为 28.62L/min（只计算 1 个单向阀），通过电液换向阀 2 的流量为 33.696L/min；油液在回油路上通过阀组 7 中单向阀、电液换向阀 5 和单向阀 14 的流量都是 69.96L/min。

因此，进油路上的总压力损失为

$$\sum \Delta p_V = \sum \Delta p_{额} \left(\frac{q_实}{q_额}\right)^2 = \Delta p_单 \left(\frac{q_实}{q_额}\right)^2 + \Delta p_换 \left(\frac{q_实}{q_额}\right)^2$$

$$\sum \Delta p_V = 0.2 \times \left(\frac{28.512}{63}\right)^2 + 0.5 \times \left(\frac{33.696}{100}\right)^2 = 0.10(MPa)$$

回油路上的总压力损失为

$$\sum \Delta p_V = \sum \Delta p_{额} \left(\frac{q_实}{q_额}\right)^2 = \Delta p_{单1} \left(\frac{q_实}{q_额}\right)^2 + \Delta p_换 \left(\frac{q_实}{q_额}\right)^2 + \Delta p_{单2} \left(\frac{q_实}{q_额}\right)^2$$

$$\sum \Delta p_V = 0.2 \times \left(\frac{69.96}{100}\right)^2 + 0.5 \times \left(\frac{69.96}{100}\right)^2 + 0.2 \times \left(\frac{69.96}{100}\right)^2 = 0.44(MPa)$$

进油路上原估算压力损失值为 0.5MPa，回油路上的原估算压力损失值为 0.8MPa，可见进油路和回油路上的压力损失计算值均小于原估算值，因此原设计及元件选型能够满足设计要求。

快退时，液压泵的最大工作压力 p_p 应为

$$p_p = p_1 + \sum \Delta p_V = 1.07 + 0.1 = 1.17(MPa)$$

此值远小于原估算值，所以液压泵驱动电动机的功率是足够的。

控制大流量液压泵卸荷的顺序阀 10 的调定压力应大于 1.17MPa。

2.6.2　油液温升验算

液压传动系统在工作时，有压力损失、容积损失和机械损失，这些损失所消耗的能量多数转化为热能，使油温升高，导致油的黏度下降、油液变质、机器零件变形等，影响系统的正常工作。

根据第 1 章中内容，对于本设计实例所设计组合机床动力滑台液压系统，其工进过程在整个工作循环中所占时间比例为

$$\alpha = \frac{t_2}{t_1 + t_2} = \frac{227.4}{227.4 + 8.267} = 0.965 = 96.5\%$$

因此系统发热和油液温升可用工进时的发热情况来计算。

工进时液压缸的有效功率（即系统输出功率）为

$$P_0 = Fv = \left(41280 \times \frac{0.048}{60}\right)W = 33.024W \approx 0.033kW$$

这时大流量液压泵通过顺序阀 10 卸荷，小流量液压泵在高压下供油，所以两泵的总输出功率（即液压系统输入功率）为

$$P_i = \frac{p_{p1}q_{p1} + p_{p2}q_{p2}}{\eta} = \frac{0.2 \times \left(\frac{28.9}{63}\right)^2 \times 10^6 \times \frac{28.62}{60} \times 10^{-3} + 4.6 \times 10^6 \times \frac{5.1}{60} \times 10^{-3}}{0.75}kW$$
$$= 0.548kW$$

由此得液压系统的发热量为

$$H_i = P_i - P_0 = 0.548 - 0.033 = 0.515(kW)$$

根据第 1 章内容，液压系统的油液温升可计算为

$$\Delta T = \Phi/(hA)$$

其中，油箱换热系数 h，当自然冷却通风很差时，$h = (8 \sim 9) \times 10^{-3}kW/(m^2 \cdot ℃)$，本设计取 $9 \times 10^{-3}kW/(m^2 \cdot ℃)$。

油箱中油面的高度一般为油箱高度的 $\frac{4}{5}$，如果与油直接接触的表面算全散热面，与油不直接接触的表面算半散热面，因此油箱的总散热面积为

$$A = 2 \times 0.8h(l+w) + lw + 0.5lw$$
$$= 2 \times 0.8 \times 0.548 \times (1.125 + 0.752) + 1.125 \times 0.752 + 0.5 \times 1.125 \times 0.752$$
$$= 2.92(m^2)$$
$$\Delta T = \Phi/(hA) = 0.515/(9 \times 10^{-3} \times 2.92) = 19.6(℃)$$

可见，该温升小于普通机床允许的 $\Delta T = 25 \sim 30℃$ 温升范围，因此液压系统中不需设置冷却器。

2.7 设计经验总结

机床类加工机械对液压系统的要求是具有良好的调速性能、具有可靠的顺序动作和行程控制性能、成本低、效率高。通过本设计实例，对加工机械液压系统的设计方法和设计经验总结如下：

① 采用节流调速方式实现工作进给速度的调节，结构简单，成本低。为了保证调速回路具有良好的调速刚度，节流元件可采用调速阀。

② 为保证顺序动作或行程控制的可靠性，可采用顺序阀、行程阀、行程开关、压力继电器、时间继电器等多种顺序控制和行程控制方式。

③ 在不同工作阶段，例如工作进给和快速进给阶段，执行元件所需要流量的大小差别较大时，可采用双泵供油方式，以提高系统效率，节约能源。

第3章 叉车工作装置液压系统设计

叉车作为一种流动式装卸搬运机械，由于具有很好的机动性和通过性，以及很强的适应性，因此适合于货种多、货量大且必须迅速集散和周转的部门使用，成为港口码头、铁路车站和仓库货场等部门不可缺少的工具。本章以叉车工作装置液压系统设计为例，介绍叉车工作装置液压系统的设计方法及步骤，包括叉车工作装置液压系统主要参数的确定、原理图的拟订、液压元件的选择以及液压系统性能验算等。

3.1 叉车液压系统的设计要求

叉车也称叉式装卸机、叉式装卸车或铲车，属于通用的起重运输机械，主要用于车站、仓库、港口和工厂等工作场所，进行成件包装货物的装卸和搬运。叉车的使用不仅可实现装卸搬运作业的机械化，减轻劳动强度，节约大量劳力，提高劳动生产力，而且能够缩短装卸、搬运、堆码的作业时间，加速汽车和铁路车辆的周转，提高仓库容积的利用率，减少货物破损，提高作业的安全程度。

3.1.1 叉车的结构及基本技术指标

根据叉车的动力装置不同，分为内燃叉车和电瓶叉车两大类；根据叉车的用途不同，分为普通叉车和特种叉车两种；根据叉车的构造特点不同，又分为直叉平衡重式叉车、插腿式叉车、前移式叉车、侧面式叉车等几种，其中直叉平衡重式叉车是最常用的一种叉车。

叉车通常由自行的轮式底盘和一套能垂直升降以及前后倾斜的工作装置组成。某型号叉车的结构组成及外形图如图 3-1 所示，其中货叉、叉架、门架、起升液压缸及倾斜液压缸组成叉车的工作装置。

叉车的基本技术参数有起重量、载荷中心距、起升高度、满载行驶速度、满载最大起升速度、满载爬坡度、门架的前倾角和后倾角以及最小转弯半径等。

① 起重量（Q）又称额定起重量，是指货叉上的货物中心位于规定的载荷中心距时，叉车能够举升的最大重量。我国标准中规定的起重量（t）系列为：0.50，0.75，1.25，1.50，1.75，2.00，2.25，2.50，2.75，3.00，3.50，4.00，4.50，5.00，6.00，7.00，8.00，10.00，等等。

载荷中心距 e，是指货物重心到货叉垂直段前表面的距离。标准中所给出的规定值与起重量有关，起重量大时，载荷中心距也大。例如平衡重式叉车的载荷中心距如表 3-1 所示。

② 起升高度 h_{max}，是指叉车位于水平坚实地面上，门架垂直放置且承受额定起重量

表 3-1 平衡重式叉车的载荷中心距

额定起重量 Q/t	$Q<1$	$1 \leqslant Q<5$	$5 \leqslant Q<10$	$10 \leqslant Q<12$	$12 \leqslant Q \leqslant 20$
载荷中心距 e/mm	100	500	600	900	1250

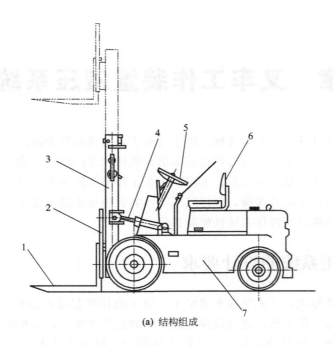

(a) 结构组成

(b) 外形图

图 3-1　叉车的结构及外形

1—货叉；2—叉架；3—门架及起升液压缸；4—倾斜液压缸；5—方向盘；6—操纵杆；7—底盘及车轮

的货物时，货叉所能升起的最大高度，即货叉升至最大高度时水平段上表面至地面的垂直距离。现有的起升高度（mm）系列为：1500，2000，2500，2700，3000，3300，3600，4000，4500，5000，5500，6000，7000。

③ 满载行驶速度 v_{max}，是指货叉上货物达到额定起重量且变速器在最高挡位时，叉车在平直干硬的道路上行驶所能达到的最高稳定行驶速度。

④ 满载最大起升速度 v_{amax}，是指叉车在停止状态下，将发动机油门开到最大时，起升大小为额定起重量的货物所能达到的平均起升速度。

⑤ 满载爬坡度 a，是指货叉上载有额定起重量的货物时，叉车以最低稳定速度行驶所能爬上的长度为规定值的最陡坡道的坡度值。其值以百分数计。

⑥ 门架的前倾角 β_f 及后倾角 β_b，分别是指无载的叉车门架能从其垂直位向前和向后倾斜摆动的最大角度。

⑦ 最小转弯半径 R_{min}，是指将叉车的转向轮转至极限位置并以最低稳定速度做转弯运动时，其瞬时中心距车体最外侧的距离。

在叉车的基本技术参数中，起重量和载荷中心距能体现出叉车的装载能力，即叉车能装卸和搬运的最重货件。最大起升高度体现的是叉车利用空间高度的情况，可估算仓库空间的利用程度和堆垛高度。速度参数则体现了叉车作业循环所需要的时间，与起重量参数一起可估算出生产效率。

3.1.2　叉车的工作装置

叉车的工作装置是叉车进行装卸作业的直接工作机构。货物的叉取卸放、升降堆码，都靠工作装置来完成。工作装置是保证叉车能够完成工作任务的最重要组成部分之一。叉车工作装置主要由货叉、叉架、门架、链条和滑轮、起升液压缸和倾斜液压缸组成，如图 3-2 所示。其中起升液压缸驱动叉架升降，倾斜液压缸驱动门架前后倾斜，以满足工作需要。为了做到一机多用，提高机器效能，除货叉外，叉车还可配备多种工作属具。

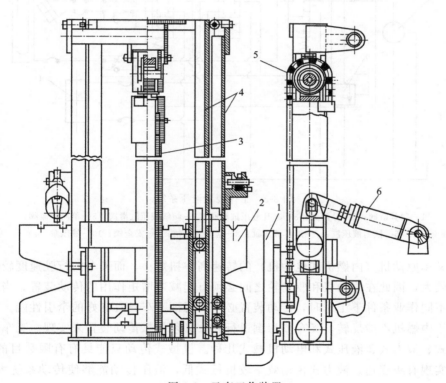

图 3-2　叉车工作装置

1—货叉；2—叉架；3—起升液压缸；4—门架；5—链条和滑轮；6—倾斜液压缸

叉车工作装置上的货叉是直接承载货物的叉形构件，叉架是一个框架形状的结构。链条的一端与叉架相连，链条在绕过起升液压缸头部的滑轮后，另一端固定在缸筒或外门架上。起升液压缸通过滑轮和链条，使叉架沿着内门架升降，内门架又以外门架为导轨上下伸缩。为了满足码垛作业对起升高度的要求，同时为了减小叉车自身的高度尺寸，门架通常为伸缩式结构，由内外两节组成。外门架的下部铰接在车架或前桥上，借助于倾斜液压缸的作用，门架可以在前后方向倾斜一定角度。前倾的目的是装卸货物方便；后倾的目的是当叉车行驶时，使货叉上的货物保持稳定。

3.1.3 叉车液压系统的组成及原理

叉车液压系统是叉车的重要组成部分，其工作装置、助力转向系统其至行走传动系统等都需要由液压系统驱动完成。因此，叉车液压系统的质量直接影响着叉车的性能。

某型号叉车工作装置的液压系统原理图如图 3-3 所示，该液压系统有起升液压缸 8、倾斜液压缸 6 和属具液压缸 7 三个执行元件，由定量泵 10 供油，多路换向阀（属具滑阀 1、起升液压缸滑阀 3、倾斜液压缸滑阀 4）控制各执行元件的动作，单向节流阀 5 调节起升和属具动作速度，从而驱动工作装置完成相应的工作任务。

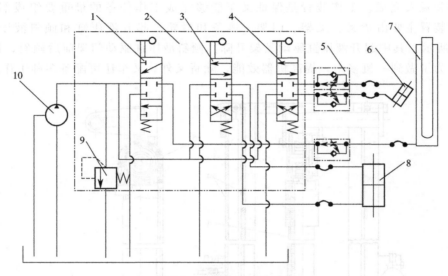

图 3-3　工作装置液压系统

1—属具滑阀；2—分配阀；3—起升液压缸滑阀；4—倾斜液压缸滑阀；5—单向节流阀；
6—倾斜液压缸；7—属具液压缸；8—起升液压缸；9—安全阀；10—液压泵

由于叉车原动机（内燃机和电动机）的转速高，扭矩小，而叉车的行驶速度较低，驱动轮的扭矩较大，因此在原动机和驱动轮之间必须有起减速增矩作用的传动装置。当叉车在不同载荷和不同作业条件下工作时，传动装置必须要保证叉车具有良好的牵引性能。对于内燃叉车，由于内燃机不能反转，叉车要想倒退行驶，必须依靠传动装置来实现。叉车的传动装置有机械式、液力式、液压式和电动机械式几种。机械式传动只能具有有限数目的传动比，因此只能实现有级变速。液力式传动效率较机械式低，液压传动能够使传动系统大大简化，取消机械式和液力式传动中的传动轴和差速器。

某型号叉车行走驱动液压系统的原理图如图 3-4 所示，该液压系统由变量主液压泵 1 供油，执行元件为液压马达 5，主液压泵的吸油和供油路与液压马达的排油路和进油路相连，形成闭式回路。双向安全阀 3 保证液压回路双向工作的安全，梭阀 4 和换油溢流阀 6 使低压的热油排回油箱，辅助液压泵 7 把油箱中经过冷却的液压油补充到系统中，起到补充系统泄漏和换油的作用，溢流阀 8 限定补油压力，单向阀 2 保证补油到低压油路中。

叉车作业时转向频繁，转弯半径小，有时需要原地转向。叉车空载时，转向桥负荷约占车重的 60%。为了减轻驾驶员的劳动强度，现在起重量 2t 以上的叉车多采用助力转

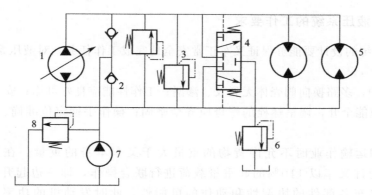

图 3-4　行走驱动液压系统

1—主泵；2—单向阀；3—双向安全阀；4—梭阀；5—液压马达；
6—换油溢流阀；7—辅助液压泵；8—补换油溢流阀

向——液压助力转向或全液压转向。液压助力转向操作轻便，动作迅速，有利于提高叉车的作业效率，油液还可以缓冲地面对转向系统的冲击。

　　某叉车液压助力转向系统原理图如图 3-5 所示，该转向液压系统和叉车工作装置液压系统属各自独立的液压系统，分别由单独的液压泵供油。系统中流量调节阀 2 可保证转向助力器稳定供油，并使系统流量限制在发动机怠速运转时液压泵流量的 1.5 倍。随动阀 3 与普通的三位四通换向阀基本相同，只不过该阀的阀体与转向液压缸缸筒连接为一体，随液压缸缸筒的动作而动作。叉车直线行驶时，方向盘处于中间位置，随动阀 3 的阀芯也处于中间位置，转向液压缸 4 不动作，叉车直线行驶。当叉车转弯时，驾驶员转动方向盘，联动机构带动随动阀 3 的阀芯动作，使转向液压缸的两腔分别与液压泵或油箱连通，液压缸动作，驱动转向轮旋转，叉车转向，直到液压缸缸筒的移动距离与阀芯的移动距离相同时，阀芯复位，转向停止。

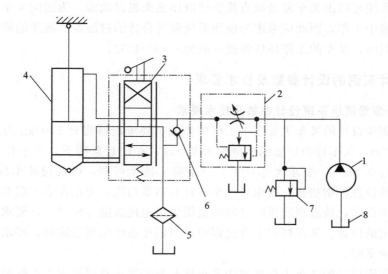

图 3-5　叉车助力转向液压系统

1—液压泵；2—调速阀；3—随动阀；4—转向液压缸；5—过滤器；6—单向阀；7—安全阀；8—油箱

3.1.4 叉车对液压系统的工作要求

叉车液压系统的设计要能够保证叉车正常安全地完成工作任务，对液压系统的工作要求包括：

① 超载保护，多路换向阀壳体无裂纹、渗漏；工作性能应良好可靠；安全阀动作灵敏，在超载 25％时应能全开，调整螺栓的螺母应齐全坚固；操作手柄定位准确、可靠，不得因振动而变位。

叉车在装卸运输作业时不允许货物的重量大于叉车本身的重量。在叉车试验项目中，有一项是允许叉车以 110％的起重量载荷进行联合操作，即一边起升载荷一边向前运行，以检验叉车各部件的协调性和动作的可能性，此时发动机的功率、转速应达到额定的参数，液压系统应能够承压、无渗油。对超载起升保护的性能检验是以 125％的起重量载荷进行起升动作。此时，液压系统中应设置相应的超载保护装置，例如多路换向阀中安全阀。超载时，虽然多路换向阀阀杆动作，但是货叉和 125％起重量载荷不得离开地面或离开地面不超过 300mm，即叉车应呈现出起升速度下降或起升动作失灵。

② 最大下降速度控制。为了提高装卸效率，如果叉车起升速度增大，满载下降速度也增大，下降速度过大是危险的，因此叉车液压系统中应设置下降限速阀，既要控制货叉的下降速度不超过限定的速度值，又要防止起升液压缸的高压橡胶软管突然爆破时，起升在一定高度的载荷会从货叉上突然落下，损伤货物或伤人。

③ 液压系统管路接头牢靠、无渗漏，与其他机件不磨碰，橡胶软管不得有老化、变质现象。

④ 液压系统中的传动部件在额定载荷、额定速度范围内不应出现爬行、停滞和明显的冲击现象。

⑤ 为方便叉车携带电动机，减少叉车附属设备，从而减小液压系统的整体尺寸，叉车工作装置液压系统可以由叉车发动机直接驱动液压泵来提供油源。为适应叉车在具有粉尘和沙粒的厂房环境中工作，因此应考虑为液压系统设置合适的过滤器。液压油的工作温度应限定在合适的范围内，叉车的工作环境温度一般为 $-10 \sim 45$℃。

3.1.5 本设计实例的设计参数及技术要求

3.1.5.1 起升装置液压系统设计参数及技术要求

本设计实例所设计的叉车主要用于工厂中作业，要求能够提升 5000kg 的重物，最大垂直提升高度为 2m，叉车杆和导轨的质量约为 200kg，在任意载荷下，叉车杆最大上升（下降）速度不超过 0.2m/s，要求叉车杆上升（下降）速度可调，以实现叉车杆的缓慢移动，并且具有良好的位置控制功能。要求对叉车杆具有锁紧功能，无论在多大载荷作用下，甚至在液压油源无法供油，油源到液压缸之间的液压管路出现故障等情况下，要求叉车杆能够被锁紧在最后设定的位置。叉车杆在上升过程中，当液压系统出现故障时，要求安全保护装置能够使负载安全下降。

本设计实例所设计的叉车工作装置中叉车杆起升装置示意图如图 3-6 所示，由起升液压缸驱动货叉沿支架上下运动，从而提升和放下货物。

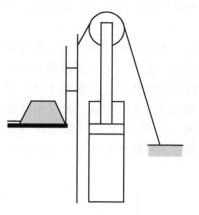

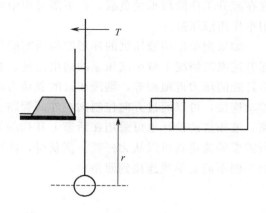

图 3-6　起升装置　　　　　　　　　　　图 3-7　倾斜装置

3.1.5.2　倾斜装置液压系统设计参数及技术要求

叉车工作装置中的叉车杆倾斜装置示意图如图 3-7 所示，该装置由倾斜液压缸驱动货叉及门架围绕门架上某一支点做摆动式旋转运动，从而使货叉能够在转运货物过程中向后倾斜某一角度，以防止货物在转运过程中从货叉上滑落。倾斜装置的最大倾斜角为距垂直位置 20°，最大扭矩为 18000N·m，倾斜角速度应限制在 1～2(°)/s 之间。

在设计过程中，除了要满足叉车工作装置液压系统的技术参数要求外，还应注意叉车的工作条件对液压系统的结构、尺寸及工作可靠性等其他要求。综上所述，本设计实例叉车工作装置液压系统的设计要求及技术参数如表 3-2 所示。

表 3-2　技术参数

工作装置	技 术 参 数	
起升工作装置	额定载荷质量 m/kg	5000
	最大提升负载质量 m/kg	5200
	提升高度 h/m	2
	最大提升速度 v/(m/s)	0.2
倾斜工作装置	最大倾斜扭矩 T/(N·m)	18000
	倾斜角度 α/(°)	20
	最大倾斜角速度 ω/[(°)/s]	1～2
	力臂 r/m	1

本设计实例中已给出所设计起升液压系统和倾斜液压系统的最大负载和最大速度，因此可直接确定液压系统的主要参数，无须再对液压系统进行工况分析，因此该步骤可以省略。

3.2　初步确定液压系统方案和主要技术参数

本设计实例叉车工作装置液压系统包括起升液压系统和倾斜液压系统两个子系统，因此分别确定两个子系统的设计方案和系统的主要技术参数。

3.2.1　确定起升液压系统的设计方案和技术参数

起升液压系统的作用是提起和放下货物，因此执行元件应选择液压缸。由于起升液压缸仅在起升工作阶段承受负载，在下落过程中可在负载和活塞自重作用下自动缩回，因此可采用单作用液压缸。

如果把单作用液压缸的环形腔与活塞的另一侧连通，构成差动连接方式，则能够在提高起升速度的情况下减小液压泵的输出流量。如果忽略管路的损失，单作用液压缸的无杆腔和有杆腔的压力近似相等，则液压缸的驱动力将由活塞杆的截面积决定。实现单作用液压缸的差动连接，可以通过方向控制阀在外部管路上实现，如图 3-8（a）所示。为减小外部连接管路，液压缸的设计也可采用在活塞上开孔的方式，如图 3-8（b）所示。这种连接方式有杆腔所需要的流量就可以从无杆腔一侧获得，液压缸只需要在无杆腔外部连接一条油路，而有杆腔一侧不需要单独连接到回路中。

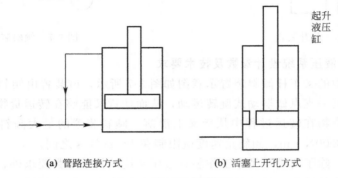

(a) 管路连接方式　　　　**(b) 活塞上开孔方式**

图 3-8　差动连接液压缸

起升液压缸在驱动货叉和叉架起升时，活塞杆处于受压状态，起支撑杆的作用，所以在设计起升液压缸时，必须考虑活塞杆的长径比，为保证受压状态下的稳定工作，应考虑活塞杆的长径比不超过 20：1。

如果采用液压缸直接驱动货叉实现起升和下落的设计方案，则为满足起升高度要求，根据表 3-2 中设计要求，液压缸活塞杆长度应为 2m。根据上述长径比设计规则，活塞杆直径至少为 0.1m。当起升液压缸使用的活塞杆直径为 100mm 时，根据差动液压缸输出力计算方法，此时液压缸提升负载的有效面积为活塞杆面积 A_r（在计算液压缸受力的时候，活塞上的孔可以忽略），即

$$A_r = \frac{\pi d_{rod}^2}{4} = \frac{3.14 \times 0.1^2}{4} = 7.85 \times 10^{-3} (m^2)$$

根据表 3-2 中设计要求，起升液压缸需承受的负载力为

$$F = mg = 5200 \times 9.8 = 50960 (N)$$

因此，如果忽略压力损失和摩擦力，液压系统所需提供的工作压力应为

$$P_s = \frac{F}{A_r} = \frac{50960}{0.00785} = 6500000 (Pa) = 6.5 (MPa)$$

这个压力值比较低，为充分利用液压系统的传动优势，应考虑能够采用更高液压系统工作压力的设计方案。但提高压力后，液压缸活塞杆直径会相应变小。如果按活塞杆长径比的设计规则，此时活塞杆长度有可能不足以把负载提升到 2m 的高度，所以必须考虑其他设计方案。

本设计实例通过增加一个传动链条和动滑轮机构对起升装置前述设计方案进行改进，即

如图 3-6 所示实施方案。根据传动原理，采用液压缸与链条和动滑轮结合的机构可以使液压缸行程减小一半，但是需要对输出力和活塞杆截面积进行校核。由于传动链条固定在叉车门架的一端，液压缸活塞杆的行程可以减半，因此活塞杆的直径也可以相应地减半，但同时也要求液压缸输出的作用力为原来的 2 倍，即液压缸行程为 1m，活塞杆直径不变。

按照前面的计算，由于液压缸所需输出的功保持不变，但是液压缸移动的位移减半，所以液压缸输出的作用力变为原来的 2 倍，即

$$F_L = 2mg = 2 \times 5200 \times 9.8 = 101920(\text{N})$$

液压系统所需的工作压力变为

$$P_s = \frac{F_L}{A_r} = \frac{101920}{0.00785} = 12.98(\text{MPa})$$

取起升液压缸的工作压力为 13MPa，该工作压力对于液压系统来说属于合适的工作压力，因此起升液压缸可以采用这一设计参数。

起升液压缸所需的最大流量由起升装置的最大速度决定。在由动滑轮和链条组成的系统中，起升液压缸的最大运动速度是叉车杆最大运动速度（0.2m/s）的一半，于是有

$$q_{max} = A_r v_{max} = 0.00785 \times 0.1 = 7.85 \times 10^{-4}(\text{m}^3/\text{s}) = 47.1(\text{L/min})$$

此时，起升液压缸活塞杆移动 1m，叉车货叉和门架移动 2m，能够满足设计需求。

查液压工程手册或参考书，取起升液压缸活塞杆直径 d 和活塞直径（液压缸内径）D 之间的关系为 $d = 0.7D$，计算得到起升液压缸的活塞直径为

$$D = \frac{d}{0.7} = 143\text{mm}$$

根据液压缸参数标准，取液压缸活塞直径为 160mm，液压缸的行程为 1m。

由图 3-7 倾斜装置示意图表明，由货物重量引起的倾斜装置负载扭矩总是倾向于使货叉和支架回复到垂直位置。

3.2.2 确定倾斜液压系统的设计方案和技术参数

叉车的货叉倾斜工作装置主要用于驱动货叉和门架围绕门架上的支点在某一个小角度范围内摆动，因此倾斜液压系统也采用液压缸作执行元件即可。倾斜液压缸与货叉门架的连接方式主要有三种，如图 3-9 所示。

由图 3-9 所示叉车倾斜液压缸与门架的三种连接方式表明，叉车倾斜液压缸应输出的作用力不仅取决于叉车货叉门架及负载产生的倾斜力矩，而且取决于液压缸和门架的连接位置到叉车货叉门架倾斜支点的距离，因此叉车倾斜液压缸的尺寸也取决于倾斜液压缸的安装位置。液压缸安装位置越高，距离倾斜支点越远，液压缸所需的输出力越小。

已知倾斜液压缸连接位置到叉架倾斜支点的距离为 $r = 1\text{m}$，表 3-2 中倾斜力矩给定为 $T = 18000\text{N} \cdot \text{m}$，因此倾斜液压缸所需输出力 F_t 为

$$F_t = \frac{18000}{1} = 18000(\text{N})$$

在叉车工作过程中，货叉叉起货物后，货叉和门架在倾斜液压缸作用下向里倾斜；放下货物后，货叉和门架复位，门架恢复垂直位置。因此，倾斜液压缸的作用是单方向的。此外，基于减小占用空间和尺寸的考虑，倾斜液压缸应采用单作用液压缸。门架的倾斜可由一个液压缸驱动，也可采用两个并联液压缸同时驱动，如果采用两个单作用液压缸并联方式作

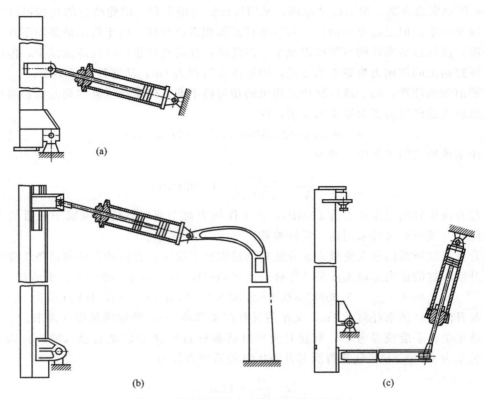

图 3-9 倾斜液压缸与门架的三种连接方式

倾斜液压系统的执行元件，则货叉和门架的受力更加合理，货叉不容易在货物的作用下产生侧翻或倾斜的现象，因此工作更加平稳。本设计实例倾斜装置采用两个单作用液压缸并联方式驱动门架动作。

如果上述倾斜作用力由两个并联的液压缸同时提供，则每个液压缸所需提供的作用力为 9000N。

在前述起升液压系统的计算中，工作压力约为 12.98MPa，因此假设倾斜液压缸的工作压力与之相近为 12MPa，门架和货叉向后倾斜时（见图 3-7），倾斜液压缸有杆腔一侧为工作腔，则倾斜液压缸的有杆腔作用面积为

$$A_a = \frac{9000}{12 \times 10^6} = 7.5 \times 10^{-4} (\text{m}^2)$$

由于负载力矩的方向总是使叉车杆回到垂直位置，所以倾斜装置一直处于拉伸状态，活塞杆不会发生弯曲。

查液压工程手册或参考书，取倾斜液压缸活塞杆直径 d 和活塞直径（液压缸内径）D 之间的关系为 $d = 0.7D$，有杆腔作用面积为 $A_a = \frac{\pi}{4}(D^2 - d^2)$，则倾斜液压缸活塞直径可以用如下方法求出：

$$D = \sqrt{\frac{4A_a}{(1 - 0.7^2)\pi}} = \sqrt{\frac{4 \times 7.5 \times 10^{-4}}{(1 - 0.7^2)\pi}} \approx 0.043(\text{m}) = 43(\text{mm})$$

根据液压缸国家标准，活塞直径 D 取圆整后的标准参数 $D = 40\text{mm}$，则活塞杆直径为

$d=0.7D=0.7\times40=28(\text{mm})$。

此时倾斜液压缸有杆腔作用面积为

$$A_a=\frac{\pi}{4}(D^2-d^2)=\frac{\pi}{4}(0.04^2-0.028^2)=6.4\times10^{-4}(\text{mm}^2)$$

可见，按照上述确定的活塞和活塞杆尺寸，重新计算得到的有杆腔有效作用面积小于前述按照假定工作压力计算得到的有杆腔有效作用面积，因此应减小活塞杆直径或提高倾斜液压系统的工作压力。

如果取倾斜液压缸活塞杆直径为圆整后的尺寸 $d=25\text{mm}$，则有杆腔作用面积 A_a 为

$$A_a=\frac{\pi}{4}(D^2-d^2)=\frac{\pi}{4}(0.04^2-0.025^2)=7.65\times10^{-4}(\text{m}^2)$$

此时倾斜液压缸有杆腔作用面积大于原估算面积，因此能够满足设计要求。

如果提高倾斜液压缸的工作压力，则倾斜液压缸所需的最大工作压力为

$$p=\frac{F_t}{A_a}=\frac{9000}{7.65\times10^{-4}}=11.76(\text{MPa})$$

倾斜液压缸无杆腔的有效作用面积为

$$A_p=\frac{\pi}{4}D^2=\frac{\pi}{4}\times(40\times10^{-3})^2=1.26\times10^{-3}(\text{m}^2)$$

本设计实例采用提高工作压力的设计方案进行设计。

倾斜液压缸的最大运动速度给定为 $\omega_{max}=2(°)/\text{s}$，转换成线速度为

$$v_{max}=\omega_{max}\times r=2\times\frac{2\pi}{360}\times1=0.035(\text{m/s})$$

因此，在货叉恢复垂直位置，两个倾斜液压缸处于活塞杆伸出的工作状态时，液压缸所需的总流量为

$$q=2v_{max}A_p=2\times0.035\times1.26\times10^{-3}=8.8\times10^{-5}(\text{m}^3/\text{s})=5.3(\text{L/min})$$

倾斜液压缸需要走过的行程为

$$S=\alpha r=\frac{20}{180}\times\pi\times1=0.35(\text{m})$$

3.2.3 系统工作压力的确定

根据第 1 章液压系统工作压力的确定方法，在确定液压系统工作压力时应考虑系统的压力损失，包括沿程和局部的压力损失。为简化计算，在本设计实例中假设这一部分压力损失为 $1.5\sim2.0\text{MPa}$，因此液压系统应提供的工作压力应比执行元件所需的最大工作压力高出 $1.5\sim2.0\text{MPa}$，即

起升液压系统　　$p_{ls}=13+1.5=14.5(\text{MPa})$

倾斜液压系统　　$p_{ts}=12+1.5=13.5(\text{MPa})$

3.3 拟订液压系统原理图

在完成装卸作业的过程中，叉车液压系统的工作液压缸对输出力、运动方向以及运动速度等参数具有一定的要求，这些要求可分别由液压系统的基本回路来实现，这些基

本回路包括压力控制回路、方向控制回路以及速度控制回路等。所以，拟订一个叉车液压系统的原理图，就是灵活运用各种基本回路来满足货叉在装卸作业时对力和运动等方面要求的过程。

3.3.1 起升系统的设计

对于起升工作装置，举起货物时液压缸需要输出作用力，放下货物时货叉和货物的重量能使叉车杆自动回落到底部，因此本设计实例起升系统采用单作用液压缸差动连接的方式。而且为减少管道连接，可以通过在液压缸活塞上钻孔来实现液压缸两腔的连接，液压缸不必有低压出口，高压油可同时充满液压缸的有杆腔和无杆腔，由于活塞两侧的作用面积不同，因此液压缸会产生提升力。起升液压缸活塞运动方向的改变通过多路阀或换向阀来实现即可。

为了防止液压缸因重物自由下落，同时起到调速的目的，起升系统的回油路中必须设置背压元件，以防止货物和货叉由于自重而超速下落，即形成平衡回路。为实现上述设计目的，起升系统可以有三种方案，分别为采用调速阀的设计方案、采用平衡阀或液控单向阀的平衡回路设计方案以及采用特殊流量调节阀的设计方案，三种方案比较如图 3-10(a)、图 3-10(b) 和图 3-10(c) 所示。

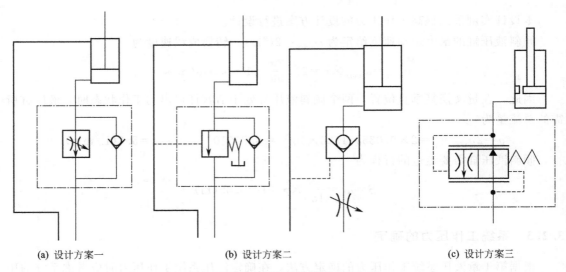

(a) 设计方案一   (b) 设计方案二   (c) 设计方案三

图 3-10　起升系统三种设计方案比较

图 3-10(a) 中设计方案之一是采用调速阀对液压缸的下落速度进行控制。该设计方案不要求液压缸外部必须连接进油和出油两条油路，只连接一条油路的单作用液压缸也可以采用这一方案。无论货物重量大小、货物下落速度快慢，在调速阀调节下基本恒定，在工作过程中无法进行实时的调节。工作间歇时，与换向阀相配合，能够将重物平衡或锁紧在某一位置，但不能长时间锁紧。在重物很轻甚至无载重时，调速阀的节流作用仍然会使系统产生很大的能量损失。

图 3-10(b) 中设计方案之二是采用平衡阀或液控单向阀来实现平衡控制。该设计方案能够保证在叉车的工作间歇，货物被长时间可靠地平衡和锁紧在某一位置。但采用平衡阀或液控单向阀的平衡回路都要求液压缸具有进油和出油两条油路，否则货叉无法在货物自重作

用下实现下落，而且该设计方案无法调节货物的下落速度，因此不能够满足本设计实例的设计要求。

图 3-10(c) 中设计方案之三是采用一种特殊的流量调节阀和在单作用液压缸活塞上开设小孔实现差动连接的方式。该流量调节阀可以根据货叉载重的大小自动调节起升液压缸的流量，使该流量不随叉车载重量的变化而变化，货物越重，阀开口越小，反之阀开口越大，因此能够保证起升液压缸的流量基本不变，起到压力补偿的作用，从而有效地防止因系统故障而出现重物快速下落、造成人身伤亡等事故。而在重物很轻或无载重时，通过自身调节，该流量调节阀口可以开大甚至全开，从而避免不必要的能量损失。本设计实例采用这一设计方案限定了货叉的最大下落速度，保证了货叉下落的安全。此外，为了防止负载过大而导致油管破裂，也可在液压缸的连接管路上设置一个安全阀。

3.3.2　倾斜系统的设计

本设计实例倾斜装置采用两个并联的液压缸作执行元件，两个液压缸的同步动作是通过两个活塞杆同时刚性连接在门架上的机械连接方式来保证的，以防止叉车杆发生扭曲变形，更好地驱动叉车门架的倾斜或复位。为防止货叉和门架在复位过程中由于货物的自重而超速复位，从而导致液压缸的动作失去控制或引起液压缸进油腔压力突然降低，因此在液压缸的回油管路中应设置一个背压阀。采用背压阀，一方面可以保证倾斜液压缸在负值负载的作用下能够平稳工作，另一方面也可以防止由于进油腔压力突然降低到低于油液的空气分离压甚至饱和蒸汽压而在活塞另一侧产生气穴现象，其原理图如图 3-11 所示。倾斜液压缸的换向也可直接采用多路阀或换向阀来实现。

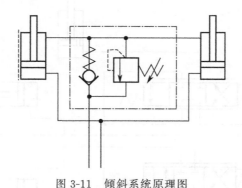

图 3-11　倾斜系统原理图

3.3.3　方向控制回路的设计

在行走机械液压系统中，如果有多个执行元件，通常采用中位卸荷的多路换向阀（中路通）控制多个执行元件的动作，也可以采用多个普通三位四通手动换向阀，分别对系统的多个工作装置进行方向控制。本设计实例可以采用两个多路阀加旁通阀的控制方式分别控制起升液压缸和倾斜液压缸的动作（见图 3-12），也可以采用两个普通的三位四通手动换向阀分别控制起升液压缸和倾斜液压缸的动作（见图 3-13）。本设计实例叉车工作装置液压系统拟采用普通的三位四通手动换向阀控制方式，用于控制起升和倾斜装置的两个方向。控制阀均可选用标准的四通滑阀。

应注意的是，如果起升系统中平衡回路采用前述设计方案三流量调节阀设计方案，则起

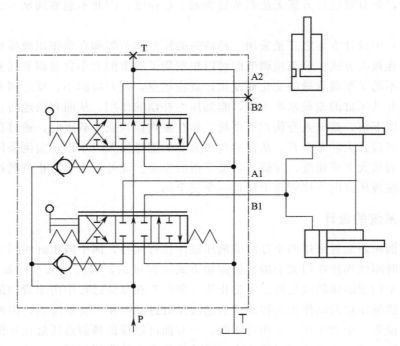

图 3-12　多路换向阀控制方式

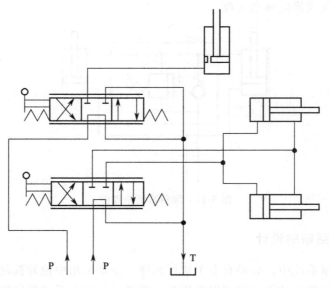

图 3-13　普通换向阀控制方式

升液压缸只需要一条连接管路，换向阀两个连接执行元件的油口 A 口和 B 口只需要用到其中一个即可。如果用到 A 口，则注意 B 口应该与油箱相连，而不应堵塞。这样，当叉车杆处于下降工作状态时，可以令液压泵卸荷，而单作用起升液压缸下腔的液压油可通过手动换向阀直接流回油箱，有利于系统效率的提高。同时为了防止油液倒流或避免各个回路之间流量相互影响，应在每个进油路上增加一个单向阀。

另外，还应注意采用普通换向阀实现的换向控制方式还与液压油源的供油方式有关，如果采用单泵供油方式，则无法采用几个普通换向阀结合来进行换向控制的方式，因为只要其中一个换向阀处于中位，则液压泵卸荷，无法驱动其他工作装置。

3.3.4 供油方式

由于起升和倾斜两个工作装置的流量差异很大，而且相对都比较小，因此采用两个串联齿轮泵供油比较合适。其中大齿轮泵给起升装置供油，小齿轮泵给倾斜装置供油。两个齿轮泵分别与两个三位四通手动换向阀相连，为使液压泵在工作装置不工作时处于卸荷状态，两个换向阀应采用 M 形中位机能，这样可以提高系统的效率。

根据上述起升系统、倾斜系统、换向控制方式和供油方式的设计，本设计实例初步拟订叉车工作装置的液压系统原理图如图 3-14 所示。

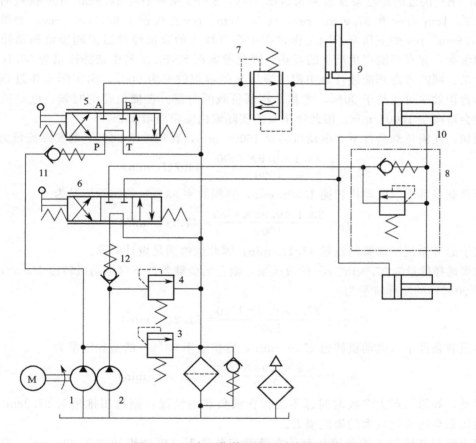

图 3-14　叉车工作装置液压系统原理图

1—大流量泵；2—小流量泵；3—起升安全阀；4—倾斜安全阀；5—起升换向阀；6—倾斜换向阀；

7—流量控制阀；8—防气穴阀；9—起升液压缸；10—倾斜液压缸；11，12—单向阀

3.4 选择液压元件

初步拟订液压系统原理图后，根据原理图中液压元件的种类，查阅生产厂家各种液压元件样本，对液压元件进行选型。

3.4.1 液压泵的选择

图 3-14 所示液压系统原理图中采用双泵供油方式，因此在对液压泵进行选型时考虑采用结构简单、价格低廉的双联齿轮泵就能够满足设计要求。

假定齿轮泵的容积效率为 90%，电动机转速为 1500r/min，则根据前述 3.2.1 节和 3.2.2 节中的计算结果，两个液压泵的排量可分别计算为

$$D_{req1} = \frac{47100}{0.9 \times 1500} = 34.9 (cm^3/r)$$

$$D'_{req2} = \frac{5300}{0.9 \times 1500} = 3.93 (cm^3/r)$$

查阅 Sauer-Danfoss 公司齿轮泵样本，如表 3-3 所示。样本中可查得，SNP2 系列中与 3.93cm³/rev 接近的齿轮泵排量为 3.9cm³/rev，SNP3 系列中与 34.9cm³/rev 接近的齿轮泵排量有 33.1cm³/rev 和 37.9cm³/rev，而 33.1cm³/rev 更接近于 34.9cm³/rev。如果选择排量为 37.9cm³/rev 的液压泵，则工作过程中会有较大的流量经过溢流阀溢流回油箱，造成能源的浪费，并有可能产生严重的发热，因此考虑在 SNP3 系列中选择排量为 33.1cm³/rev 的齿轮泵。同时考虑到前述计算中假定液压泵的容积效率为 90%，而实际工作过程中，液压泵的容积效率可能高于 90%，尤其是在低负载的时候。在低负荷的时候，电动机转速也有可能会略高于 1500r/min，因此液压泵的实际输出流量会增大。

例如，在满负载条件下（电动机转速 1500r/min，容积效率 90%）的实际流量为

$$q_1 = \frac{33.1 \times 0.9 \times 1500}{1000} = 44.7 (L/min)$$

而在半负载条件下（电动机转速 1550r/min，容积效率 93%）的实际流量为

$$q_1 = \frac{33.1 \times 0.93 \times 1550}{1000} = 47.7 (L/min)$$

大于起升系统所需要的流量 47.1L/min，因此能够满足设计要求。

如果选择排量为 37.9cm³/rev 的液压泵，则在满负载条件下（电动机转速 1500r/min，容积效率 90%）的实际流量为

$$q_1 = \frac{37.9 \times 0.9 \times 1500}{1000} = 51.2 (L/min)$$

而在半负载条件下（电动机转速 1550r/min，容积效率 93%）的实际流量为

$$q_1 = \frac{37.9 \times 0.93 \times 1550}{1000} = 54.6 (L/min)$$

可见，如果叉车大多数时间都不工作在满负载的情况，则选用排量为 37.9cm³/rev 的较大液压泵会造成比较大的溢流损失。

对于倾斜系统的小流量液压泵，在满载荷条件下（电动机转速 1500r/min，容积效率 90%）的实际流量为

$$q_2 = \frac{3.9 \times 0.9 \times 1500}{1000} = 5.3 (L/min)$$

等于倾斜系统所需要的流量 5.3L/min，因此能够满足设计要求。

3.4.2 电动机的选择

为减小叉车工作装置液压系统的尺寸，简化系统结构，对于内燃叉车，双联液压泵可以

由发动机直接驱动。如果叉车上的空间允许，也可以采用电动机驱动双联液压泵的设计方式。

在叉车工作过程中，为保证工作安全，起升装置和倾斜装置通常不会同时工作，又由于起升装置的输出功率要远大于倾斜装置的输出功率，因此虽然叉车工作装置由双联泵供油，在选择驱动电动机时，只要能够满足为起升装置供油的大流量液压泵的功率要求即可。在最高工作压力下，大流量液压泵的实际输出功率为

$$P = p_1 q_1 = \frac{14.5 \times 10^6 \times 44.7}{60 \times 1000} = 10800(\text{W}) = 10.8(\text{kW})$$

表 3-3　Sauer-Danfoss 齿轮泵样本

A 型号

泵	TFP0NN, SNP1NN, SNP2NN, SNP3NN	标准齿轮泵
	SKP1NN, SKP2NN	高转矩齿轮泵
	SEP1NN, SEP2NN, SEP3NN	中压齿轮泵
	SNP1IN, SNP2IN	带减压阀的齿轮泵
马达	SKM1NN, SNM2NN, SNM3NN	标准单向齿轮马达
	SKU1NN, SKU2NN	高转矩单向齿轮马达
	SNU1NN, SNU2NN, SNU3NN	单向齿轮马达

B 排量　in cm³/rev[in³/rev]

		泵		马达		
Group 0.5	,25	0.25 [0.015]				
	,45	0.45 [0.027]				
	,57	0.57 [0.034]				
	,76	0.76 [0.045]				
	1,3	1.30 [0.079]				
Group 1	1,2	1.18 [0.072]		—		
	1,7	1.57 [0.096]				
	2,2	2.09 [0.128]				
	2,6	2.62 [0.160]		2,6	2.62 [0.160]	
	3,2	3.14 [0.192]		3,2	3.14 [0.192]	
	3,8	3.66 [0.223]		3,8	3.66 [0.223]	
	4,3	4.19 [0.256]		4,3	4.19 [0.256]	
	6,0	5.89 [0.359]		6,0	5.89 [0.359]	
	7,8	7.59 [0.463]		7,8	7.59 [0.463]	
	010	9.94 [0.607]	(SKP1NN is not available)	010	9.94 [0.607]	
	012	12.0 [0.732]	(SKP1NN is not available)	012	12.0 [0.732]	
Group 2	4,0	3.9 [0.24]		—		
	6,0	6.0 [0.37]		6,0	6.0 [0.37]	(SNM2NN only)
	8,0	8.4 [0.51]		8,0	8.4 [0.51]	
	011	10.8 [0.66]		011	10.8 [0.66]	
	014	14.4 [0.88]		014	14.4 [0.88]	
	017	16.8 [1.02]		017	16.8 [1.02]	
	019	19.2 [1.17]		019	19.2 [1.17]	
	022	22.8 [1.39]		022	22.8 [1.39]	
	025	25.2 [1.54]		025	25.2 [1.54]	
Group 3	022	22.1 [1.35]		022	22.1 [1.35]	
	026	26.2 [1.60]		026	26.2 [1.60]	
	033	33.1 [2.02]		033	33.1 [2.02]	
	038	37.9 [2.32]		038	37.9 [2.32]	
	044	44.1 [2.69]		044	44.1 [2.69]	
	048	48.3 [2.93]		048	48.3 [2.93]	
	055	55.1 [3.36]	(SEP3NN is not available)	055	55.1 [3.36]	
	063	63.4 [3.87]	(SEP3NN is not available)	063	63.4 [3.87]	
	075	74.4 [4.54]	(SEP3NN is not available)	075	74.4 [4.54]	
	090	88.2 [5.38]	(SEP3NN is not available)	090	88.2 [5.38]	

齿轮泵的总效率（包括容积效率和机械效率）通常在 80％～85％之间，取齿轮泵的总效率为 80％，所需的电动机功率为

$$P_t = \frac{P}{\eta} = \frac{10.8}{0.8} = 13.5(\text{kW})$$

3.4.3 液压阀的选择

图 3-14 中叉车工作装置液压系统由双联泵供油，因此对于起升系统，流经换向阀、单向阀、溢流阀和平衡阀的最大流量均为 47.7L/min（半载的工况），各元件的额定压力应大于起升系统的最大工作压力 14.5MPa；对于倾斜系统，流经各个液压阀的最大流量为 5.3L/min，额定压力应大于倾斜系统的最大工作压力 13.5MPa。流经倾斜系统各液压阀的流量较小，因此倾斜系统中使用的液压阀可选择比起升系统中液压阀通径更小的液压阀。

在选择溢流阀时，由于溢流阀在起升系统和倾斜系统中都是作为安全阀，因此其调定压力应高于供油压力 10％左右。起升系统和倾斜系统溢流阀的调定压力是不同的，按照前述计算起升系统溢流阀的调定压力设为 16MPa 比较合适，倾斜系统溢流阀的调定压力设为 15MPa，具体调定数值将在后续压力损失核算部分中做进一步计算。

查阅相关液压阀生产厂家样本，确定本设计实例所设计叉车工作装置液压系统各液压阀型号及技术参数如表 3-4 所示。

表 3-4　液压阀型号及技术参数

序号	元件名称	规格		
		额定流量 /(L/min)	最高使用压力 /MPa	型　号
1	三位四通手动换向阀 5	60	31.5	4WMM6T50
2	单向阀 11	76	21	DT8P1-06-05-10
3	溢流阀 3	120	31.5	DBDH6P-10/200
4	单向阀 12	10	21	DT8P1-02-05-10
5	流量调节阀 7	67	31.5	VCDC-H-MF(G1/2)
6	三位四通手动换向阀 6	30	25	DMG-02-3C6-W
7	溢流阀 4	12	21	C175-02-F-10
8	背压阀和防气穴阀 8	120	31.5	MH1DBN 10 P2-20/050M

3.4.4 管路的选择

本设计实例液压管路的直径可通过与管路连接的液压元件进出口直径来确定，也可通过管路中流速的推荐值进行计算。

根据第 1 章中给出的液压管路流速推荐范围，假设液压泵排油管路的速度为 5m/s，液压泵吸油管路的速度为 1m/s。在设计过程中也应该注意，液压系统管路中油液的流动速度也会受到油路和装置工作条件、功率损失、热和噪声的产生以及振动等各方面因素的影响。

按照半载工况，大流量泵排油管路中流过的最大流量为

$$q = 47.7\text{L/min}$$

则管道的最小横截面积为

$$A = \frac{47.7 \times 1000}{60 \times 5} = 159(\text{mm}^2)$$

由 $A = \frac{\pi D^2}{4}$ 可知：

$$D^2 = \frac{4 \times 159}{\pi} = 202(\text{mm}^2)$$

即

$$D = 14.2\text{mm}$$

为减小压力损失，管径应尽可能选大些，所以选用管子通径为 15mm 的油管作排油管即可。

大流量泵吸油管路中流过的最大流量为液压泵的理论流量，即 $\frac{33.1 \times 1500}{1000} = 49.65(\text{L/min})$，则管道的最小横截面积为

$$A = \frac{49.65 \times 1000}{60 \times 1} = 827.5(\text{mm}^2)$$

于是有

$$D^2 = \frac{4 \times 827.5}{\pi} = 1054(\text{mm}^2)$$

即

$$D = 32.5\text{mm}$$

查液压管路管径标准，与上述计算值最接近的实际值为 33mm，因此可选用通径为 40mm 的油管作为大流量泵的吸油管。

3.4.5　油箱的设计

根据第 1 章油箱容积估算方法，按照储油量的要求，初步确定油箱的有效容积为

$$V_{有效} = aq_v$$

已知双联泵总理论流量为 $q_v = 49.65 + 6 = 55.65(\text{L/min})$，对于行走工程机械，为减小液压系统的体积和质量，在计算油箱的有效容积时取 $a = 2$。因此有

$$V_{有效} = 2 \times 55.65 = 111.3(\text{L})$$

油箱整体容积为 $V = \frac{V_{有效}}{0.8} = 139.125\text{L}$，查液压泵站油箱公称容积系列，取油箱整体容积为 150L。

如果油箱的长宽高比例按照 3∶2∶1 设计，则计算得到长、宽、高分别为 $a = 0.09\text{m}$、$b = 0.6\text{m}$、$c = 0.03\text{m}$。

3.4.6　其他辅件的选择

叉车工作装置液压系统中使用的过滤器包括油箱注油过滤器和主回油路上的回油过滤器。查相关厂家样本，选择型号为 $EF_3\text{-}40$ 的空气滤清器，其性能参数为：

① 加油流量为 21L/min；

② 空气流量为 170L/min；

③ 油过滤面积为 180mm²；

④ 空气过滤精度为 0.279mm；

⑤ 油过滤精度为 125μm。

选择型号为 RF-60×20L-Y 的滤油器作回油过滤器，其性能参数为：

① 额定流量为 60L/min；

② 过滤精度为 20μm；

③ 额定压力为 1MPa。

3.5 验算液压系统性能

液压系统原理图和各液压元件的型号确定后，可以对所设计叉车工作装置液压系统进行系统性能的验算。

3.5.1 压力损失验算

为了能够更加准确地计算液压泵的供油压力和设定溢流阀的调定压力，分别验算由两个液压泵到起升液压缸和倾斜液压缸进口之间油路的压力损失。

叉车工作装置液压系统的压力损失包括油液流过等径进油管路而产生的沿程压力损失 Δp_1、通过管路中弯管和管接头等处的管路局部压力损失 Δp_2 以及通过各种液压阀的局部压力损失 Δp_3。由于叉车工作装置液压系统管路较短，弯管和管接头较少，因此沿程压力损失 Δp_1 和弯管以及管接头等处的管路局部压力损失 Δp_2 与经过各种液压阀的局部压力损失 Δp_3 相比可以忽略不计，故本设计实例主要核算经过各种液压阀的局部压力损失 Δp_3。由图 3-14 所示原理图表明，起升系统起升动作过程中液压阀产生的局部压力损失 Δp_3 主要包括由单向阀 11、换向阀 5 和特殊流量控制阀 7 阀口产生的局部压力损失。

对于起升系统，根据产品样本，单向阀 11（DT8P1-06-05-10）的开启压力为 0.035MPa；在流量约为 50L/min 时，手动换向阀 5（4WMM6T50）的压力损失约为 0.5MPa；在流量约为 50L/min 时，流量调节阀 7〔VCDC-H-MF（G1/2）〕的压力损失为 0.5MPa。因此，起升系统进油管路总的局部压力损失为

$$\Delta p_3 = 0.035 + 0.5 + 0.5 = 1.035 (\text{MPa})$$

所以溢流阀调定压力应为

$$p = (13 + 1.035) \times 1.1 = 15.4 (\text{MPa})$$

取溢流阀的实际调定压力为 16MPa 是适宜的。

对于倾斜系统，使货叉倾斜过程中，产生局部压力损失的液压阀有单向阀 12、换向阀 6 和防气穴阀 8。根据产品样本，单向阀 12（DT8P1-02-05-10）的开启压力为 0.035MPa；在流量约为 5.4L/min 时，手动换向阀 6（DMG-02-3C6-W）的压力损失最大约为 0.15MPa；防气穴阀中单向阀（MHSV10PB1-1X/M）的开启压力为 0.05MPa。因此，倾斜系统进油管路总的局部压力损失为

$$\Delta p_3 = 0.035 + 0.15 + 0.05 = 0.235 (\text{MPa})$$

所以溢流阀实际压力应为

$$p = (14.1 + 0.235) \times 1.1 = 15.8 (\text{MPa})$$

取溢流阀的实际调定压力为 16MPa 是适宜的。

3.5.2　系统温升验算

起升系统消耗的功率远大于倾斜系统所消耗的功率，因此只验证起升系统的温升即可。

对于起升油路，当叉车杆处于闲置或负载下降时，换向阀工作在中位，液压泵在低压下有 49.65L/min 的流量（理论流量）流回油箱，此时液压泵处于卸荷状态，因此液压泵损失的功率较小。当负载上升时，液压泵的大部分流量将进入液压缸。当负载上升达到顶端时，液压泵以 44.7L/min 的额定流量从安全阀溢流回油箱，造成很大的能量损失。

假设液压泵流量的 90% 通过安全阀流失，损失的功率为

$$W_{RV} = p_{rv}q_{rv} = \frac{15 \times 10^6 \times 0.9 \times 44.7 \times 10^{-3}}{60} = 10000(W) = 10(kW)$$

造成的油液温度升高可计算为

$$\Delta T = \frac{W_{RV}}{\rho c_p q_{rv}}$$

式中　ρ——液压油液的密度，取 870kg/m³；

c_p——液压油液的比定压热容，对于普通的石油型液压油液，$c_p \approx (0.4 \sim 0.5) \times$ 4187J/(kg·K)，取 $c_p = 2.0$kJ/(kg·K)。

如果液压系统的温度单位用摄氏度（℃），则油液温升为

$$\Delta T = \frac{W_{RV}}{\rho c_p q_{rv}} = \frac{10000}{870 \times 2000 \times \dfrac{0.9 \times 44.7}{60 \times 10^3}} = 8.57(℃)$$

上述温升满足行走机械温升范围要求，而且由于这一极端功率损失的情况只是偶尔在货叉杆上升到行程端点时才出现，因此该叉车工作装置液压系统不必设置冷却器。

3.6　设计经验总结

叉车类工程机械或行走机械对液压系统的要求是安全可靠、效率高、成本低。通过本设计实例，对叉车类工程机械或行走机械液压系统的设计方法和设计经验总结如下：

① 采用低成本的齿轮泵作能源元件，普通的手动换向阀作控制调节元件，系统造价低，易于维护。

② 为保证系统工作安全，对于有垂直下落工况的液压系统，应采用必要的平衡回路；对于有超越负载（负值负载）的液压系统，应在回油路上采用必要的增加背压（防气穴）措施。

③ 为提高系统的工作效率，降低能耗，对于流量差别较大的子系统或支回路，应采用具有不同流量的液压泵分别供油的方式。

第4章 斗轮堆取料机斗轮驱动液压系统设计

斗轮堆取料机是应用于发电厂、煤矿、港口码头等地对物料进行输送和堆取作业的主要工程机械。本章将介绍斗轮堆取料机斗轮驱动液压传动系统的设计，主要设计斗轮驱动主系统和斗轮驱动补油系统，包括液压系统主要参数的计算，液压系统原理图确定，液压泵、液压阀、液压马达和其他辅助装置（如过滤器、加热器、冷却器、管件）的选择以及液压油源的设计。

4.1 斗轮堆取料机液压系统的设计要求

斗轮堆取料机是在现代化工业中对大宗散状物料进行连续装卸、堆取合一的高效轨道式装卸设备，主要应用于发电厂、煤矿、港口码头等地，是对煤炭、沙子、石子等散料进行输送、堆取作业的主要工程机械。

斗轮堆取料机类设备通常包括堆取料机、取料机、堆料机、混匀取料机、混匀堆料机等。其中堆取料机具有堆取功能，取料机、堆料机只有取料或堆料功能，混匀取料机与混匀堆料机除具有取料与堆料功能外还具有均化功能，以满足用户对物料均化的要求。使用最多的是堆取料机，其原因是此类设备功能较齐全，可满足大多数条件下的需要。斗轮堆取料机适用于物料堆积料场数量较少及堆取料机设备数量较少的条件，如发电厂、水泥厂、化工厂等一个或两个料场，堆取料机可分别向两个料场堆料或从两个料场取料。一台或两台堆取料机可对所有相邻料场进行堆料与取料作业，此时设备作业率较高。在料场数量较多，如三个或四个以上料场时，当需要每个设备都能够完成堆料与取料流程时，也可选用堆取料机。相对于取料机与堆料机，堆取料机的设备成本要高一些，广泛应用于港口、码头、钢铁厂、焦化厂、储煤厂等散料堆存料场。

4.1.1 斗轮堆取料机的结构

斗轮堆取料机主要由斗轮机构、悬臂传动带机构、俯仰机构、回转机构、行走机构、尾车传动带机构、上部金属结构、中部斗、门座、平台扶梯、电气室、司机室、除尘装置、润滑系统、电缆卷筒及电气系统等组成，其中斗轮机构、悬臂传动带机构、俯仰机构、回转机构、行走机构、尾车传动带机构等主要机构如图4-1所示，各主要装置的功能如表4-1所示。斗轮堆取料机整机质量一般在200t以上，其中上部金属结构重达150多吨。该设备可进行整机行走，并实现上部金属结构俯仰、臂架旋转、斗轮旋转、机内传动带运行等运动，从而完成手动和就地取料、堆料作业。

表 4-1 斗轮堆取料机主要机构的功能

名　　　称	功　　　能
行走机构	完成大车沿轨道方向运行功能
斗轮回转机构	完成悬臂斗轮装置水平方向移动功能

续表

名　称	功　能
斗轮驱动机构	完成将物料从料场取出功能
悬臂俯仰机构	完成悬臂斗轮装置垂直方向移动功能
悬臂传动带机构	完成地面传动带来料到料场或由斗轮从料场取料转送至地面传动带的功能
尾车传动带机构	完成物料在堆取料机各部件之间的转载功能

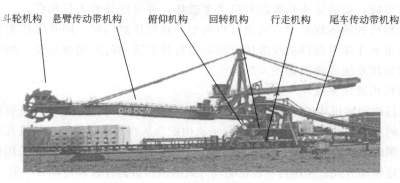

斗轮机构　悬臂传动带机构　俯仰机构　回转机构　行走机构　尾车传动带机构

图 4-1　斗轮堆取料机及主要机构

在实际的工作过程中，斗轮堆取料机是散料输送系统的始端或末端。斗轮堆取料机最常用的工艺流程为：

① 翻车机卸车→带式输送机系统→斗轮堆取料机堆料到料场→斗轮堆取料机取料→带式输送机系统→发电厂配煤仓

② 翻车机卸车→带式输送机系统→斗轮堆取料机堆料到料场→斗轮堆取料机取料→带式输送机系统→装船机装船

③ 卸船机卸船→带式输送机系统→斗轮堆取料机堆料到料场→斗轮堆取料机取料→带式输送机系统→火车装车系统装车

斗轮堆取料机需要堆料时，地面带式输送机上来的物料经尾车头部滚筒卸入料斗中。料斗位于堆取料机回转中心，可在任意位置将物料供给悬臂传动带机构。利用回转机构和俯仰机构的配合运动，可将悬臂传动带机构抛出的物料卸到轨道两侧的整个堆场上。俯仰机构用来调节堆料的高度。

进行取料作业时，启动斗轮机构使斗轮转动，斗轮便切入料堆挖取物料，靠自重使物料从斗内落到固定料槽上，进而滑到悬臂传动带机构上，然后经中心料斗送入地面带式输送机上。

4.1.2　斗轮堆取料机工作装置液压系统

斗轮堆取料机的工作装置包括俯仰机构、回转机构和斗轮驱动机构。由于要执行各自不同的动作，斗轮堆取料机各个工作装置的液压系统具有不同的特点。

（1）俯仰机构液压系统

斗轮堆取料机悬臂俯仰机构的作用是调节堆料、取料时悬臂的高度，并支撑斗轮和臂架的重量，使斗轮可以在不同高度上堆料和取料。悬臂俯仰机构是斗轮机最基本最重要的机构，其工作性能直接影响堆取料机的技术性能。悬臂俯仰机构通常采用钢丝绳卷扬驱动方式或液压缸驱动方式。

钢丝绳卷扬驱动方式采用钢丝绳通过滑轮组绕到俯仰卷筒上，电动机经减速器驱动卷筒旋转，使钢丝绳绕上卷筒或从卷筒中放出，从而改变悬臂的幅度。

由于液压驱动装置能较好地适应外载荷的变化和进行无级调速，较机械传动机构体积小、结构简单、运行平稳、使用维修方便，故液压缸驱动式斗轮机在现代工业中的应用越来越广泛。

斗轮堆取料机的体积非常庞大，输出力也较大。由于悬臂较长，负载力大，因而在取料过程中会产生较大的惯性力，故主机俯仰机构的工作安全可靠性非常重要。如果斗轮机悬臂俯仰机构的驱动液压油路结构设计不合理，往往会产生比较大的振动，影响正常工作，一旦发生悬臂坠落事故，会造成斗轮堆取料机严重破坏，并可能导致人员伤亡。

斗轮堆取料机的液压缸驱动方式通常由两个并联液压缸同时、同步工作来实现，俯仰机构中的悬臂配重和斗轮等部件构成液压缸活塞组件伸缩运动时的超越负载。例如某斗轮堆取料机俯仰机构液压系统原理图如图 4-2 所示。

（2）回转机构液压系统

斗轮堆取料机回转机构的作用是通过驱动装置驱动斗轮堆取料机的斗轮悬臂围绕着旋转中心做水平方向的回转运动，与俯仰机构和行走机构配合从而实现斗轮堆取料机在某一固定地点或某一工作范围内对物料的转运。回转机构的驱动装置结构形式很多，通常采用行星齿轮驱动方式和液压马达驱动方式。采用行星齿轮驱动方式的回转机构存在着传动效率低、齿轮易磨损、过载保护不可靠等缺点。采用液压马达驱动方式的回转机构液压系统原理图如图 4-3 所示。

（3）斗轮驱动液压系统

斗轮驱动液压系统是驱动斗轮回转，从而完成取料和堆料作业的工作装置。斗轮及其驱动装置通常安装在斗轮堆取料机的悬臂带式输送机前端，这样的结构布局会带来两个方面的问题：一是斗轮及其驱动装置的质量相对于整机质心会形成巨大的自重力矩，斗轮及驱动装置质量的大小直接影响着悬臂架的设计结构、尺寸和平衡架上的配重质量，乃至整机的质量；二是传动系统的振动和斗轮堆、取料时产生的振动激励会引起悬臂架及平衡架的剧烈振动，进而影响整机的工作稳定性。因此，为了尽可能地减轻这两方面的副作用，设计斗轮驱动装置时，合理布局，优化斗轮及其传动装置的结构，尽量减小该部分的质量，是改善斗轮堆取料机整机的工作性质，提高整机工作稳定性的关键。

4.1.3 斗轮堆取料机的工作要求

在斗轮堆取料机工作过程中，不同的料场和不同形式的物料对堆料和取料作业有着不同的工作要求。

（1）堆料作业要求

悬臂梁仰角固定，定点堆料一次后达到料堆高度，而后大车走行定值距离，调整堆料落点，继续沿斜坡堆料。这种堆料方法在料场初始堆料时，悬臂可低些，以免粉尘太大造成环境污染，随着料堆增高，悬臂逐渐上仰，当达到规定的料堆高度后，悬臂的仰角固定，然后靠慢速走行方式依次堆料。因此在取料作业时，悬臂俯仰系统应具有一定的平衡锁紧功能，从而对斗轮悬臂梁进行仰角调整和固定。行走机构应具有良好的无级调速功能，以保证在这一作业过程中实现慢速走行和走行速度的调整。

由于斗轮堆取料机俯仰装置的工作负载有时使液压缸伸出，有时使液压缸缩回，且工作负载均有垂直方向的分量，所以液压回路需采用液控单向阀和节流阀组成的平衡回路。工作时液压泵在斗轮堆取料机工作期间应不间断持续运行，俯仰动作由电磁换向阀控制；为防止悬臂发生失稳和超压现象，液压系统还应设有安全闭锁装置及超压保护装置；同时，还要保证液压系统具有可靠的密封，使整个液压系统不得有漏油现象。

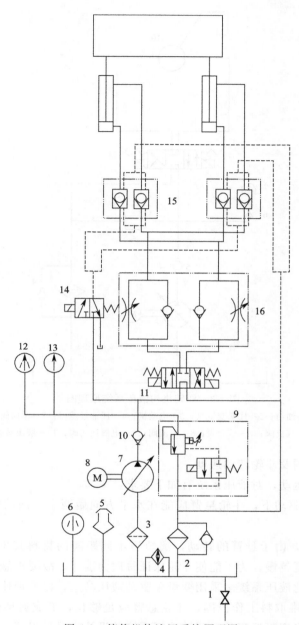

图 4-2　俯仰机构液压系统原理图

1—放油截止阀；2—直回式回油过滤器；3—吸油过滤器；4—加热器；
5—空气滤清器；7—恒压变量泵；8—电动机；9—电磁溢流阀；10—单向阀；
11—三位四通电磁换向阀；6,12—电接点压力表；13—压力表；
14—两位三通电磁换向阀；15—双向液压锁；16—叠加式双联单向节流阀

（2）取料作业要求

斗轮堆取料机在取料时采用以回转为主的分层取料方式。其过程是取上部第一层→几个走行进尺与回转几个单程→第二层→几个走行进尺与回转几个单程→第三层→几个走行进尺与回转几个单程→第 N 层→几个走行进尺与回转几个单程，如此反复达到连续取料的目的。这一作业过程中，主要要求对斗轮悬臂回转系统和斗轮驱动系统进行合理的控制和调节，以

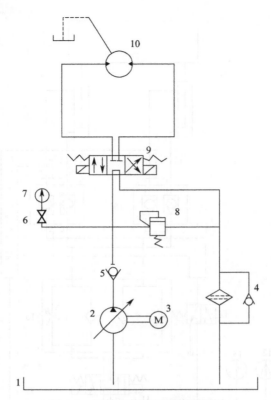

图 4-3　回转机构液压系统原理图

1—油箱；2—柱塞变量泵；3—电动机；4—回油过滤器；5—单向阀；
6—截止阀；7—压力表；8—溢流阀；9—电磁换向阀；10—液压马达

控制斗轮悬臂回转范围及斗轮转动速度。

为实现斗轮回转运动，对液压系统有如下要求：

① 在液压马达的驱动下，斗轮悬臂应能在水平方向做两个方向的转动，即液压马达需要换向。

② 悬臂在转动时，由于悬臂的转动，离轨道不同距离的物料其堆取料的速度不一样。离轨道越远其堆取速度越慢，为了能使斗轮保证每次为满斗，故要求悬臂的转动有一个先快后慢的调节过程，因此液压系统多采用变量泵驱动液压马达，以实现速度调节。

③ 为达到足够的堆取料工作范围，斗轮悬臂应足够长，形成典型的细长悬臂结构，因此在回转过程中容易出现颤振现象，回转液压系统的设计应尽量保证斗轮悬臂回转过程中的平稳性。

4.1.4　斗轮驱动液压系统的设计要求

根据斗轮堆取料的工作情况，对斗轮驱动液压系统主要有如下要求：

① 为了使传送带正常工作，即传动带不能超过其额定负载，也不能使传送带某部分空载，所以斗轮的转动应为匀速运动，并每次取料时应为满斗，提高传送带的利用率，以提高堆取料效率。

② 由于斗轮机工作时，利用斗轮堆取物料，其外负载惯性力大，因此本系统采用闭式液压系统。闭式液压系统即液压泵的进出油口与液压马达的进出油口分别用管道连接，液压

马达的回油不回油箱而直接进入液压泵的吸油口，形成闭合回路。

③ 液压马达与液压泵的泄油管路应单独回油箱，以避免造成其内腔油压过高，致使其轴端油封损坏而产生漏油。

④ 设置必要的过载保护装置，可采用安全阀，其回油应进入液压泵的吸油，不回到油箱。一旦斗轮驱动马达过载，安全阀开启后，该闭式回路油液应能得到及时补充；而当负载下降以后，可避免由于压力无法迅速回升，致使驱动无力。

20 世纪 80 年代以前，我国使用的斗轮堆取料机的主机俯仰、尾车变幅及脱钩和斗轮回转驱动等大部分采用机械式结构，虽性能可靠，但工作效率低，而且斗轮机局部受力不好，致使常用件易损坏。80 年代初我国进口了一批国外生产的斗轮堆取料机，斗轮机的俯仰、尾车变幅及脱钩和斗轮回转驱动等部分采用液压系统。由于液压系统高度集成，有体积小、易于安装和调试、维护及维修容易等优点，因此液压驱动式斗轮堆取料机结构更加紧凑，效率高，工作运行更平稳。但是在维修或更换液压元件时，由于受当时条件限制，其液压元件同国内厂家生产的液压元件不相匹配，必须从国外进口。进口液压阀及液压泵等液压元件不但价格非常昂贵，而且订货周期长，所以有些单位则投资改造使用国产液压元件替代。

针对这种情况，早期国内有些厂家就着手设计并改造液压驱动的斗轮堆取料机，有些斗轮堆取料机采用液压、机械并行安装方式，这样液压驱动部分的电控、管路及液压阀安装位置较分散，导致系统安装、调试及维修等操作复杂。在原理及性能上不够完善，常常发生斗轮机振动现象，使主机不能正常工作。另外此种安装方法使液压系统的泄漏点增多，系统易出现接口、阀等部位漏油现象，给系统的工作性能及维护、维修都带来很大的困难；还有些斗轮堆取料机的液压系统把液压泵-电动机组、液压阀等液压元件平铺在斗轮机上，这样在工作环境比较恶劣的情况下对液压系统中液压元件及附件的寿命有很大影响，而且此种安装方法占地面积大，以致使斗轮机的整体结构庞大、布置不美观等。

斗轮堆取料机液压系统的设计要求为：控制部分的电控、管路及液压阀安装位置要集中，调试及维修方便，液压系统的泄漏点要少，系统的工作性能要可靠。现在国内的斗轮堆取料机液压系统多采用集成安装形式，国产斗轮机已经从最初的研究转向发展，向更高的产品质量和设计水平迈进。目前国产斗轮机在性能和可靠性方面与国外进口设备差别在缩小。

4.1.5　本设计实例的设计参数

本设计实例的设计参数如下：

① 斗轮所受到的总的圆周切割阻力 $F_圆 = 29000N$；

② 斗轮直径 $D = 5.2m$。

4.2　工况分析

斗轮驱动液压系统的工况分析主要是分析斗轮驱动装置的运动和受力，计算斗轮驱动装置的最大负载力和最大速度。

4.2.1　切割阻力矩 $T_圆$ 的确定

斗轮在实际工作过程中既要绕自身轴心在垂直平面内旋转，做圆周切割运动，又要随回转平台在水平面内做圆周运动。因此，物料作用在斗轮上的力有：在切削平面内沿斗轮外缘切线方向的圆周切割阻力 $F_圆$、沿直径方向的法向力 $F_法$ 以及垂直切削面的侧向力 $F_侧$，其受力分析如图 4-4 所示。如果回转平台静止不动，斗轮只在垂直平面内做圆周切割运动，可以认为斗轮只受到圆周切割阻力 $F_圆$ 和法向力 $F_法$ 的作用。假定法向力指向轴心，则作用在斗轮轴上的负载扭矩就完全是由 $F_圆$ 引起的。这也是液压马达所需要克服的阻力矩。

由斗轮上的圆周切割阻力 $F_圆$ 引起的作用在斗轮轴上的负载扭矩可表示为

$$T_圆 = F_圆 \frac{D}{2} = 29000 \times \frac{5.2}{2} = 75400(\text{N} \cdot \text{m}) = 75.4(\text{kN} \cdot \text{m})$$

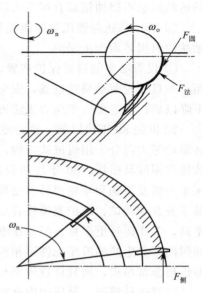

4.2.2 斗轮边缘切向速度 v 的确定

图 4-4 斗轮受力图

当斗轮尺寸一定、斗容确定后，增加切向速度 v 可以提高生产效率。但切向速度 v 的提高受到两个条件的限制，一是卸料过程，二是铲斗磨损程度。斗轮要实现依靠物料自身重力的作用来完成卸料，则作用在物料上的离心力必须小于等于物料的重力以及物料之间的相互作用力和物料与铲斗壁之间摩擦力的合力。由于卸料过程中物料之间相互作用力和物料与铲斗壁之间摩擦力与物料重力方向相反，因此有

$$F_e \leqslant F_g - F_l - F_f$$

式中　F_e——离心力，$F_e = m\dfrac{v^2}{r} = m\dfrac{v^2}{D/2}$（其中 m 为物料的质量）；

　　　　F_g——物料自身的重力，$F_g = mg$（其中 g 为重力加速度，取 $g = 9.86\text{m/s}^2$）；

　　　　F_l——物料之间的相互作用力；

　　　　F_f——物料与铲斗壁之间的摩擦力。

如果用一个小于 1 的系数 k' 把物料之间的相互作用力 F_l 和物料与铲斗壁之间摩擦力 F_f 归算到重力 F_g，则有

$$F_e \leqslant k' F_g$$

$$m\frac{v^2}{D/2} \leqslant k' mg$$

即

$$v \leqslant \sqrt{k'\frac{D}{2}g}$$

如果令系数 $k = \sqrt{k'}$，则有

$$v \leqslant 2.22k\sqrt{D}$$

取重力与离心力相等的极限情况作为设计原则，此时极限切向速度为

$$v_{\lim} = 2.22k\sqrt{D}$$

式中，k 是一个小于 1 的修正系数，与物料特性以及工作状态等有关，一般 k 的取值范围为

$0.2\sim0.65$，本设计实例取 $k=0.5$。

当斗轮切向速度 v 小于极限速度 $v_{\lim}$ 时，斗轮中在垂直上方的物料所受的离心力小于重力，这样才能保证可靠卸料。考虑到物料之间的相互作用力以及物料与铲斗壁之间的摩擦力、黏着力等因素对物料自卸时的影响，实际斗轮切向速度应比极限速度小得多。

根据已知设计参数和前述分析，计算得到斗轮边缘最大切向速度为 $v_{\lim}=2.53\mathrm{m/s}$。斗轮转速 n 可计算为

$$2\pi n\frac{D}{2}=v_{\lim}$$

$$n=\frac{60v_{\lim}}{\pi D}=\frac{60\times2.53}{3.14\times5.2}=9.29(\mathrm{r/min})$$

因此，取斗轮最大转速为 $9\mathrm{r/min}$。

4.3　初步确定设计方案

斗轮驱动系统装置可以有几种设计方案，例如电动机和行星齿轮减速器驱动方式、液压马达和行星齿轮减速器驱动方式以及液压马达直接驱动方式等。

4.3.1　电动机和减速器驱动方式

采用电动机驱动斗轮的设计方案也是近几年较为常用的斗轮驱动形式，如图 4-5 所示。这种驱动形式通常采用一级伞齿轮和二级行星齿轮传动进行减速，因此，局部结构比较紧凑。但由于采用了电动机作为动力，液力耦合器作为连接部件，且伞齿轮传动副在啮合过程中易发热而引起温升，因此还需要一台齿轮泵单独进行局部润滑，所以总体结构外形尺寸较大，总体重量也较重。

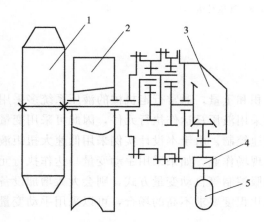

图 4-5　电动机和二级行星齿轮驱动方式
1—斗轮；2—斗轮臂；3—减速器；
4—液力耦合器；5—电动机

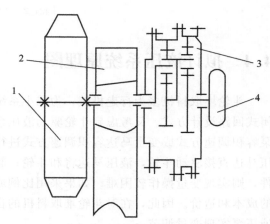

图 4-6　液压马达和减速器驱动方式
1—斗轮；2—斗轮臂；3—减速器；4—液压马达

4.3.2　液压马达和减速器驱动方式

为克服电动机驱动方式需要液压泵单独进行润滑从而造成驱动系统尺寸和质量大的缺

点，斗轮驱动装置还可采用液压马达加二级行星齿轮减速器驱动的方式，如图 4-6 所示。该方案由于采用了减速器，因此液压马达可选用重量轻、低成本的普通高速液压马达。但该设计方案由于在高速液压马达和斗轮之间仍需要采用减速器进行减速，因此结构仍然较复杂，重量较重。

4.3.3 低速大扭矩液压马达驱动方式

低速大扭矩液压马达的主要特点是排量大、体积大、输出扭矩大、转速低，因此可直接驱动工作机构，不需要减速装置，从而使传动机构大大简化。采用低速大扭矩液压马达直接驱动的斗轮驱动装置如图 4-7 所示，这一驱动方式不需要减速器进行速度转换。与高速液压马达加减速器驱动方式相比具有结构简单紧凑、重量轻的特点，而且比电动机和减速器驱动方式更加安全可靠，因此本设计实例拟采用这一驱动方式。

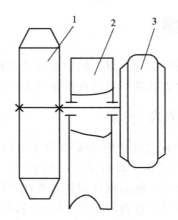

图 4-7　低速大扭矩液压马达驱动方式
1—斗轮；2—斗轮臂；3—液压马达

4.4　拟订液压系统原理图

斗轮堆取料机多为行走机械，为减小系统体积和重量，通常行走机械的液压系统多采用闭式回路设计方式。又考虑到斗轮驱动液压系统采用液压马达作执行元件，因此可采用变量泵容积调速方式或变量马达容积调速方式进行调速控制。由于本设计实例采用低速大扭矩液压马达直接驱动斗轮，液压马达将和斗轮一起在现场作业，如果采用手动变量马达作执行元件，则实现变量操作较困难。如果采用比例或伺服控制等自动变量方式，则会大大增加设备的成本和造价。因此，在对斗轮堆取料机的自动化程度要求不高的场合，可以采用手动变量液压泵实现变量调节。

对于斗轮驱动液压系统，由于斗轮的运动方向是单向的，因此采用单向变量液压泵供油即可，通常大多数液压马达都是可以双向工作的。

根据斗轮驱动液压系统的功能及设计要求，初步拟订斗轮驱动液压系统原理图如图 4-8 所示。该液压系统为闭式回路，由变量泵 11 和定量液压马达 9 组成主回路，其中溢流阀 10 对主回路起安全保护作用，作为安全阀。由于主液压泵和液压马达的泄漏油由单独的油路排出，因此为了补充回路的泄漏，闭式回路有必要设置补油泵 1 和油箱 13 为闭式回路的正常工作补充油液。溢流阀 6 为补油溢流阀，调定补油泵 1 的补油压力。为减小自重，闭式回路油箱的体积通常远小于开式回路油箱的体积。

　　闭式回路的设计、安装调试以及维护都有较高的难度和技术要求。在闭式回路的主回路上往往不安装过滤器，因此闭式回路在安装调试过程中一定要保证回路中油液的清洁，防止污染物的进入。一旦闭式回路在安装调试过程中不小心进入了污染物，如铁削或石英砂等，则很难去除，污染物会随着油液在主回路中循环流动，不断地破坏液压泵和液压马达的配流盘，导致主回路的泄漏量不断增加。当泄漏流量超过补油流量时，主泵就会因吸油不足而出现气蚀，最终导致液压泵的配流盘报废。因此，闭式回路在安装完毕，最好能对主回路进行开式冲洗，即断开主回路，采用高压大流量的液压泵对主回路进行冲洗后，更换新油，再调试系统。过滤器通常安装在补油回路和回油路上，如图 4-8 所示。应注意闭式回路对油液清洁度等级要求较高，通常达到 $10\mu m$。

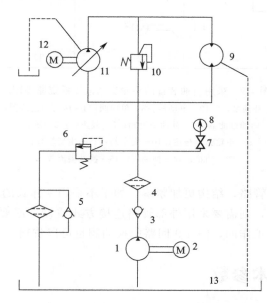

图 4-8　斗轮驱动液压系统原理图

1—补油泵；2，12—电动机；3—单向阀；4—压力油过滤器；5—回油过滤器；

6—补油溢流阀；7—截止阀；8—压力表；9—斗轮驱动马达；10—安全阀；

11—主变量泵；13—油箱

　　图 4-8 中补油泵 1 不仅能够起到补充系统泄漏的作用，还能够对闭式循环回路起到清洗和散热的作用。补油泵 1 补充的油液与液压马达的回油汇流，进入到液压泵的吸油口。有些厂家生产的液压泵产品也允许补油泵的油液直接补充到液压泵的配流盘，从而起到更好的换热作用。

　　在图 4-8 所示斗轮驱动液压系统中，补油泵把油箱中经过冷却的液压油补充到闭式回路中，液压泵和液压马达的泄漏油把系统的热量带回到油箱冷却。如果闭式回路功率较小、发热较少，这一散热方式也能够满足设计要求。但为防止油液在闭式回路中循环往复引起系统发热和温升，闭式回路通常配有换油装置，补油液压泵同时还起到换油的作用，另外还配有换油阀和换油（冲洗）溢流阀，其原理图如图 4-9 所示。

　　有些液压马达产品直接把换油阀和换油溢流阀镶嵌在液压马达中，形成一体式的液压马

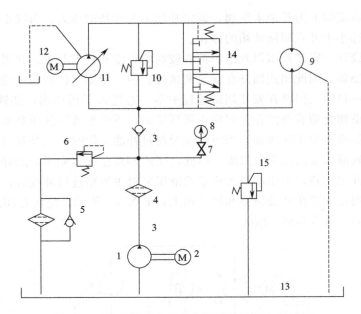

图 4-9 采用换油装置的斗轮驱动液压系统原理图

1—补油泵；2,12—电动机；3—单向阀；4—压力油过滤器；

5—回油过滤器；6—补油溢流阀；7—截止阀；8—压力表；

9—斗轮驱动马达；10—安全阀；11—主变量泵；

13—油箱；14—换油阀；15—换油溢流阀

达，这样减少了外部连接管路，结构更加紧凑。如果不采用一体式的液压马达产品，选择单独的换油阀和补油溢流阀，则需要采用外部管路连接方式或设计必要的液压阀块进行连接。如果液压马达始终是单向工作的，图 4-9 回路中换油阀也可以省略。

4.5 确定主要技术参数

4.5.1 确定工作压力

根据第 1 章液压系统设计方法中液压系统压力确定方法，对于载荷较大的液压系统，工作压力可选择稍高些，这样能够尽可能减小液压系统的体积。又根据表 1-3 中推荐值，对于大中型工程机械、起重运输机械工作压力范围可确定为 20～32MPa。同时考虑到本设计斗轮堆取料机为行走式机械，斗轮驱动液压系统的驱动方案为液压马达直接驱动斗轮，为减小斗轮的整体重量，从而减小斗臂回转液压系统的负载转动惯量，应选择较高的液压系统工作压力。但同时考虑到选择高压元件的经济性、实用性和可行性，本设计实例初步确定斗轮驱动液压系统采用 16MPa 工作压力。

4.5.2 确定背压

根据图 4-8 中拟订的斗轮驱动液压系统原理图，本设计实例斗轮驱动闭式液压系统在回油路上存在着补油和换油背压，该背压值主要取决于回油路上补油溢流阀和换油溢流阀的调定压力。

图 4-9 采用换油装置的斗轮驱动液压系统原理图中三个溢流阀的调定压力各不相同。其中溢流阀 10 为安全阀,调定系统的最大工作压力;溢流阀 15 为换油溢流阀,其调定压力通常为 2～3MPa;溢流阀 6 为补油溢流阀,其调定压力要略高于换油溢流阀 15,通常高出 0.1～0.5MPa。

本设计实例取溢流阀 10 的调定压力 1.2 倍的工作压力,溢流阀 15 的调定压力为 2.0MPa,溢流阀 6 的调定压力为 2.2MPa,因此斗轮驱动液压系统回油路上的背压值应为 2.2MPa。

4.5.3　计算液压马达的排量

液压马达所能够输出的实际扭矩 T_w 可计算为

$$T_w = \frac{V \Delta p \eta_{mm}}{2\pi}$$

式中　Δp——液压马达进出口压力差 [对于本设计实例,回油路的背压为 2.2MPa,液压马达最大工作压力为 16MPa,因而 $\Delta p = 16 - 2.2 = 13.8$(MPa)];

　　　η_{mm}——液压马达的机械效率,取 $\eta_{mm} = 0.9$。

由前述计算得,斗轮负载力矩为 $T_w = T_圆 = 75.4$kN·m,因此液压马达的排量可计算为

$$V = \frac{2\pi T_w}{\Delta p \eta_{mm}} = \frac{2\pi \times 75.4 \times 10^3}{13.8 \times 10^6 \times 0.9} = 0.03812(\text{m}^3/\text{r}) = 38.12(\text{L/r})$$

液压马达所需要的最大流量为

$$q = \frac{V n_{max}}{\eta_{mV}}$$

式中　η_{mV}——液压马达容积效率,取 $\eta_{mV} = 0.9$。

因此液压马达的最大流量为

$$q = \frac{V n_{max}}{\eta_{mV}} = \frac{38.12 \times 9}{0.9} = 381.2(\text{L/min})$$

如果液压马达不经常在满载的情况下工作,可取稍大的液压马达容积效率,例如取 $\eta_{mV} = 0.95$,则液压马达的最大流量为

$$q = \frac{V n_{max}}{\eta_{mV}} = \frac{38.12 \times 9}{0.95} = 361.1(\text{L/min})$$

4.6　选择液压元件

4.6.1　斗轮驱动液压马达的选择

选择液压马达时要考虑的因素首先是工作压力、转速范围、运行扭矩、总效率、容积效率、寿命等力学性能,其次是在机械设备上的安装条件和外观等。液压马达的种类很多,其特性也不一样,应该针对具体用途选择合适的液压马达,低速场合可以用低速液压马达,也可以用带减速装置的高速液压马达。二者在结构布置、占用空间、成本、效率等方面各有优

点，必须仔细论证。典型液压马达的性能参数比较如表 4-2 所示。

表 4-2　典型液压马达的性能参数比较

性能参数	高速液压马达	低速液压马达		
	齿轮式	叶片式	柱塞式	径向柱塞式
额定压力/MPa	21	17.5	35	21
排量/(mL/r)	4～300	25～300	10～1000	125～38000
转速/(r/min)	300～5000	400～3000	10～5000	1～500
总效率/%	75～90	75～90	85～95	80～92
堵转效率/%	50～85	70～85	80～90	75～85
堵转泄漏	大	大	小	小
变量能力	不能	困难	可	可

确定了所选用液压马达的种类之后，可根据系统所需要的输出转速和扭矩从液压马达产品系列中选出能满足需要的若干种规格，然后利用各种规格的特性曲线查出或算出相应的液压马达压降、流量和总效率，最后通过对综合技术经济性能进行评价来确定某个液压马达规格。如果原始成本最重要，则应选择流量最小的液压马达，这样液压泵、阀、管路等尺寸都最小；如果运行成本最重要，则应选择总效率最高的液压马达；如果寿命最重要，则应选择压降最小的液压马达；而最佳选择应是上述方案的折中。

根据前述计算，斗轮驱动液压系统负载扭矩 $T_w = 75.4 \text{kN} \cdot \text{m}$，斗轮最大转速 $n = 9 \text{r/min}$，因此本设计实例应选用低速大扭矩液压马达，从表 4-3 液压马达产品样本中或液压工程手册中查找，选择内曲线径向柱塞马达，型号为 NJM-E40J，其各项性能参数为：排量 40L/r，额定压力 16MPa，最大压力 20MPa，最高转速 12r/min，输出扭矩 $114.480 \text{kN} \cdot \text{m}$，能够满足本设计实例对液压马达排量、压力、转速和扭矩的要求。

表 4-3　液压马达型号及性能参数

型　号	排量 /(L/r)	压力/MPa		最高转速 /(r/min)	最大输出扭矩 /(N·m)	质量 /kg
		额定	最大			
NJM-F10	10	20	25	25	35775	
NJM-E10	10	16	25	50	35775	955
2NJM-F10	5/10	20	25	50/25	17887/35775	
NJM-E10W	10	16	20	20	28620	
NJM-F12.5	12.5	20	25	20	44719	
NJM-E12.5W	12.5	16	20	20	35775	
NJM-E16	16	16	25	32	57240	
NJM-E10J	40	16	20	12	114480	

4.6.2　主液压泵的选择

（1）主液压泵的额定工作压力 p_p

计算公式为

$$p_p \geqslant p_1 + \sum \Delta p$$

式中　$\sum \Delta p$——从液压泵出口到液压马达入口之间总的管路损失，计算时可以按照经验数
据选取 $\sum \Delta p = 0.5 \sim 1 \text{MPa}$；

p_1——液压马达最大工作压力，本设计为 16MPa。

因此，液压泵的额定工作压力为 $p_p = 16.5 \text{MPa}$。

（2）主液压泵的额定流量 q_p

计算公式为

$$q_p \geqslant K \sum q_{max}$$

式中　K——系统泄漏系数，取 $K = 1.1$；

q_{max}——液压马达最大流量，L/s。

因此，液压泵的额定流量应为 $q_p = 1.1 \times 381.2 = 419.3 (\text{L/min})$。

（3）选择主液压泵

根据求得的主液压泵额定压力 p_p 和额定流量 q_{max}，查找表 4-4 所示斜盘式手动变量柱
塞泵产品样本，选择型号为 400CY14-1B 的手动变量柱塞泵，其主要参数为：额定压力
315MPa，排量 400mL/r，额定转速 1000r/min，驱动功率 233kW。

表 4-4　斜盘式变量柱塞泵产品样本

型号	公称压力/MPa	公称排量/(mL/r)	额定转速/(r/min)	公称流量(1000r/min 时)/(L/min)	功率(1000r/min 时)/kW	最大理论转矩/(N·m)	质量/kg
2.5※CY14-1B		2.5	3000	2.5	1.43		4.5~7.2
10※CY14-1B		10	1500	10	5.5		16.1~24.9
25※CY14-1B		25	1500	25	13.7		28.2~41
63※CY14-1B	32	63	1500	63	34.5		56~74
63※CY14-1B		63	1500	63	59		67
160※CY14-1B		160	1000	160	89.1		138~168
250※CY14-1B		250	1000	250	136.6		约227
400※CY14-1B	21	400	1000	400	138		230

注："※"表示型号意义中除 B、Y 以外的所有变量形式。

如果选用 400CY14-1B 的液压泵，排量为 400mL/r，转速为 1000r/min，则主液压泵的
理论流量为 $q_{pt} = 400 \text{L/min}$，如果额定压力下液压泵的容积效率为 $\eta_{pV} = 0.9$，则液压泵的
额定流量为 $q_p = 360 \text{L/min}$，该流量下液压马达的转速为

$$n = \frac{q\eta_{mV}}{V} = \frac{360 \times 0.9}{40} = 8.1 (\text{r/min})$$

该转速小于且接近于 9r/min 的斗轮最大转速，满足斗轮转速不超过 9r/min 的设计
要求。

4.6.3　补油泵的选择

对于闭式系统，选择过大的补油泵或过高的补油压力都会导致油温升高，因此补油泵的
合理选取关系重大。

（1）补油泵的流量 q_b

在闭式系统中补油泵具有补充系统泄漏、为控制机构提供控制油液、维持系统控制压

力、冲洗液压泵及液压马达壳体、降低油温的作用。补油泵输出的流量分配为如下三部分流量：主液压泵及液压马达的泄漏流量、回路换油（冲洗）溢流阀溢流流量及补油溢流阀溢流流量。如果补油泵补油量过小，不能满足系统流量的需要，则系统无法正常工作；反之，会给系统带来不必要的功率损失。根据经验，补油泵的流量应略高于系统的泄漏量，通常取主液压泵流量的10％～30％，本设计实例取15％。

所以补油泵理论流量 q_b 为

$$q_b = 15\% q = 15\% \times 400 = 60 (\text{L/min})$$

（2）补油泵额定工作压力 p_b

补油泵的工作压力 p_b 由补油溢流阀调定，如前所述，其压力应略高于液压马达的背压 2.0MPa，因此取 $p_b = 2.2$MPa。

（3）补油泵的选择

根据以上分析所确定的补油泵额定流量 q_b 以及工作压力 p_b，查找低压液压泵样本或手册，如表 4-5 所示，选择齿轮泵 CB-B50。

其主要参数为：排量 50mL/r，额定压力 2.5MPa，额定转速 1450r/min，驱动功率 2.6kW，该补油泵的理论流量 q_{bt} 为 72.5L/min，如果该泵的容积效率取为 0.94，则补油泵的额定流量为 68.2L/min。

表 4-5 CB-B 型号低压液压泵性能参数

型　号	排量/(mL/r)	压力/MPa	转速/(r/min)	容积效率/%	质量/kg	驱动功率/kW
CB-B2.5	2.5			≥70	1.9	0.13
CB-B4	4				2.8	0.21
CB-B6	6			≥80	3.2	0.31
CB-B10	10				3.5	0.51
CB-B16	16				5.2	0.82
CB-B20	20			≥90	5.4	1.02
CB-B25	25				5.5	1.30
CB-B32	32	2.5	1450		5.7	1.65
CB-B40	40				10.5	2.10
CB-B50	50			≥94	11.0	2.60
CB-B63	63				11.8	3.30
CB-B80	80				17.6	4.10
CB-B100	100			≥95	18.7	5.10
CB-B125	125				19.5	6.50

4.6.4 驱动电动机的选择

① 主液压泵的驱动电动机功率 P　计算公式为

$$P = \frac{p_p q_{pt}}{\eta_{pm}} = \frac{16.5 \times 10^6 \times 400 \times 10^{-3}}{0.95 \times 60} = 116000(\text{W}) = 116(\text{kW})$$

式中　p_p——液压泵最高工作压力，Pa；

q_{pt}——液压泵的理论流量，L/min；

η_{pm}——液压泵的机械效率，取 $\eta_{pm} = 0.95$。

查电动机样本或手册，例如表 4-6 所示电动机样本，选择电动机型号为 Y315L2-6。

其主要性能参数为：额定功率 132kW，额定转速 1000r/min。

表 4-6 电动机型号及技术参数

型号规格	2P(3000r)		4P(1500r)		6P(1000r)		8P(750r)	
	功率/kW	质量/kg	功率/kW	质量/kg	功率/kW	质量/kg	功率/kW	质量/kg
Y100L1			2.2	34				
Y100L2			3	35				
Y112M	4	45	4	47	2.2	45		
Y132S1	5.5	67						
Y132S2	7.5	72						
Y280S	75	515	75	535	45	505	37	500
Y280M	90	566	90	634	55	566	45	562
Y315S	110	922	110	912	75	850	55	875
Y315M	132	1010	132	1048	90	965	75	1008
Y315L1	160	1085	160	1105	110	1028	90	1065
Y315L2	200	1220	200	1260	132	1195	110	1195

② 补油泵的电动机功率 P_b 计算公式为

$$P_b = \frac{p_{bp}q_{bp}}{\eta_{bp}} = \frac{p_{bp}q_{bpt}}{\eta_{bpm}} = \frac{2.2 \times 10^6 \times 72.5 \times 10^{-3}}{0.95 \times 60} = 2800(\text{W}) = 2.8(\text{kW})$$

查电动机手册或样本，如表 4-6 所示，选择电动机型号为 Y100L2-4。

其主要技术参数为：额定功率 3kW，额定转速 1500r/min。

4.6.5 溢流阀的选择

所设计斗轮驱动闭式液压系统共用到三个溢流阀，根据前述计算，三个溢流阀中主回路安全阀的调定压力为 20MPa，最大通过流量为 360L/min，补油溢流阀的调定压力为 2.2MPa，最大通过流量为 68.2L/min，换油溢流阀的调定压力为 2.0MPa，最大通过流量应满足换油流量需要，即小于补油泵的额定流量，应为补油泵的额定流量减去补油泵溢流量和系统的泄漏量。

如果忽略其他泄漏流量，则系统总的泄漏流量应为液压泵和液压马达泄漏流量之和，液压泵容积效率为 0.9，理论流量为 400L/min，因此泄漏流量为 40L/min，液压马达的容积效率为 0.9，最大流量为 360L/min，因此泄漏流量为 32.4L/min，系统总的泄漏流量为 62.4L/min。如果补换油液压泵的输出流量为 68.2L/min，则换油流量为 5.8L/min，但应注意这是换油溢流阀的最小换油流量，有可能系统的泄漏流量会低于上述计算的最大泄漏量，因此换油溢流阀的通径应选得更大一些。

过滤器的过滤精度取 10μm，最大通过流量为 68.2L/min。

单向阀的额定压力为 2.2MPa，最大通过流量为 68.2L/min。

查找产品样本和手册，选择各元件型号及性能参数如表 4-7 所示。

表 4-7 其他元件型号及性能参数

元件名称	型 号	最高使用压力/MPa	额定流量/(L/min)
安全阀	DB20-1-50/200	20	500
补油溢流阀	DBDH8P10/25	2.5	120
换油溢流阀	DBDH8P10/25	2.5	120
单向阀	CRNG-06-A1	21	125

4.6.6 管道尺寸的确定

液压系统管路直径和壁厚可通过计算确定，也可根据元件的进出口连接尺寸确定。

（1）管子内径 d 的计算

计算公式为

$$d = \sqrt{\frac{4q \times 10^{-3}}{\pi v \times 60}} \times 10^3 = 4.61\sqrt{\frac{q}{v}}$$

式中　q——管道内液压油流量，L/min；

　　　v——管道内液压油流速，m/s，其推荐值如表 4-8 所示。

表 4-8　液压管道中的推荐流速

管　道	推 荐 流 速 v /(m/s)
吸油管道	0.5～2，一般取 1 以下
压油管道	2.5～6，压力高、管道短、黏度小时取大值
回油管道	1.5～3

对于液压系统吸油管道 d_1，取 $v=1\text{m/s}$，则有

$$d_1 \geqslant 4.61\sqrt{\frac{q}{v}} = 4.61\sqrt{\frac{400}{1}} = 92.2(\text{mm})$$

对于液压系统压油管道 d_2，取 $v=5\text{m/s}$，则有

$$d_2 \geqslant 4.61\sqrt{\frac{q}{v}} = 4.61\sqrt{\frac{360}{5}} = 39.12(\text{mm})$$

对于补油泵吸油管道 d_3，取 $v=1\text{m/s}$，则有

$$d_3 \geqslant 4.61\sqrt{\frac{q}{v}} = 4.61\sqrt{\frac{72.5}{1}} = 39.25(\text{mm})$$

对于补油泵压油管道 d_4，取 $v=5\text{m/s}$，则有

$$d_4 \geqslant 4.61\sqrt{\frac{q}{v}} = 4.61\sqrt{\frac{68.2}{5}} = 17.03(\text{mm})$$

（2）管道壁厚 δ 的计算

计算公式为

$$\delta = \frac{pd}{2[\sigma]}$$

式中　p——管道内最高工作压力，MPa；

　　　d——管道内径，mm；

　　$[\sigma]$——管道材料的许用应力，MPa，$[\sigma] = \dfrac{\sigma_b}{n}$（其中 σ_b 是管道材料的抗拉强度，

　　　MPa，n 是安全系数）。

安全系数 n 的选取应综合考虑管道径向尺寸的误差与变形、管道内的压力脉动、液压冲击、管道的材料质量以及工作压力的周期变化等不安全因素。一般 $n=4～8$，液压系统振动、冲击大者取大值，小者取小值。因此，对钢管来说，当压力 $p<7\text{MPa}$ 时，取 $n=8$；当

7MPa$<p<$17.5MPa 时，取 $n=6$；当 $p>$17.5MPa 时，取 $n=4$。对于本设计，7MPa$<$ $p<$17.5MPa，因此取 $n=6$。若取钢的抗拉强度 $\sigma_b=410$MPa，则许用应力$[\sigma]=\dfrac{\sigma_b}{n}=$ $\dfrac{410}{6}=68.3$MPa。

主油路吸油管道壁厚 δ_1 为

$$\delta_1 \geqslant \frac{pd_1}{2[\sigma]} = \frac{2.2 \times 92.2}{2 \times 68.3} = 1.48 (\text{mm})$$

主油路压油管道壁厚 δ_2 为

$$\delta_2 \geqslant \frac{pd_2}{2[\sigma]} = \frac{16.5 \times 39.12}{2 \times 68.3} = 4.73 (\text{mm})$$

补油泵吸油管道壁厚 δ_3（假设管壁受到的压力为 0.5MPa）为

$$\delta_3 \geqslant \frac{pd_3}{2[\sigma]} = \frac{0.5 \times 39.25}{2 \times 68.3} = 0.14 (\text{mm})$$

补油泵压油管道壁厚 δ_4 为

$$\delta_4 \geqslant \frac{pd_4}{2[\sigma]} = \frac{2.2 \times 17.02}{2 \times 68.3} = 0.27 (\text{mm})$$

在工程应用中，实际上很少用到上述计算方法，通常根据管道中的工作压力选取 3～5mm 的壁厚即可。

4.7　油箱和集成块的设计

油箱和集成块的合理设计是斗轮驱动液压系统合理布局的关键。

4.7.1　油箱的设计计算

斗轮驱动液压系统油箱的设计包括油箱容积的计算、油箱尺寸确定和油箱的整体结构设计几部分。

（1）油箱容积的计算

根据经验计算方法，油箱容积可由液压系统的总流量进行计算，即

$$V = aq_V$$

式中　q_V——所有液压泵的流量之和，L/min；

　　　a——经验系数，查阅设计手册或参照表 1-7。

本设计实例斗轮驱动液压系统为闭式回路，主回路中液压油在液压泵和液压马达形成的封闭回路中循环，因此油箱的容积只要满足补油泵的工作需要即可，补油泵流量为 $q_b=$ 72.5L/min。

本设计实例履带式斗轮堆取料机为行走机械，因此取 $a=2$，则有

$$V = aq_V = 2 \times 72.5 = 145 (\text{L})$$

（2）油箱尺寸的计算

为了降低油箱加工成本，并考虑到油箱上需要安放补油电动机和补油泵，故取油箱长为700mm，高为400mm。

按油箱中油液体积是油箱容积的$\frac{4}{5}$计算，即$V=0.8V'=0.8abh$，求得油箱的宽为

$$b=\frac{V}{0.8ah}=\frac{0.145}{0.8\times0.7\times0.4}=0.647(\mathrm{m})$$

确定油箱的尺寸为：长700mm，宽650mm，高400mm。

（3）油箱结构的设计

为了保证履带式斗轮堆取料机能够在户外正常工作，需要在斗轮驱动液压系统的油箱上使用各种辅助元件，例如空气滤清器、液位计、温度计、过滤器、加热器、冷却器等。油箱整体结构设计方案之一如图 4-10 所示，查阅手册或产品样本，对油箱上各辅助元件进行选型。

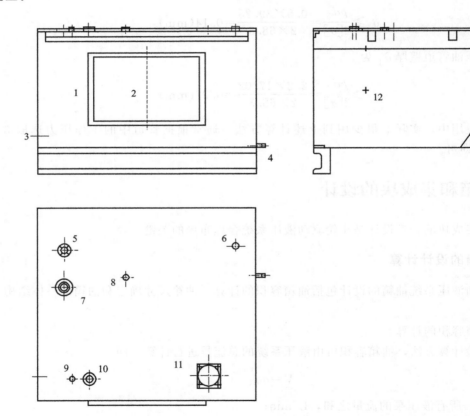

图 4-10　油箱结构图

1—清洗口；2—隔板；3—加热器法兰；4—放油口；5—温度计法兰；6—液压马达泄漏油口；7—空气滤清器法兰；8—主泵泄漏油口；9—补油泵泄漏油口；10—补油泵吸油口；11—换油滤油器法兰；12—液位计插口

① 对于空气滤清器，其空气流量应为液压泵流量的 2 倍左右。工作时空气流速越低，抗污染能力越强。因此本设计选 EF3-40 型空气滤清器，空气流量为 170L/min，加油流量

为 21L/min，油过滤精度为 125μm，空气过滤精度为 30～40μm。

② 对于温度液位计，采用型号 YWZ-250T，管式温度计，温度测量范围－20～100℃，内标式。

③ 对于吸油过滤器，采用型号 WU-100×100-J，公称流量 100L/min，过滤精度 100μm。

④ 对于回油过滤器，采用型号 RG 100×10，额定压力 1.0MPa，公称流量 100L/min，过滤精度 10μm。

⑤ 对于压油过滤器，采用型号 3PG-100×10，额定压力 2.5MPa，公称流量 100L/min，过滤精度 10μm。

⑥ 对于加热器，采用 SRY4-220/5，工作电压 220V，功率 5kW，总长 697mm，浸入油中长度 620mm。

4.7.2　集成块的设计

根据前述斗轮驱动液压系统原理图，为了简化管路的布置，采用将所设计斗轮驱动液压系统中的补油溢流阀、补油单向阀及换油溢流阀三个阀集成安装在集成块上的设计方式。

各阀的位置关系是正面为补油单向阀，上面为补油回路补油溢流阀，左面为斗轮驱动主回路换油溢流阀，具体如图 4-11 所示。

集成块展开图和三维立体图能够清楚地表达集成块内部各流道的位置关系以及各孔的深度，是集成块加工的根据。随着三维绘图软件的发展和推广应用，首先采用三维绘图软件绘制集成块的立体图，明确集成块内部各流道的位置关系，防止干涉，然后将立体图展开成展开图，这样能够大大缩短设计和绘图时间。本设计的集成块六面展开图如图 4-12 所示，集成块三维立体图如图 4-13 所示。

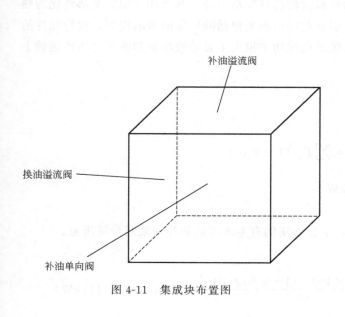

图 4-11　集成块布置图

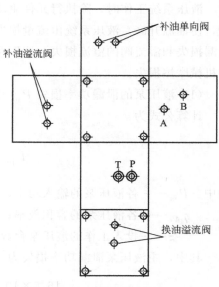

图 4-12　集成块展开图

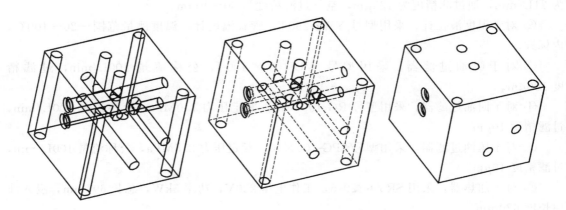

图 4-13　集成块三维立体图

4.8　液压系统发热温升的计算

本设计实例在对液压系统进行发热和能量损失计算时，作如下假设：

① 忽略温度变化过程中液压油液的黏度变化以及黏度变化对液压泵和液压马达泄漏流量的影响；

② 忽略由于管路和接头摩擦损失引起的发热；

③ 假设液压泵和液压马达的泄漏流量都经过外部泄油口流回油箱；

④ 假设液压泵和液压马达的机械损失都以发热方式传递到液压系统。

4.8.1　液压系统发热功率的计算

液压系统工作时，除执行元件驱动外载荷输出有效功率外，其余功率损失全部转化为热量，使油温升高。液压系统由流量损失引起的功率损失包括液压泵的泄漏损失、执行元件的泄漏损失和溢流阀的溢流损失。液压系统的机械功率损失主要是液压泵和液压马达传输轴上的机械摩擦损失。

（1）液压泵的泄漏功率损失 P_{pV}

计算公式为

$$P_{pV} = \sum_{i=1}^{z} P_{pi}(1 - \eta_{pVi})$$

式中　P_{pi}——各液压泵的输入功率，kW；

η_{pVi}——各液压泵的容积效率；

z——投入工作的液压泵台数，本设计实例有主液压泵和补油泵两台液压泵。

其中，主液压泵泄漏功率损失为

$$P_{V1} = P_{p1}(1 - \eta_{pV1}) = \frac{16.5 \times 10^{6} \times 400 \times (1 - 0.9) \times 10^{-3}}{60} = 11000(W) = 11(kW)$$

补油泵泄漏功率损失为

$$P_{V2} = P_{p2}(1 - \eta_{pV2}) = \frac{2.2 \times 10^6 \times 72.5 \times (1 - 0.94) \times 10^{-3}}{60} = 0.16(\text{kW})$$

$$P_{pV} = P_{V1} + P_{V2} = 11 + 0.16 = 11.16(\text{kW})$$

（2）液压执行元件的泄漏功率损失 P_{mV}

计算公式为

$$P_{mV} = \sum_{j=1}^{M} P_{mj}(1 - \eta_{mVj})$$

式中　P_{mj}——液压执行元件的输入功率，kW；

　　　η_{mVj}——各液压执行元件的容积效率，本设计实例液压马达的容积效率 $\eta_{mV} = 0.9$；

　　　M——液压执行元件个数，本设计只有一个液压马达执行元件，因此执行元件的泄漏功率损失为

$$P_{mV} = P_m(1 - \eta_{mV}) = \frac{16 \times 10^6 \times 360 \times (1 - 0.9) \times 10^{-3}}{60} = 9600(\text{W}) = 9.6(\text{kW})$$

（3）溢流阀的功率损失 P_y

溢流阀的溢流损失可计算为

$$P_y = p_y q_y$$

式中　p_y——溢流阀的调定压力，Pa；

　　　q_y——经溢流阀流回油箱的流量，m^3/s。

本设计实例斗轮驱动液压系统中共有三个溢流阀，其中主油路上的溢流阀起安全保护作用，系统正常工作时，该阀关闭，没有溢流损失。因此只有补油溢流阀和换油溢流阀产生溢流损失，补油溢流阀的调定压力为 2.2MPa，最大溢流流量为补油泵额定流量，为 68.2L/min。但在实际工作过程中，补油泵的流量一部分用于补充系统泄漏，一部分用于换油冷却，经补油溢流阀溢流的流量可以忽略。前述计算中，液压泵和液压马达总泄漏量为 62.4L/min，因此经换油溢流阀溢流的流量可按 68.2L/min－62.4L/min＝5.8L/min 计算。换油溢流阀的调定压力为 2.0MPa，总的溢流损失可计算为

$$P_y = p_y q_y = \frac{2.0 \times 10^6 \times 5.8 \times 10^{-3}}{60} = 0.19(\text{kW})$$

（4）机械损失发热功率

液压泵的机械功率损失为

$$P_{pm} = \sum_{i=1}^{z} P_{pi}(1 - \eta_{pmi})$$

式中　η_{pmi}——各液压泵的机械效率。

主液压泵和补油液压泵的机械效率均取 $\eta_{pm1} = \eta_{pm2} = 0.95$，则本设计实例主液压泵和补油液压泵的机械功率损失可计算为

$$P_{pm} = P_{p1}(1 - \eta_{pm1}) + P_{p2}(1 - \eta_{pm2})$$

$$= \frac{16.5 \times 10^6 \times 400 \times (1 - 0.95) \times 10^{-3}}{60} + \frac{2.2 \times 10^6 \times 72.5 \times (1 - 0.95) \times 10^{-3}}{60}$$

$$= 5500 + 133 = 5633(\text{W}) \approx 5.6(\text{kW})$$

液压马达的机械功率损失为

$$P_{mm} = \sum_{j=1}^{M} P_{mj}(1 - \eta_{mmj})$$

式中　η_{mmj}——各液压马达的机械效率。

本设计实例液压马达的机械效率取 $\eta_{mm} = 0.95$，因此有

$$P_{mm} = P_m(1 - \eta_{mm}) = \frac{16 \times 10^6 \times 360 \times (1 - 0.95) \times 10^{-3}}{60} = 4800(\text{W}) = 4.8(\text{kW})$$

（5）总的发热功率 P_{hr}

计算公式为

$$P_{hr} = P_{pV} + P_{mV} + P_y + P_{pm} + P_{mm} = 11.16 + 9.6 + 0.19 + 5.6 + 4.8 = 31.35(\text{kW})$$

4.8.2　液压系统散热功率的计算

液压系统的散热渠道主要是油箱表面，油箱的散热功率 P_{hc} 可计算为

$$P_{hc} = KA_1\Delta t$$

式中　K——油箱的传热系数；

　　　A_1——油箱的传热面积，m^2；

　　　Δt——油温与环境温度之差，℃，假设环境温度为 25℃，油液最高温度为 65℃，因此 $\Delta t = 40$℃。

（1）油箱的传热系数 K

在不同环境和工作条件下油箱的传热效果会有很大的区别，因此油箱传热系数的取值也不同。某些油箱传热系数的推荐值如表 1-9 所示。

本设计实例斗轮驱动液压系统工作在户外，通风条件良好，取 $K = 15 \times 10^{-3} \text{kW}/(\text{m}^2 \cdot ℃)$。

（2）油箱散热面积 A_1 的计算

油箱中油面的高度一般为油箱高度的 $\frac{4}{5}$，计算散热面积时，与液压油直接接触的表面算全散热面，与液压油不直接接触的表面算半散热面，因此油箱的总散热面积为

$$A_1 = 2 \times 0.8h(a+b) + ab + 0.5ab$$
$$= 1.6 \times 0.4 \times (0.7 + 0.65) + 0.7 \times 0.65 + 0.5 \times 0.7 \times 0.65$$
$$= 1.55(\text{m}^2)$$

（3）系统散热功率 P_{hc}

计算公式为

$$P_{hc} = KA_1 \Delta t = 15 \times 10^{-3} \times 1.55 \times 40 = 0.93(kW) < P_{hr}$$

可见本设计实例如果通过油箱进行自然散热则远远无法满足系统散热和冷却的需要，因此需要另外设置冷却器或采取其他的冷却措施。

4.8.3　冷却器选型

冷却器分为油-气冷却器和油-水冷却器两种形式，这两种形式的冷却器各有优缺点。油-气冷却器通过风扇的转动实现散热，其安装成本低、维修方便，可自由选取电动机形式和电压，不会对液压系统造成损害，但它比油-水冷却器单元机组的体积大，易产生噪声，受环境温度影响较大。油-水冷却器利用冷却水的流动带走热量，实现散热，因此现场要有一定的水源。当冷却水温度一定时，冷却器的冷却能力也是固定的，因此油-水冷却器的工作状况不受环境温度影响。与油-气冷却器相比，在相同冷却能力的情况下，油-水冷却器体积更小，但冷却水有渗漏的可能，也可能进入液压油，损害设备。本设计实例斗轮驱动液压系统工作在室外，考虑到水源等条件限制，应选择油-气冷却器。

油-水冷却器的型号可根据系统产生的总热量以及系统的温升（系统与环境的温度差，也是冷却器进口和出口油液的温度差），通过计算冷却器的冷却面积进行选择。油-气冷却器的型号可根据系统产生的总热量以及系统的温升，通过计算冷却器的换热系数，并结合流经冷却器油液的流量，对油-气冷却器的型号进行选择。

油-水冷却器换热面积 A_{ys} 为

$$A_{ys} = \frac{\Delta P_h}{K \Delta t_m}$$

式中　　K——冷却器的传热系数；

　　　　Δt_m——冷却器进口和出口油液的温度差；

　　　　ΔP_h——冷却器总的散热量。

油-气冷却器的冷却系数 K_{yq} 为

$$K_{yq} = \frac{\Delta P_h}{\Delta t_m}$$

根据前述计算，本设计实例斗轮驱动液压系统产生的总热量为 $\Delta P_h = 26.94kW$，如果主回路中允许的最高油液温度，即油-气冷却器进口的油液温度为 65℃，而外界环境温度，即油-气冷却器出口的油液温度为 25℃，则温度差为 40℃，因此油-气冷却器的冷却系数为

$$K_{yq} = \frac{\Delta P_h}{\Delta t_m} = \frac{31.18}{40} = 0.78(kW/℃)$$

假设系统所有的回油流量都经过油-气冷却器，则该流量应为补油泵的额定流量 68.2L/min。

查冷却器产品样本或设计手册，例如图 4-14 中英国 Fawcett Christie 公司 LAC2 系列油-气冷却器产品样本及图 4-15 中 LAC 冷却器产品，根据计算得到的油液流量和冷却系数，选择 LAC2 033-6 型油-气冷却器能够满足设计要求。

冷却器在斗轮驱动液压系统中的连接方式如图 4-16 所示，冷却器的连接应保证系统所有的回油都经过冷却器冷却后再回到油箱，并由补油泵补充到主回路中，以达到更好的换热冷却效果。

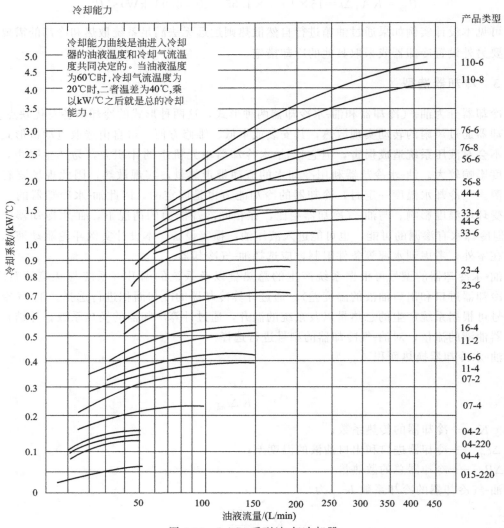

冷却能力

产品类型

冷却能力曲线是油进入冷却器的油液温度和冷却气流温度共同决定的。当油液温度为60℃时,冷却气流温度为20℃,二者温差为40℃,乘以kW/℃之后就是总的冷却能力。

图 4-14　LAC2 系列油-气冷却器

图 4-15　LAC 系列冷却器

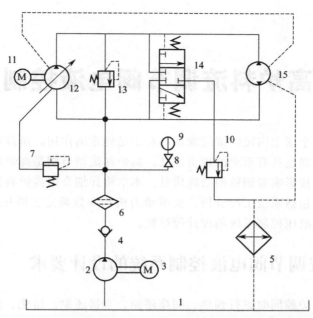

图 4-16　采用换油装置和冷却器的斗轮驱动液压系统原理图

1—油箱；2—补换油泵；3,11—电动机；4—单向阀；5—冷却器；6—压力油过滤器；7—补油溢流阀；8—截止阀；9—压力表；10—换油溢流阀；12—主变量泵；13—安全阀；14—换油阀；15—斗轮驱动马达

4.9　设计经验总结

斗轮堆取料机斗轮驱动装置对液压系统的要求是能够保证斗轮的可靠卸料、连续工作、安全可靠、斗轮转速可调等。根据本设计实例，对斗轮驱动液压系统的设计方法及设计经验总结如下：

① 为保证斗轮的可靠卸料，斗轮应具有足够低的运转速度，因此采用低速大扭矩液压马达作执行元件。

② 为实现斗轮运转速度可调，应采用合适的调速方式。由于斗轮驱动装置功率较大，因此采用效率高的容积调速方式，同时为节约成本，本设计采用手动变量方式来实现容积调速。

③ 对于闭式液压回路，为保证系统可靠工作，必须设置补油和换油系统。

第5章　高炉料流调节阀电液控制系统设计

钢铁工业对于一个国家国民经济的发展具有举足轻重的作用，而高炉作为钢铁工业中一个主要的设备，其发展也具有重大的现实意义。高炉料流调节阀是高炉炼铁设备的重要组成部分，其动作特性直接影响着钢铁的冶炼质量。本章将详细介绍高炉料流调节阀液压控制系统的设计过程，其中包括系统工况分析、液压动力机构参数确定、液压系统原理图的拟订、液压元件的选择以及液压控制系统的设计等过程。

5.1　高炉料流调节阀电液控制系统的设计要求

高炉是在同一个炉膛同时进行预热、间接还原、直接还原、熔化、渣铁下滴流动、渣铁分离、燃烧以及产生煤气等过程的炼铁炉。高炉料流调节阀是高炉放料装置中不可缺少的重要元件，其动作性能关系到高炉的正常工作和钢铁的冶炼质量。

5.1.1　高炉炼铁流程

高炉冶炼方法是现代炼铁的主要方法，是钢铁生产中的重要环节。这种方法是由古代竖炉炼铁发展、改进而成的。尽管世界各国研究发展了很多新的炼铁法，但是由于高炉炼铁技术经济指标良好、工艺简单、生产量大、劳动生产率高、能耗低，因此由这种高炉炼铁方法生产的铁仍占世界铁总产量的95%以上。

高炉冶炼流程示意图如图5-1所示，高炉生产时首先从炉顶（一般炉顶由料钟与料斗组成，现代化高炉由钟阀炉顶或无料钟炉顶组成）装入铁矿石、焦炭、造渣用熔剂（石灰石），然后从位于炉子下部沿炉周的风口吹入经预热的空气。在高温下焦炭（有的高炉也喷吹煤粉、重油、天然气等辅助燃料）中的碳同被鼓入的空气中的氧燃烧后生成一氧化碳和氢气，在炉内上升过程中可除去铁矿石中的氧，从而使铁矿石被还原得到铁，炼出的铁水从铁口放出。铁矿石中没有被还原的杂质和石灰石、硅石或萤石等熔剂结合生成炉渣，从渣口排出。产生的煤气从炉顶导出，经除尘后，可再利用作为热风炉、加热炉、焦炉、锅炉等的燃料。

5.1.2　放料机构

高炉放料系统是整个高炉冶炼系统中一个重要组成部分，它维系着生铁产量、能源消耗、冶炼成本以及高炉运行的优劣程度。高炉放料机构虽然在结构和设计上有多种形式，但是主要可分为两种，一种是传统的有料钟式放料机构，另一种是新型的无料钟式放料机构。

5.1.2.1　有料钟式放料机构

有料钟式放料机构又分为双钟式、三钟式、四钟式和钟阀式等几种形式，其中双钟式放料机构已有上百年历史，至今仍是中小型高炉的常用装料设备，由小料钟、大料钟、上密封阀、下密封阀以及放料阀等组成，如图5-2所示。装料时，受料斗接受料车或传动带送入的炉料，并入小料钟，然后打开小料钟将炉料倒入大料钟，关闭小料钟，再打开大料钟，将炉

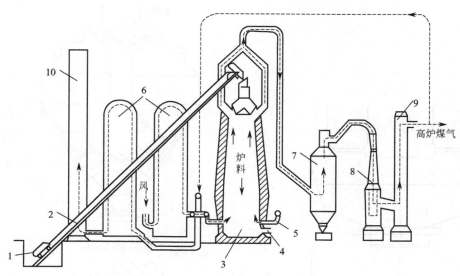

图 5-1 高炉冶炼流程示意图

1—料车；2—上料斜桥；3—高炉；4—铁渣口；5—风口；6—热风炉；

7—重力除尘器；8—文氏管；9—洗涤塔；10—烟囱

料按要求布到炉内。大、小料钟的启闭必须交错进行，保证装料时煤气密封。

有料钟式放料机构可以保证在送料过程中总有一个密封阀关闭，因此有利于保证炉内压力不外泄。但采用有料钟式放料机构，高炉炉顶压力低，高炉产量低，因此目前多用于中小型高炉。此外由于有料钟式放料机构通过布料器驱动大、小料钟动作实现布料，缺少料流调节阀和布料装置，因此存在放料不均匀的缺点，放料时容易形成中间厚、四周薄的料流聚集现象，从而导致冶炼厚度不均匀，使铁水质量下降，或引起压力气体向料上方泄漏，导致冶炼效率降低。

5.1.2.2 无料钟式放料机构

无料钟式放料机构如图 5-3 所示，由上密封阀、下密封阀、料罐、料流调节阀以及旋转溜槽（旋转布料器）等组成。工作时，首先开启上密封阀，送料斗中的原料被送入一料罐，然后关闭上密封阀，打开下密封阀；最后启动料流调节阀和旋转布料器，使原料注入高炉。与此同时，送料车给另一个料罐下料。两个料罐可以同时交替工作，使高炉炼铁不停顿，因此生产效率高。

无料钟式炉顶的特点是炉顶压力高，布料手段多，布料灵活，料流调节阀的开度大小可由控制系统加以控制，从而实时调节炉料的流量，有利于改善布料质量，提高煤气利用率，使燃烧更充分，冶炼质量更高。因此，目前无料钟式放料机构在大中型高炉上广泛使用。

5.1.2.3 布料器和料流调节阀

现代化的高炉为了最大限度地提高冶炼效率，均采用了料流调节阀加布料溜槽的控制方式来实现矿、焦在炉内的精确布料，料流调节阀和布料溜槽控制布料过程的原理如图 5-4 和图 5-5 所示。

高炉炉料（如烧结矿、球团矿或焦炭等）经过槽下配料工艺完成配料后先进入到炉顶的上料斗和下料斗，在高炉接到布料指令后，其下料斗的料流调节阀首先按工艺要求开到给定的开度（即图 5-4 中 γ 角），这时炉料就可以按一定的流量经布料滚筒流到布料溜槽上，此

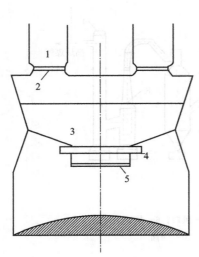

图 5-2 有料钟式放料机构

1—小料钟；2—上密封阀；3—大
料钟；4—放料阀；5—下密封阀

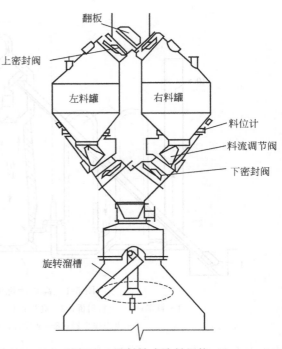

图 5-3 无料钟式放料机构

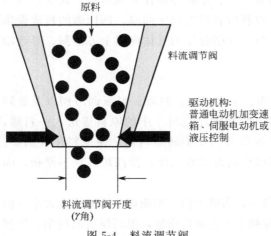

图 5-4 料流调节阀

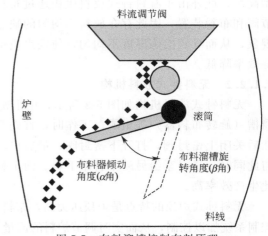

图 5-5 布料溜槽控制布料原理

时布料溜槽已经按工艺要求升到一定的倾动角度（即 α 角），同时布料溜槽还在水平面方向上进行着匀速旋转（即 β 角），这样炉料就可以均匀地布到高炉的料面上了。

图 5-4 和图 5-5 所示的炉顶布料基本原理表明，只要控制好 α、β、γ 三个角度，就可以把炉料按任意的形式布到炉内。一般来说，高炉的布料方式有环形布料、扇形布料和定点布料等几种形式。最多使用的是环形布料，即一批料以不同的倾动角度布到炉内，形成以炉中心为圆心的数个圆环，使炉料均匀地布在炉内。根据环形布料的环数还分为单环布料和多环布料，最常用的为一环到四环布料。如果在冶炼过程中出现炉内料面不均匀的情况，或者炉

长根据炉况需要，为改善透气性、保护炉壁使其温度不致过热等，也可能需要采用扇形布料或定点布料的方法来改善炉内炉料的分布状态。

5.1.3　料流调节阀的控制方式

料流调节阀的作用是通过调整菱形阀瓣的开度来调节向高炉布料的料流速度和料流量，从而与布料溜槽的倾角和旋转同步配合，达到符合要求的布料方式。在炉顶布料控制中，下料斗料流调节阀的开度控制（即 γ 角的控制）是至关重要的，因为只有 γ 角控制得精确，才能有效地控制好下料的料流量，进而更准确地控制好每批料布料的厚度、环数及布料的起点和终点。

目前，无料钟高炉炉顶料流调节阀的控制方式有三种：

① 普通电动机加齿轮减速机构来控制料流调节阀的开度。这种控制方式设备简单，但精度很难提高，系统的动作时间也较长，不利于提高高炉生产的节奏。另外，齿轮减速机构中的机械间隙对 γ 角精度的影响也很难消除，因此在大型高炉上基本不使用这种控制方式。

② 使用伺服电动机驱动料流调节阀。这种驱动方式能较好地保证 γ 角的精度，但驱动力矩受到一定的限制。另外，系统的动作时间也比较长，不利于提高生产节奏，一般在 $450m^3$ 及以下的高炉上应用较多。

③ 采用液压系统来驱动料流调节阀。这种方式最大的优点是驱动力矩较大，可以使系统的动作时间大幅缩短。另外，系统控制设备也比较简单，即采用两个常规的液控单向阀来控制液压缸的位置，进而达到控制 γ 角开度的目的，如图 5-6 所示。一般大型高炉多采用这种液压驱动方式。

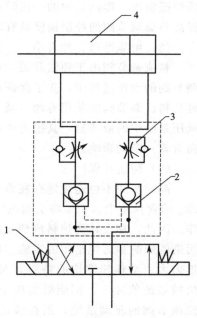

图 5-6　液压系统驱动的料流
调节阀原理图
1—换向阀；2—液控单向阀；
3—节流阀；4—液压缸

5.1.4　高炉料流调节阀驱动系统的设计要求

在设计和选择高炉料流调节阀的驱动系统时，除了要满足所有驱动系统的共性要求外，由于料流调节阀的特殊应用场合，其驱动系统还应满足如下要求。

（1）推力大、动作速度快

在大型高炉上，料流调节阀及其负载质量通常高达数吨，因此要求驱动系统能够提供较大的推力，同时要能够最大限度地消除系统压力变化对推力的影响。料流调节阀的动作要灵活、快速，能够根据高炉内燃烧程度的需要而实时调节。给料灵活的料流调节阀还有助于提高高炉精料的添加程度，从而提高高炉的生产质量。

（2）控制精度高

只有对高炉料流进行合理而精确的控制，才能保证高炉的燃烧和冶炼质量。通过料流调节阀的动作来实现料流的精确控制是有一定难度的，这是因为料流调节阀在开到给定角度时，由于里面充满了炉料，必须要求一次到位而不能反复调节，因此普通的电控或液压系统是不能满足这种要求的。利用液压缸一次定位的精度误差通常比较大，一般在 $1.5°\sim2.0°$，有时竟达到 $2.5°\sim3.5°$。这样的精度在高炉布大粒度料（例如 $20mm$ 以上的烧结矿或焦炭）

的时候可能影响不是太严重，但是在需要布小粒度料的时候，尤其是小于 5mm 的碎矿或碎焦时，就很难控制甚至无法控制了。

随着这几年我国钢铁行业的持续发展，炼铁原料尤其是烧结矿的供需矛盾越来越突出。就一座 $1750m^3$ 的高炉来说，每年的烧结矿需求约为 160 万吨，而烧结矿中 0～5mm 粒级的所谓"碎返矿"占烧结矿总量的 20%～30%，即 30 万～40 万吨。这部分"碎返矿"原来的处理方法是返回烧结机重新进行烧结，这不仅客观上降低了烧结矿的产量，还造成了能源的极大浪费，不利于资源的循环利用。经过对料流调节阀的相应改造后，由于其 γ 角可以在较小的角度上精确控制，这就为高炉添加这部分"碎返矿"提供了必要的条件，经过工艺优化后，可实现"碎返矿入炉"。另外，"碎返矿"精确地布到炉内靠近炉壁的位置，还可以降低炉壁温度，提高高炉的一代炉龄寿命，其间接经济效益也非常可观。因此，在大型高炉上提高料流调节阀的控制精度具有非常现实的意义。

（3）可靠性高、冲击小

料流调节阀由于频繁开关，很容易磨损或断裂，从而导致高炉停产或发生事故。在料流调节阀的动作过程中，除了保证调节精度和可靠动作外，减小驱动系统动作中的冲击，对于延长料流调节阀的使用寿命、减小高炉事故发生率、提高高炉的产量也是至关重要的。普通液压系统中的液压缸，其推力受系统压力的影响比较大，容易形成冲击，对料流调节阀的寿命有着一定的影响。

（4）防尘环保问题

高炉车间不可避免地存在着粉尘污染，据文献介绍，每生产 1t 钢材，往大气中排放约 2kg 的含铁粉尘。粉尘将引起电气设备和机械设备的磨损或卡死，从而导致设备无法正常工作。因此，在设计高炉料流调节阀的驱动系统时，元件的选用和结构的设计尤其要考虑粉尘污染的影响和防尘措施的实施。鉴于以上要求，在大型高炉上，如果能充分利用液压系统推力大、动作速度快的特点，又能最大限度地消除系统压力变化对推力的影响，减小对机械系统的冲击，则能够实现令人满意的驱动效果。如果选用电液位置控制系统作为料流调节阀的驱动系统，则在满足料流调节阀对输出力、响应速度以及动作可靠性等方面的要求外，还能够大幅度提高料流调节阀的控制精度，实现最佳的控制效果。因此，本设计实例料流调节阀采用电液位置控制系统进行驱动控制。

5.1.5 本设计实例的设计参数和技术要求

（1）已知的主要尺寸和设计参数

具体包括以下：

① 主轴质量 $m_Z = 478kg$；

② 转臂质量 $m_B = 247kg$；

③ 操纵杆质量 $m_g = 113kg$；

④ 阀板质量 $m_F = 270kg$；

⑤ 料流调节阀旋转中心与液压缸旋转中心距 $L = 0.788m$；

⑥ 活塞杆摆动半径 $R = 0.305m$；

⑦ 阀板关闭时与中心线的夹角 $\theta_a = 48.5°$；

⑧ 阀板所对应的圆心角 $\theta_b = 63.5°$；

⑨ 阀板中心线的半径 $R_F = 0.6795m$；

⑩ 阀板内缘半径 $R'_F = 0.665m$；

⑪ 转臂质心半径 $R_B = 0.4m$；

⑫ 操纵杆大端直径 $D_g = 0.3m$；

⑬ 轴径 $d_g = 0.225m$；

⑭ 料最高位置到阀板间的距离 $H = 4.5m$；

⑮ 料罐中料的有效高度 $h = 3m$；

⑯ 料罐底部当量直径 $D_1 = 0.83m$；

⑰ 八角溜槽当量直径 $D_8 = 0.68m$；

⑱ 物料对阀板的摩擦系数 $F_C = 0.5$；

⑲ 料的密度 $\rho = 1600kg/m^3$；

⑳ 料流的出口速度 $v = 0.4m/s$；

㉑ 布料流槽倾动角为 $\alpha = 50°$；

㉒ 操纵杆与转臂之间的夹角为 $\theta_e = 2.5°$。

如图 5-7 所示。

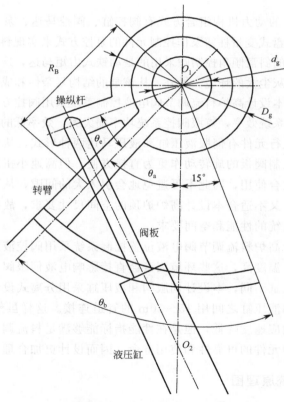

图 5-7　料流调节阀结构示意图

（2）高炉料流调节阀电液控制系统的技术要求

具体包括以下：

① 负载质量 5.5t；

② 料流调节阀全闭全开的控制角度 0°～66°；

③ 传动系统全行程时间 5s，控制系统全行程时间 10s；

④ 系统可以自动操作或手动操作，并可以相互切换；

⑤ 控制系统位置误差不大于±0.5°；

⑥ 采用对称液压缸，液压缸与伺服阀之间管路长 15～20m。

5.2 选择控制方案，拟订控制系统原理图

本设计的被控制对象是高炉料流调节阀电液控制系统，是由液压油源、电液伺服阀、料流调节阀、液压缸、液压辅件以及测量和反馈装置等组成的阀控缸电液控制系统，被控制量是液压缸的位移，通过控制液压缸的位移达到控制料流调节阀开度的目的，因此该控制系统是电液位置控制系统。控制器是在闭环控制系统中接收来自被控对象的测量信号，按照一定的控制规律产生控制信号推动执行器工作，从而完成闭环控制的装置，由控制计算机、控制策略以及控制器件和回路等组成。高炉料流调节阀控制系统的输入信号由高炉生产车间的中央控制室统一给出，信号为 4～20mA 的电流信号。

5.2.1 选择控制方案

电液控制系统常用的动力机构组合方式有阀控缸、阀控马达、泵控缸、泵控马达。

本设计如果采用斜盘式变量柱塞泵作控制元件的泵控方式来实现料流调节阀电液位置控制方式，由于该类变量泵的斜盘倾角控制阀采用的是动铁式力矩马达，这种力矩马达抗污染能力很差，不适合高炉这种灰尘大的环境。另外，从该泵的结构复杂性和成本考虑，本设计也不适宜采用泵控方式，因此本设计高炉料流调节阀电液控制系统采用阀控方式，同时采用了恒压变量泵供油方式，以提高系统效率，克服阀控系统功率损失大、效率低的缺点。

液压控制系统的执行元件有伺服液压缸和液压马达两种形式，从料流调节阀的运动方式上看，采用液压马达控制阀板的旋转动作更为直接方便，但高速小扭矩马达为了能够驱动低速负载，应与减速器联合使用，因此不可避免地会引入大的间隙，从而产生更多的非线性因素。而低速大扭矩马达又不适合本设计高炉炉顶的空间尺寸要求，故本设计采用伺服液压缸作执行机构，以满足系统的性能和空间要求。

综上所述，本设计高炉料流调节阀电液位置控制系统采用阀控液压缸控制方式。由于工作环境恶劣，粉尘重，温度高，这些环境因素会直接影响电液伺服阀的性能和使用寿命。因此，与常规的伺服液压缸不同，本设计伺服阀和液压缸采用分离式设计方式，即把伺服阀安装在泵站上，伺服阀和液压缸之间用 15～20m 的管道连接。这样虽然会给系统带来很大的附加质量，使系统的响应速度降低，但是在性能指标能够满足料流调节阀系统使用要求的情况下，还可以提高控制元件的可靠性和使用寿命，因而设计更加合理。

5.2.2 拟订控制系统原理图

根据设计要求，本设计高炉料流调节阀电液控制系统的控制器必须具有自动输入和手动输入两种给定电路，而且在自动输入和手动输入相互切换过程中，料流调节阀的阀板位置能够保持不变，即进行无扰动切换。同时，手动控制又分别有硬手动和软手动两种操作方式。根据上述原则及本设计的技术要求，确定本设计高炉料流调节阀的电液位置控制系统原理图如图 5-8 所示。为提高系统的控制性能，图 5-8 原理图中加入了 PID 校正环节。如果在不采用任何校正控制策略的情况下，系统性能也能够达到设计要求，则不必使用 PID 校正控

制策略，此时将该部分切换成通路。

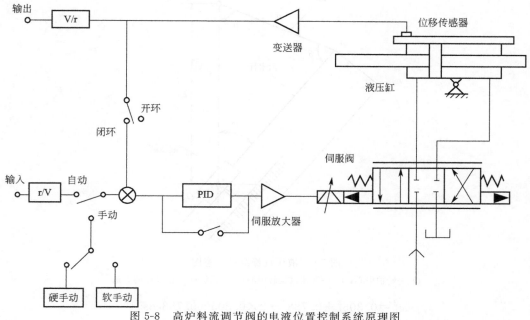

图 5-8　高炉料流调节阀的电液位置控制系统原理图

5.3　工况分析

本设计实例料流调节阀的结构示意图如图 5-7 所示，对料流调节阀进行运动分析和动力分析，绘制速度循环图和负载循环图，或负载轨迹。

5.3.1　运动分析

根据设计要求及图 5-7 中料流调节阀结构示意图，绘制料流调节阀液压缸操纵杆示意图，如图 5-9 所示。假设控制系统给定的信号是正弦信号，则操纵杆的运动规律为

$$\theta = \left(\theta_0 + \theta_e + \frac{\theta_m - \theta_0}{2}\right) + \frac{\theta_m - \theta_0}{2}\sin\omega t \tag{5-1}$$

式中　θ_0——液压缸初始状态操纵杆中心线与 O_1O_2 连线夹角；

　　　θ_m——液压缸终止状态操纵杆中心线与 O_1O_2 连线夹角；

　　　θ_e——操纵杆与转臂之间的夹角。

令液压缸活塞杆的伸出长度为 $AO_2 = x$，由余弦定理得

$$x^2 = R^2 + L^2 - 2RL\cos\theta \tag{5-2}$$

对 x 求导得

$$\dot{x} = \frac{RL\sin\theta}{x}\dot{\theta} \tag{5-3}$$

液压缸初始状态 $\theta_0 = 48.5° + 2.5° = 51°$。

液压缸终止状态 $\theta_m = 48.5° + 2.5° + 66° = 117°$。

$R = 0.305\text{m}$，$L = 0.788\text{m}$，将上述数据代入式（5-2）得

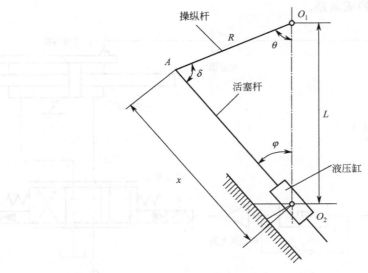

图 5-9 液压缸操纵杆示意图

O_1—转轴中心；O_2—液压缸旋转中心；θ—操纵杆与 O_1O_2 的夹角

$$x_0^2 = 0.305^2 + 0.788^2 - 2 \times 0.305 \times 0.788 \cos 51°$$
$$x_0 = 0.641(\mathrm{m})$$
$$x_m^2 = 0.305^2 + 0.788^2 - 2 \times 0.305 \times 0.788 \cos 117°$$
$$x_m = 0.966(\mathrm{m})$$

因此，液压缸最大行程为 $y_m = x_m - x_0 = 0.966 - 0.641 = 0.325(\mathrm{m})$。

已知操纵杆的运动规律如式(5-1)，该系统液压缸走完全行程（阀板转动 66°）所需的时间为 10s，是正弦信号的半个周期，所以有

$$\omega = \frac{2\pi}{T} = \frac{2\pi}{2 \times 10} = 0.314$$

又有 $\theta_m = 117°$，$\theta_0 = 51°$，则有

$$\theta = 84° + 33° \sin 0.314t$$

化为弧度制得

$$\theta = 1.47 + 0.576 \sin 0.314t \tag{5-4}$$

对式(5-4)求一阶导数得

$$\dot{\theta} = 0.18 \cos 0.314t \tag{5-5}$$

求二阶导数得

$$\ddot{\theta} = -0.0568 \sin 0.314t \tag{5-6}$$

活塞杆的运动规律：

$$y = x - x_0 = \sqrt{R^2 + L^2 - 2RL \cos \theta} - x_0 \tag{5-7}$$

对式(5-7)求一阶导数得

$$\dot{y} = \dot{x} = \frac{RL \sin \theta}{x} \dot{\theta} \tag{5-8}$$

求二阶导数得

$$\ddot{y} = \ddot{x} = \frac{RL \cos \theta}{x} \dot{\theta} - \frac{R^2 L^2 \sin^2 \theta}{x^3} \dot{\theta}^2 + \frac{RL \sin \theta}{x} \ddot{\theta} \tag{5-9}$$

5.3.2 动力分析

料流调节阀电液位置控制系统的负载分析主要是研究料流调节阀阀板的受力问题，就是分析调节阀的旋转力矩。液压缸推力产生的驱动力矩用于推动阀门操纵杆，克服摩擦力矩和执行部件的重力矩以及转动时产生的惯性力矩。本系统中，炉料对阀板的摩擦力矩起主要作用，其他如主轴承及操纵杆铰链等处产生的摩擦力矩以及转轴不同心产生的偏转力矩等与阀板处的摩擦力矩相比甚小，可忽略不计。

5.3.2.1 阀板处摩擦力矩的计算

把料罐与旋转溜槽中的炉料划分为五个区域，如图 5-10 所示，各区域炉料的体积和重量分别为 V_1、V_2、V_3、V_4、V_5 和 G_1、G_2、G_3、G_4、G_5，其中区域 3 与区域 5 对区域 4 的作用相互抵消，因此可省略不计。

区域 2 中炉料的受力情况如图 5-11 所示，该区域的炉料主要受重力和摩擦力的作用，其中已知 $\alpha = 50°$。

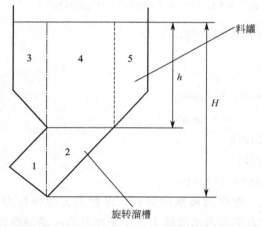

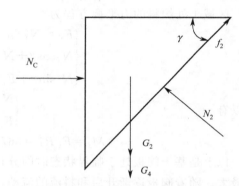

图 5-10　料罐与旋转溜槽中炉料的划分区域简图　　　图 5-11　区域 2 的受力情况

$$V_2 = \frac{1}{2}\left(\frac{\pi}{4}D_1^2\right)(H-h) = \frac{1}{2} \times \frac{\pi}{4} \times 0.83^2 \times (4.5-3) = 0.4(\text{m}^2)$$

$$G_2 = m_2 g = \rho V_2 g = 1600 \times 0.4 \times 9.8 = 6272(\text{N})$$

$$V_4 = \frac{1}{4}\pi D_1^2 h = \frac{1}{4}\pi \times 0.83^2 \times 3 = 1.62(\text{m}^3)$$

$$G_4 = m_3 g = \rho V_3 g = 1600 \times 1.62 \times 9.8 = 25401(\text{N})$$

由受力平衡关系得

$$\begin{cases} N_C + f_C N_2 \cos\gamma = N_2 \sin\gamma \\ G_2 + G_4 = N_2 \cos\gamma + f_C N_2 \sin\gamma \end{cases}$$

式中　f_C——摩擦系数。

解方程得

$$\begin{cases} N_2 = 30913\text{N} \\ N_C = 13746\text{N} \end{cases}$$

区域 1 的受力情况如图 5-12 所示，该区域的炉料也主要受重力和摩擦力的作用。

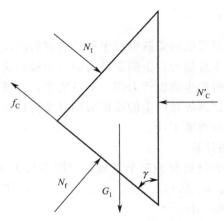

图 5-12　区域 1 的受力情况

$$V_1 = \frac{1}{2}\left(\frac{\pi}{4}D^2\right)(H-h)\sin\gamma = \frac{1}{2}\times\frac{\pi}{4}\times 0.68^2\times(4.5-3)\times\sin 50° = 0.209(\mathrm{m}^3)$$

所以有　　　　　　　　　　$G_1 = \rho V_1 g = 1600\times 0.209\times 9.8\mathrm{N} = 3277(\mathrm{N})$

区域 1 处炉料的力平衡方程为

$$\begin{cases} F_C = N_f f_C \\ N_f\cos\gamma + N_1\sin\gamma = N_C' + F_C\sin\gamma \\ N_f\sin\gamma + F_C\cos\gamma = G_1 + N_1\cos\gamma \end{cases}$$

所以有　　　　　　　　　　$\begin{cases} N_f = 11346\mathrm{N} \\ F_C = 5673\mathrm{N} \end{cases}$

$$M_f = F_C R_F' = 5673\times 0.665 = 3773(\mathrm{N\cdot m})$$

以上是基于阀板处于临界状态时的分析结果，此时阀板刚刚开启，摩擦力为静摩擦力，值最大。随着阀板逐渐开启和料流的流动，摩擦力变为滑动摩擦力，小于刚开启时的静摩擦力。所以，在阀板刚开启时，摩擦力矩最大，又考虑到传动机构连接件之间的摩擦力，驱动摩擦力矩值约取为 1.2 倍的阀板摩擦力矩计算值，即 $M_f = 4500\mathrm{N\cdot m}$。

5.3.2.2　操纵杆、转臂、阀板的重力矩

总重力矩 M 为操纵杆重力矩 M_g'、转臂重力矩 M_B' 和阀板重力矩 M_F' 之和，其中操纵杆的重力矩 M_g' 应结合操纵杆结构简图进行计算，操纵杆结构简图如图 5-13 所示。

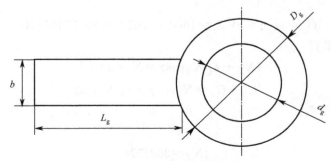

图 5-13　操纵杆结构简图

已知操纵杆长度 $L_g=0.4\text{m}$，宽度 $b=0.2\text{m}$，操纵杆厚度 $a=0.1\text{m}$，操纵杆材料密度为 $\rho=10188\text{kg/m}^3$，操纵杆质量计算公式为

$$m_g=\rho\left[L_gba+\frac{1}{4}\pi(D_g^2-d_g^2)a\right]$$

因此，杆状部分质量为

$$m_{gg}=\rho L_gba=10188\times0.4\times0.2\times0.1=81.5(\text{kg})$$

① 操纵杆重力矩 M_g' 为

$$M_g'=M_gg\left(\frac{L}{2}+\frac{D_g}{2}\right)\sin\theta=81.5\times9.8\times\left(\frac{0.4}{2}+\frac{0.3}{2}\right)\sin\theta=279.5\sin\theta(\text{N}\cdot\text{m})$$

② 转臂重力矩 M_B' 为

$$M_B'=m_BgR_B\sin(\theta-2.5)=247\times9.8\times0.4\times\sin(\theta-2.5)=968.24\sin(\theta-2.5)(\text{N}\cdot\text{m})$$

③ 阀板重力矩为

$$M_F'=m_FgR_F\sin\left(\theta-2.5-\frac{\theta_b}{2}\right)=270\times9.8\times0.6795\times\sin\left(\theta-2.5-\frac{63.5}{2}\right)=1798\sin(\theta-34.25)(\text{N}\cdot\text{m})$$

④ 总重力矩 M 为

$$M=M_g'+M_B'+M_F'=279.5\sin\theta+968.24\sin(\theta-2.5)+1798\sin(\theta-34.25)(\text{N}\cdot\text{m})$$

5.3.2.3　转动惯量计算

转动惯量计算主要包括以下三部分：

① 操纵杆的转动惯量　操纵杆的转动惯量可以认为是环形部分和杆形部分的惯量之和。环形部分的转动惯量为

$$I_{环}=\frac{1}{8}m_{gh}(D_g^2+d_g^2)=\frac{1}{32}\pi\rho a(D_g^4-d_g^4)=\frac{1}{32}\times\pi\times10188\times0.1\times(0.3^4-0.225^4)=0.55(\text{kg}\cdot\text{m}^2)$$

杆形部分的转动惯量为

$$I_{杆}=\frac{1}{12}m_{gg}L^2+m_{gg}\left(\frac{L}{2}+\frac{D_g}{2}\right)^2=m_{gg}\left[\frac{L^2}{12}+\left(\frac{L}{2}+\frac{D_g}{2}\right)^2\right]$$

$$=10188\times0.008\left[\frac{0.4^2}{12}+\left(\frac{0.4}{2}+\frac{0.3}{2}\right)^2\right]=11(\text{kg}\cdot\text{m}^2)$$

故操纵杆总的转动惯量为

$$I_g=I_{环}+I_{杆}=0.55+11=11.55(\text{kg}\cdot\text{m}^2)$$

② 转臂的转动惯量　设转臂为一均匀棒体，则有

$$I_B=\frac{1}{12}m_BR_F'^2+m_B\left(\frac{R_F'}{2}\right)^2=\frac{1}{3}m_BR_F'^2=\frac{1}{3}\times247\times0.665^2=36.4(\text{kg}\cdot\text{m}^2)$$

③ 阀板的转动惯量　料流调节阀的阀板可以被看成是环形面积的一部分，故有

$$I_F=\frac{1}{2}m_F\left[(2R_F-R_F')^2+R_F'^2\right]=\frac{1}{2}\times270\times(0.694^2+0.665^2)=124.72(\text{kg}\cdot\text{m}^2)$$

因此，料流调节阀负载相对 O_1 点产生的总转动惯量为

$$I=I_g+I_B+I_F=11.55+36.4+124.72=172.67(\text{kg})$$

负载机构对 O_1 点产生的总惯性力矩为

$$T=I\ddot{\theta}=172.67\times(-0.0568\sin0.314t)=-9.81\sin0.314t(\text{N}\cdot\text{m})$$

5.3.3 负载轨迹

$$FR\cos\left(\frac{\pi}{2}-\alpha\right)=T+M+M_f$$

式中 α——液压缸活塞杆与操纵杆夹角。

$$\sin\alpha=\frac{L}{X}\sin\theta=\frac{L}{\sqrt{R^2+L^2-2RL\cos\theta}}\sin\theta$$

$$\sin\alpha=\frac{0.788\sin\theta}{\sqrt{0.305^2+0.788^2-2\times0.788\times0.305\cos\theta}}=\frac{0.788\sin\theta}{\sqrt{0.714-0.481\cos\theta}}$$

因此，有

$T+M+M_f=4500+279.5\sin\theta+968.24\sin(\theta-2.5)+1798\sin(\theta-34.25)-9.81\sin0.314t\,(\text{N·m})$

化为弧度制为

$T+M+M_f=4500+279.5\sin\theta+968.24\sin(\theta-0.044)+1798\sin(\theta-0.6)-9.81\sin0.314t\,(\text{N·m})$

$$F=\frac{T+M+M_f}{R\sin\alpha}=\frac{T+M+M_f}{0.305\times\dfrac{0.788\sin\theta}{\sqrt{0.714-0.481\cos\theta}}} \tag{5-10}$$

由式(5-8) 得

$$v=\dot{y}=\frac{RL\sin\theta}{X}\dot{\theta}=\frac{0.043\sin(1.47+0.576\sin0.314t)\cos0.314t}{\sqrt{0.714-0.481\cos(1.47+0.576\sin0.314t)}}\,(\text{m/s}) \tag{5-11}$$

由式(5-10) 和式(5-11) 可得到料流调节阀液压系统的负载轨迹，即 $F\text{-}v$ 曲线，如图 5-14 所示。

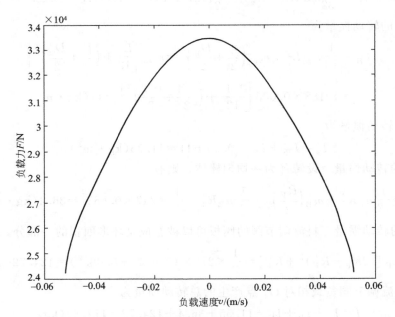

图 5-14 料流调节阀液压系统的 $F\text{-}v$ 曲线

由图 5-14 负载轨迹可求得，液压缸的最大负载速度为 $v_m=5.3436\times10^{-2}\,\text{m/s}$，液压缸的最大负载力为 33400N。

5.4　静态分析（确定主要参数）

根据液压控制系统的实际需要选择液压动力机构的参数是液压控制系统设计中的重要环节，一般称之为液压动力机构的匹配。根据第 1 章内容，对于阀控系统来说，需要确定的液压动力机构主要参数有供油压力 p_s、液压缸有效作用面积 A 以及伺服阀空载流量 q_0。

5.4.1　供油压力的选择

根据第 1 章液压系统供油压力选择原则，如果供油压力较高，则在相同输出功率条件下，可以减小泵、阀、管道等部分的尺寸和质量，使液压装置结构紧凑，并可减弱油中混入空气对油液可压缩性的影响。如果供油压力较低，则有利于延长元件和系统的寿命，泄漏小，温升低，价格便宜并易于维护。如能有效地防止空气的混入，则不会导致液压固有频率的降低。结合高炉料流调节阀控制系统的实际情况，本设计实例选择供油压力为 $p_s =$ 14MPa；根据节流调速回路最佳工作点的选择原则，负载压力应为 $p_L = \dfrac{2}{3} p_s = \dfrac{28}{3}$ MPa。一般情况下，系统回油压力很小，可忽略其影响。

5.4.2　液压缸参数确定

液压控制系统的供油压力初步确定后，动力机构参数的匹配问题主要是确定液压缸的有效作用面积和选择伺服阀的流量。在确定动力机构的这两个主要参数时，不仅应考虑能够满足驱动负载的要求，还应考虑液压系统的效率和伺服控制系统的动、静态性能等方面的要求，使动力机构的匹配能达到某种最佳。

本设计实例液压缸的负载轨迹为典型轨迹，因此可采用解析法计算动力机构的主要参数。根据动力机构的最大功率点与负载轨迹的最大功率点重合的原则，液压缸的有效作用面积为

$$A = \frac{F}{p_L} = \frac{F}{\frac{2}{3} p_s} = \frac{3\sqrt{\frac{1}{2} F_m}}{2 p_s} = \frac{3\sqrt{2} F_m}{4 p_s} = 1.06 \frac{F_m}{p_s}$$

如果取液压缸的机械效率为 $\eta_m = 0.95$，则对于本设计实例料流调节阀控制系统，液压缸的有效作用面积为

$$A = \frac{F_m}{p_s \eta_m} = 1.12 \frac{F_m}{p_s}$$

式中　F_m——最大负载力。

代入数据得

$$A = 1.12 \times \frac{33400}{14 \times 10^6} = 26.72 \times 10^{-4} \, (\text{m}^2)$$

又有

$$A = \frac{1}{4} \pi \, (D^2 - d^2)$$

式中　D——液压缸内径；

d——活塞杆直径。

根据国家标准中给出的液压缸尺寸推荐值，如果取 $D=100\text{mm}$、$d=70\text{mm}$ 时，$A=\frac{1}{4}\pi(100^2-70^2)=40.06\times10^{-4}(\text{m}^2)$，即液压缸有效作用面积为 $40.06\times10^{-4}\text{m}^2$，能够满足液压缸的设计需要。

前述工况分析中计算得到液压缸的最大行程为 0.325m，考虑到液压缸两端应留有一定的行程裕度，因此选取液压缸的最大行程为 0.33m。

5.4.3 伺服阀的选择

如果液压缸的有效作用面积是未知的，则选择液压阀时必须使动力机构的输出特性曲线能够包络负载轨迹，然后按照最佳匹配条件来确定液压缸的有效作用面积。由于本设计液压缸的有效作用面积已经确定，因此可根据伺服阀的最大空载流量来选择伺服阀的型号。

动力机构最大功率点的负载流量 q_L 为

$$q_L=\sqrt{\frac{1}{3}}q_0$$

式中　q_0——伺服阀的最大空载流量。

因此，伺服阀的最大空载流量应为

$$q_0=\sqrt{3}q_L=\sqrt{3}Av_L$$

式中　v_L——最大功率点负载速度。

$$v_L=\sqrt{\frac{1}{2}}v_m$$

式中　v_m——最大负载速度，由前述章节工况分析得到的负载轨迹图（见图 5-14）求得，液压缸的最大负载速度为 $v_m=5.3436\times10^{-2}\text{m/s}$；

　　　A——液压缸的有效作用面积，前述计算确定为 $40.06\times10^{-4}\text{m}^2$。

于是伺服阀的空载流量可计算为

$$q_0=\sqrt{\frac{3}{2}}Av_m=\sqrt{\frac{3}{2}}\times40.06\times10^{-4}\times5.3436\times10^{-2}\times60\times10^3=15.73(\text{L/min})$$

因此可以选择伺服阀 FF102 系列中额定流量为 20L/min、额定电流为 40mA 的伺服阀，FF102 双喷嘴-挡板力反馈电液流量伺服阀的主要性能参数如表 5-1 所示。

表 5-1　FF102 系列伺服阀性能指标

项　目	FF-102		项　目	FF-102
供油压力范围/MPa	2～28		内漏/(L/min)	$\leqslant0.5+4\%Q_n$
额定供油压力 p_s/MPa	21		零偏/%	$\leqslant\pm3$
额定流量 Q_n/(L/min)	2,5,10,15,20,30		供油压力零漂(80%～110%p_s)/%	$\leqslant\pm2$
额定电流 I_n/mA	10	40	回油压力零漂(0～20%p_s)/%	$\leqslant\pm2$
滞环/%	$\leqslant4$		温度零漂(每变化56℃)/%	$\leqslant\pm5$
分辨率/%	$\leqslant1$		频率特性 幅频宽(−3dB)/Hz	$\geqslant100$
非线性度/%	$\leqslant\pm7.5$		相频宽(−90°)/Hz	$\geqslant100$
不对称度/%	$\leqslant\pm10$		工作温度/℃	$-55～125$
压力增益(%p_s/1%I_n)	>30		净重/kg	0.4

在系统设计过程中，FF102 系列双喷嘴两级流量伺服阀的传递函数可近似按二阶环节进行计算，即

$$\omega_v(s) = \frac{K_v}{\dfrac{s^2}{\omega_v^2} + \dfrac{2\xi_v}{\omega_v}s + 1} \tag{5-12}$$

式中　K_v——阀的流量增益；

　　　ω_v——等效固有频率（相位滞后 90°时对应的频率）；

　　　ξ_v——阻尼比。

在额定压力以外的压力下，阀的空载流量按式(5-13)计算：

$$q_{0v} = q_n \sqrt{\frac{p_s'}{p_s}} \tag{5-13}$$

式中　p_s'——实际供油压力；

　　　p_s——额定供油压力；

　　　q_n——额定流量；

　　　q_{0v}——供油压力为 p_s' 时的空载流量。

已知本设计确定的供油压力为 $p_s = 14\text{MPa}$，因此伺服阀在该供油压力下的最大空载流量为 $q_{0v} = 20\sqrt{\dfrac{14}{21}} = 16.33(\text{L/min})$，大于液压缸所需要的最大空载流量 15.73L/min，因此能够满足负载流量需要。

该伺服阀的流量增益为 $K_{q0} = \dfrac{q_{0v}}{I_R} = \dfrac{16.33}{40} = 0.408[\text{L/(min·mA)}]$

又根据伺服阀生产厂家给出的伺服阀频率特性，$\omega_v = 186.3\text{Hz}$，$\xi_v = 0.6$，因此伺服阀的传递函数可表示为

$$\omega_v(s) = \frac{0.408}{\dfrac{s^2}{186.3^2} + \dfrac{2 \times 0.6}{186.3}s + 1}$$

5.4.4　反馈装置的选择

5.4.4.1　反馈方案的选择

本设计实例电液控制系统是控制料流调节阀转角的位置控制系统，如果采用角位移传感器作测量装置，通过把调节阀的转角信号反馈到控制器输入端的方法来实现反馈，虽然可以实现直接控制，提高控制精度，但是在所构成的控制闭环中也把料流调节阀转动副处的间隙包括了进去，这样必然会给系统带入新的非线性因素，而且易导致极限环振荡。

为避免上述缺陷，应采用直线位移传感器作测量装置，将其安装在液压缸上，直接测量液压缸活塞杆上的位移并反馈到控制器的输入端，但考虑到料流调节阀的转角是最终控制目标，应采用标定的方法直接将液压缸活塞杆的位移与料流调节阀转角的对应值标定出来，从而实现对料流调节阀转角的精确控制。

5.4.4.2　位移传感器的选择

根据前述设计，液压缸的最大行程 330mm，参照位移传感器样本，选择 WYD-500 型

位移传感器，测量范围±250mm，满足位移传感器的选择标准，即传感器量程大于液压缸行程的 $\frac{3}{2}$ 倍。WYD-500 型位移传感器的技术参数如表 5-2 所示。

表 5-2 WYD-500 型位移传感器技术参数

性能参数	数 值	性能参数	数 值
测量范围/mm	±250	零点残压/%	0.3,典型 0.2
线性度/%	0.5	温度范围/℃	−25～70
励磁电源(R·M·S)/(V/1~5kHz)	1~5	零点温漂/(%/℃)	0.02
标定负载/kg	20	量程电压(R·M·S)/V	>2

5.5 动态分析

在对系统进行动态特性分析之前，首先对液压控制系统的固有频率和阻尼比进行计算，然后推导传递函数，建立系统的数学模型，并绘制液压控制系统的传递函数框图，最后进行仿真分析，绘制系统伯德图和瞬态响应曲线。

5.5.1 液压固有频率的计算

根据液压控制系统理论，当系统不存在弹性负载，只存在惯性负载时，动力机构的液压固有频率是由负载质量和液压弹簧相互作用而形成的，可表示为

$$\omega_h = \sqrt{\frac{k_h}{m}} = \sqrt{\frac{2\beta_e A^2}{V_0 m}} = \sqrt{\frac{4\beta_e A^2}{V_t m}} \tag{5-14}$$

式中　k_h——液压弹簧刚度，N/m；

　　　A——液压缸的有效作用面积；

　V_0，V_t——液压缸活塞杆处于中间位置时液压缸各腔室中液体的容积和两腔总容积之和；

　　　β_e——有效体积弹性模量（液体、混入油中的空气及工作腔体的机械刚度的体现），N/m^2。

利用式(5-14)计算得到的液压固有频率常常是系统中最低的频率，其大小就决定了液压控制系统的响应速度。如果希望液压控制系统的响应速度快，则液压固有频率 ω_h 必须设计得大些。

影响液压固有频率 ω_h 的主要因素有以下四个。

（1）液体的有效体积弹性模量 β_e

式(5-14)表明，液压固有频率 ω_h 与 $\sqrt{\beta_e}$ 成正比。影响有效体积弹性模量 β_e 的因素很多，其中混入液压油中的空气影响较大，它会使 β_e 降低，为了不致使 β_e 值过分降低，采用各种措施减少空气的混入是非常必要的。

在计算液压固有频率时，β_e 是一个很难确定的量，通常由液压油生产厂家提供。一般取 $\beta_e = 690 \sim 1500$MPa。

（2）负载质量 m_1 和管道中油液的附加质量 m_e

式(5-14)表明，欲提高液压固有频率 ω_h，应减小负载质量 m_1 的值，但负载质量 m_1 由负载本身决定，改变的余地一般不大。

由前述分析知：

$$\dot{x} = \frac{RL\sin\theta}{x}$$

令 $R_H = \dfrac{RL\sin\theta}{x}$，则有

当 $\theta = 67.24°$时，有

$$x = \sqrt{R^2 + L^2 - 2RL\cos\theta}$$

$$R_H = 0.306\text{m}$$

当 $\theta = 117°$时，有

$$R_H = 0.222\text{m}$$

当 $\theta = 51°$时，有

$$R_H = 0.291\text{m}$$

经计算可知，当 $\theta = 117°$时，R_H 有最小值 $R_{H\min} = 0.222\text{m}$

此时，负载质量为

$$m_1 = \frac{J}{R_{H\min}^2} = \frac{172.67}{0.222^2} = 3503.57(\text{kg})$$

管道中液体质量折算到液压缸处的等效质量：

$$m_e = m_0 \frac{A^2}{a_g^2}$$

式中　m_0——管道中油液总质量；

　　　a_g——管道过流面积，假设选取管径为 0.02m。

代入数据得

$$m_e = 850 \times \frac{1}{4}\pi \times 0.02^2 \times 10 \times \left(\frac{40.06 \times 10^{-4}}{\frac{1}{4}\pi \times 0.02^2}\right)^2 = 434.2(\text{kg})$$

总质量为

$$m = m_1 + m_e = 3503.57 + 434.2 = 3937.77(\text{kg})$$

（3）工作腔总容积 V_t

式(5-14)表明，液压固有频率 ω_h 与 $\sqrt{V_t}$ 成反比，欲提高 ω_h 应减少液压缸工作腔的体积 V_t。因此在保证液压缸有效行程的条件下，应尽量缩小无效容积。在前述确定液压缸参数的过程中液压缸最大行程取为 0.33m，因此有

$$V_t = AL = 40.06 \times 10^{-4} \times 0.33 = 1.32 \times 10^{-3}(\text{m}^3)$$

（4）液压缸有效作用面积 A

液压缸尺寸一经确定，其有效作用面积 A 就是一个固定的常数，工作中不会发生变化。式(5-14)表明，增大有效作用面积 A 可以提高 ω_h 值，但它们不成比例，因为容积 V_t 也随之增大了。有效作用面积 A 的增大会带来如下缺点：为满足同样的负载速度要求，负载流量需增加，从而必须选用较大规格的阀和较大的液压能源设备，于是液压动力机构本身的尺寸和质量也随之加大。

将各已知数据代入式(5-14)，得

$$\omega_h = \sqrt{\frac{4 \times 690 \times 10^6 \times (40.06 \times 10^{-4})^2}{40.06 \times 10^{-4} \times 0.33 \times 3937.77}} = 92.24(\text{rad/s})$$

5.5.2　液压阻尼比的计算

液压阻尼比可表示为

$$\xi_h = \frac{k_{ce}}{A}\sqrt{\frac{\beta_e m}{V_t}} + \frac{B_c}{4A}\sqrt{\frac{V_t}{\beta_e m}} \tag{5-15}$$

式中　　B_c——黏性阻尼系数；

　　　　k_{ce}——总的流量-压力系数。

若黏性阻尼系数 B_c 小到可忽略不计时，则液压阻尼比 ξ_h 可近似写成

$$\xi_h = \frac{k_{ce}}{A}\sqrt{\frac{\beta_e m}{V_t}} \tag{5-16}$$

液压阻尼比 ξ_h 的大小主要取决于总的流量-压力系数 k_{ce} 值，而 $k_{ce}=k_c+C_{tc}$，其中 k_c 为伺服阀的流量-压力系数，C_{tc} 为总的泄漏系数（包括内部泄漏系数和外部泄漏系数）。伺服阀的流量-压力系数 k_c 值随阀位移和负载工况不同会有很大的变化，这可由零开口阀的 k_c 表达式推导出来。在零位时伺服阀流量-压力系数 k_c 最小，因而液压阻尼比 ξ_h 最小。当伺服阀位移增大时，液压缸活塞速度加大，阻尼比急剧增大到超过1，此时传递函数 $\dfrac{\dot{y}}{x_v}=\dfrac{k_q/A}{\dfrac{s^2}{\omega_h^2}+\dfrac{2\xi_h}{\omega_h}s+1}$ 中的振荡环节变成两个惯性环节，其转折频率一个比 ω_h 大，另一个比 ω_h 小。液压阻尼比 ξ_h 在小振幅时最小，并随幅值增加而增大。因此，一般都用零位阀系数 k_{c0} 代替 k_{ce} 来计算阻尼比，这时系统的稳定性最差。

$$K_{c0} = \frac{K_{q0}}{K_{p0}}$$

式中　　K_{q0}——伺服阀流量增益，根据前述计算 $K_{q0}=0.408\text{L/(min·mA)}$；

　　　　K_{p0}——伺服阀压力增益，$K_{p0}=\dfrac{30\% \times 210 \times 10^5}{1\% \times 40}=1.575 \times 10^7\ (\text{Pa/mA})$。

因此，$K_{c0}=\dfrac{0.408}{1.575 \times 10^7}=2.59 \times 10^{-8}[\text{L/(min·Pa)}]=4.317 \times 10^{-10}[\text{L/(s·Pa)}]$。

根据上述数值，计算得到阻尼比为

$$\xi_h = \frac{4.317 \times 10^{-10} \times 10^{-3}}{40.06 \times 10^{-4}}\sqrt{\frac{690 \times 10^6 \times 3929.65}{40.06 \times 10^{-4} \times 0.33}} = 4.88 \times 10^{-3}$$

上述 ξ_h 的计算结果是伺服阀在零位时的计算值，即最低值。而零位时，k_{c0} 的实测值总是大于计算值，因此根据实际经验或相应参考资料的推荐值，零位附近阻尼系数 $\xi_h=0.1$，甚至更高，通常取 $\xi_h=0.2$。

5.5.3　系统传递函数及方块图

在图 5-8 料流调节阀电液位置控制系统原理图中，伺服放大器可近似看成为一个比例环节，其放大系数为 K_a，位移传感器也可被看成比例环节，用 K_f 表示。根据前述已知条件和位移传感器的量程，有

$$K_f = \frac{66°}{90°} \times \frac{10}{0.33} = 22.22(\text{V/m})$$

本设计实例料流调节阀电液位置控制系统的动力机构是对称阀控制对称缸式动力机构，其开环传递函数可表示为

$$Y = \frac{\dfrac{K_q}{A}X_v - \dfrac{k_{ce}}{A^2}\left(\dfrac{V_t}{4\beta_e k_{ce}}s+1\right)F}{s\left(\dfrac{s^2}{\omega_h^2}+\dfrac{2\xi_h}{\omega_h}s+1\right)}$$

由伺服阀各元件的传递函数可绘出系统框图，如图 5-15 所示。

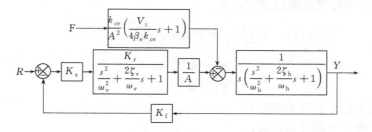

图 5-15　高炉料流调节阀的电液位置控制系统框图

由图 5-15 的系统框图推导得，系统开环传递函数为

$$W(s) = \frac{Y}{R_P} = \frac{K_v}{s\left(\dfrac{s^2}{\omega_v^2}+\dfrac{2\xi_v}{\omega_v}s+1\right)\left(\dfrac{s^2}{\omega_h^2}+\dfrac{2\xi_h}{\omega_h}s+1\right)} \tag{5-17}$$

式中　K_v——系统的开环增益，$K_v = K_a K_r K_f \dfrac{1}{A}$。

式(5-17)表明该系统为 1 型系统。

5.5.4　开环增益 K_v 的确定

误差是控制系统的一项重要性能指标。在设计系统和确定开环增益 K_v 时，首先应保证稳态误差小于规定的允许值。

5.5.4.1　系统的稳态误差

根据式(5-17)系统开环传递函数表达式，由于伺服阀的固有频率（186.3Hz）比动力机构的固有频率（14.7Hz）大得多，故伺服阀可以近似看成比例环节，则式(5-17)可简化为

$$W(s) = \frac{K_v}{s\left(\dfrac{s^2}{\omega_h^2}+\dfrac{2\xi_h}{\omega_h}s+1\right)} \tag{5-18}$$

根据式(5-18)，该系统稳态误差的拉普拉斯变换为

$$\Delta Y(s) = \Phi_e(s)R_P(s) + \Phi_{ef}(s)F(s) \tag{5-19}$$

式中

$$\Phi_e(s) = \left[1-\frac{W(s)}{1+W(s)}\right] = \frac{1}{1+W(s)} = \frac{s\left(\dfrac{s^2}{\omega_h^2}+\dfrac{2\xi_h}{\omega_h}s+1\right)}{s\left(\dfrac{s^2}{\omega_h^2}+\dfrac{2\xi_h}{\omega_h}s+1\right)+K_v} \tag{5-20}$$

$$\Phi_{ef}(s) = -\frac{Y}{F} = \frac{\dfrac{k_{ce}}{A^2}\left(1+\dfrac{V_t}{4\beta_e k_{ce}}s\right)}{s\left(\dfrac{s^2}{\omega_h^2}+\dfrac{2\xi_h}{\omega_h}s+1\right)+K_v} \tag{5-21}$$

$\Phi_e(s)$ 和 $\Phi_{ef}(s)$ 分别是系统对输入信号的误差传递函数和对干扰信号的误差传递函数。由式(5-20)、式(5-21)可见，系统对输入信号是 1 型系统，对干扰信号是 0 型系统，将误差传递函数在原点附近展开成泰勒级数，并将展开式代入式(5-19)中，对所得结果进行拉普拉斯反变换可得系统的稳态误差为

$$\Delta y(t) = \sum_{i=0}^{\infty}\frac{C_i}{i!}R_P^{(i)}(t) + \sum_{i=0}^{\infty}\frac{C_{fi}}{i!}F^{(i)}(t) \tag{5-22}$$

式中

$$C_i = \Phi_e^{(i)}(0)$$
$$C_{fi} = \Phi_{ef}^{(i)}(0) \tag{5-23}$$

式中　C_i——输入信号的误差系数；

　　　C_{fi}——干扰信号的误差系数。

对图 5-20 所示的电液位置控制系统，各阶误差系数为

$$C_0 = 0$$

$$C_1 = \frac{1}{K_v}$$

$$C_2 = 2\,\frac{K_v\dfrac{2\xi_h}{\omega_h}-1}{K_v^2}$$

$$C_3 = 6\left(\frac{1}{K_v^3}+\frac{1}{K_v\omega_h^2}-\frac{4\xi_h}{K_v^2\omega_h}\right)$$

$$\vdots$$

$$C_{f0} = \frac{k_{ce}}{K_v A^2}$$

$$C_{f1} = \frac{k_{ce}}{K_v^2 A^2}\left(\frac{K_v}{4\beta_e}\frac{V_t}{k_{ce}}-1\right) \approx \frac{1}{K_v K_h}$$

设系统的输入为阶跃信号，$R_P = 1$，则 $\dot{R}_P = \ddot{R}_P = 0$，其各阶导数为 0。

系统稳态误差系数为

$$C_0 = 0$$

$$C_{f0} = \frac{k_{ce}}{K_v A^2} = \frac{4.317\times10^{-10}\times10^{-3}}{K_v(40.06\times10^{-4})^2} = \frac{2.69}{K_v}\times10^{-8}$$

系统干扰力为料流调节阀的摩擦阻力矩 $M_{阻}$，由前述计算知 $M_{阻} = 4500\text{N}\cdot\text{m}$，折算成液压缸上所受到的作用力，得

$$F = \frac{M_{阻}}{L\sin\varphi}$$

根据正弦定理有

$$\frac{R}{\sin\varphi_{min}} = \frac{x_{max}}{\sin\theta_{max}}$$

$$\sin\varphi_{\min}=\frac{R\sin\theta_{\max}}{x_{\max}}=\frac{0.305}{0.966}\times\sin117°=0.2813$$

由仿真计算得，当 $\sin\varphi=0.2813$ 时，外干扰力最大值为

$$F_{\max}=\frac{4500}{0.788\times0.2813}\text{N}=20301\text{N}$$

故系统稳态误差为

$$\Delta Y_1=\sum_{i=0}^{\infty}\frac{C_i}{i!}R_P^{(i)}(t)+\sum_{i=0}^{\infty}\frac{C_{fi}}{i!}\cdot F^{(i)}(t)=C_{f0}F=\frac{1}{K_v}\times2.69\times10^{-8}\times20301$$

$$\Delta Y_1=\frac{0.55\times10^{-3}}{K_v}$$

5.5.4.2　系统的静态误差

除输入信号和干扰信号外，控制系统本身的某些因素，如死区、零漂、温度变化等也会引起系统的位置误差，这些误差可以被归结为"静差"加以考虑。对于本设计，忽略液压动力机构死区和电液伺服阀死区引起的误差，而只考虑伺服阀和位移传感器零漂引起的误差。

（1）伺服阀零漂引起的静态误差

因供油压力和工作温度的变化而引起的伺服阀的零点漂移通常以伺服阀输入电流 ΔI 表示。若零漂引起的电流变化为 ΔI，对应的系统误差为 $\dfrac{\Delta I}{K_aK_f}$，即

$$\Delta y_1=\frac{\Delta I}{K_aK_f}=\frac{\Delta IK_r}{K_vA}$$

由所选择的电液伺服阀性能参数得

温度零漂　　　　$<4\%I_n$
压力零漂　　　　$<2\%I_n$
伺服阀额定电流　$I_n=40\text{mA}$

则有

$$\Delta I=\sqrt{(2\%)^2+(4\%)^2}\,I_n=\sqrt{(2\%)^2+(4\%)^2}\times40=1.78885(\text{mA})$$

$$\Delta y_1=\frac{1.78885\times0.408}{K_v\times0.004006\times60}\times10^{-3}=\frac{3.036\times10^{-3}}{K_v}$$

（2）位移传感器零漂引起的静态误差

测量元件的误差包括位移传感器的固有误差、调整和校准误差等，这些因素所引起的误差与系统增益无关。

液压缸的行程为330mm，对于本设计所选择的 WYD-500 型位移传感器：

① 温度零漂为　　　　　　0.025%/℃；

② 线性度为　　　　　　　0.5%；

③ 工作温度变化范围为　　10℃。

$$\Delta y_2=\sqrt{(0.025\times10)^2+0.5^2}\times L\times10^{-2}=330\times0.56\%=1.848(\text{mm})$$

（3）系统总的静态误差

由以上数据可知

$$\Delta Y_2=\Delta y_1+\Delta y_2=\frac{3.036\times10^{-3}}{K_v}+1.848\times10^{-3}$$

5.5.4.3 系统的开环增益

系统允许的阀板转角误差为±0.5°，折算到液压缸活塞杆的位置误差为

$$\Delta Y = \frac{0.5°}{66°} \times 330 = 2.5(\text{mm})$$

系统总误差为

$$\Delta Y = \Delta Y_1 + \Delta Y_2$$

即

$$2.5 \times 10^{-3} = \frac{0.55 \times 10^{-3}}{K_v} + \frac{3.036 \times 10^{-3}}{K_v} + 1.848 \times 10^{-3}$$

$$K_v = 5.5$$

根据系统精度要求，开环增益 K_v 必须大于 5.5。

5.5.5 进行仿真分析

对系统的频域和时域特性进行仿真分析，可以了解所设计系统是否满足系统的性能指标和设计要求。本设计采用 MATLAB/Simulink 仿真软件对所设计高炉料流调节阀电液位置控制系统进行仿真分析。

5.5.5.1 开环频率响应

前述计算求得开环放大系数 K_v 必须大于 5.5，取 $K_v = 5.5$，根据式（5-17）中系统开环传递函数，应用 MATLAB 仿真软件对所设计系统进行开环频域特性仿真，得到开环伯德图如图 5-16 所示。

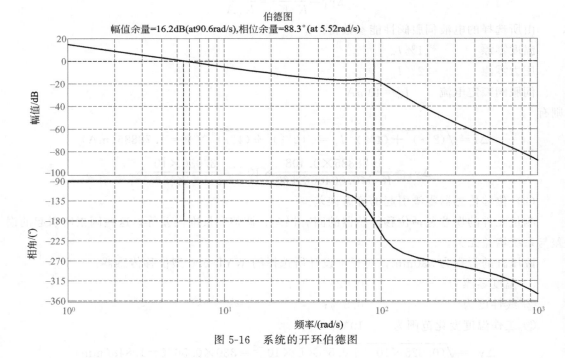

图 5-16　系统的开环伯德图

由图 5-16 表明，该系统的穿越频率约为 $\omega_c = 5.5\text{rad/s}$，低频渐进线为斜率为 -20dB/dec 的直线，高频渐近线斜率为 -60dB/dec，两条渐进线交点处频率约为 92.7rad/s，系统的幅值余量 $K_g = 16.2\text{dB}$，相位余量 $r_s = 88.3°$，满足通常系统对幅值余量大于 6～12dB、相位余量大于 30°～60°（未校正系统大于 70°～80°）的要求。因此，从系统的开环伯德图来

看，所设计高炉料流调节阀电液位置控制系统的各项性能指标满足设计要求，因此不需要施加任何校正。

5.5.5.2　闭环频率响应

由于伺服阀的固有频率远大于液压固有频率，如果忽略伺服阀的影响，经推导得到用一阶因子和二阶因子表示的系统闭环传递函数：

$$\frac{\alpha}{\alpha_p} = \frac{1}{\left(\dfrac{s}{\omega_b}+1\right)\left(\dfrac{s^2}{\omega_{nc}^2}+\dfrac{2\xi_{nc}}{\omega_{nc}}s+1\right)} \tag{5-24}$$

式中　ω_b——闭环一阶因子转折频率，rad/s；

ω_{nc}——闭环二阶因子转折频率，rad/s；

ξ_{nc}——二阶因子的阻尼比，无因次。

由于 $\xi_h = 0.2$，$\dfrac{K_v}{\omega_h} = \dfrac{5.5}{92.7} = 0.059$，都比较小，故有如下近似关系：

$$\omega_b = K_v = 5.5, \quad \omega_{nc} = \omega_h = 92.34, \quad \xi_{nc} = \frac{1}{2}\left(2\xi_h - \frac{K_v}{\omega_h}\right) = 0.17$$

因此可得到闭环传递函数：

$$\frac{\alpha}{\alpha_p} = \frac{1}{\left(\dfrac{s}{5.5}+1\right)\left(\dfrac{s^2}{92.34^2}+\dfrac{2\times0.17}{92.34}s+1\right)}$$

应用 MATLAB 仿真软件对所设计系统进行闭环频域特性仿真，得到闭环伯德图如图 5-17 所示。

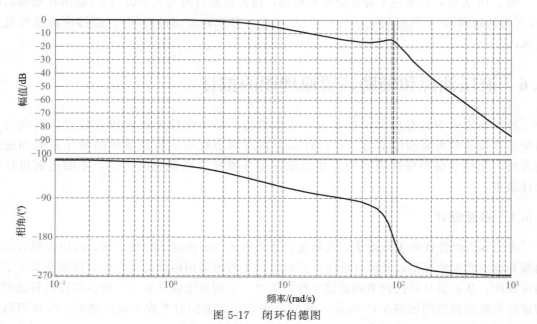

图 5-17　闭环伯德图

由图 5-17 表明，所设计高炉料流调节阀液压控制系统的幅频宽 $\omega_{-3dB} = 9\text{rad/s}$，相频宽

$\omega_{-90°} = 45\text{rad/s}$，幅频宽 $\omega_{-3\text{dB}}$ 与一阶因子的转折频率 ω_b 接近，而穿越频率 ω_c 和 ω_b 接近，故穿越频率 ω_c 可近似看成系统的频宽，穿越频宽也是系统响应能力的一种衡量，液压控制系统频宽主要受 ω_h 和 ξ_h 所限。

5.5.5.3 瞬态响应

当系统的输入信号为阶跃信号时，应用 MATLAB 仿真软件对系统进行时域特性仿真，得到系统的阶跃响应特性曲线，如图 5-18 所示。

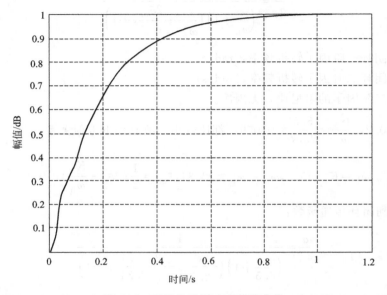

图 5-18　系统的阶跃响应特性曲线

图 5-18 表明，该系统不存在超调和振荡，过渡过程时间为 $t_s = 0.75\text{s}$（输出在稳态值的 $\pm 2\%$ 内的时间），上升时间 $t_r = 1.13\text{s}$（第一次上升到稳态值的时间），能够满足系统设计要求。

5.6　液压油源和辅助装置原理图的拟订

液压系统由于具有功率重量比大、工作平稳、易于实现无级调速等特点，因此成为高炉炼铁设备的重要组成部分。在设计高炉料流调节阀电液控制系统的液压油源和辅助装置时，要结合高炉炼铁设备的工作要求，充分发挥液压系统的优势，才能达到更好的设计效果。

5.6.1　裕度设计

考虑到高炉炼铁的工作要求，放料装置必须每天 24h 连续不停地工作，所以在拟订液压油源和辅助装置原理图以及设计液压回路时应首先考虑采用裕度设计方法，以保证系统工作的可靠性，从而满足料流调节阀连续工作的需要。采用裕度设计方法，初步拟订的料流调节阀液压系统结构框图如图 5-19 所示。图 5-19 中设计方案同时考虑了液压油源、液压回路和电液控制系统的裕度设计要求。

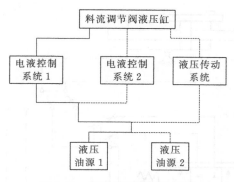

图 5-19　裕度设计的结构框图

　　按裕度设计方法，首先考虑为高炉料流调节阀液压系统配备两套液压油源装置，其中一套液压油源工作时，另一套备用，两套油源装置交替工作，以保证液压系统能量供给的连续性，从而实现高炉放料系统的不间断作业。

　　裕度设计方法需要考虑的另一个方面是同时配备电液控制系统和液压传动系统，采用电液控制系统的，料流调节阀的开关控制特性好，但电液控制系统的结构组成比液压传动系统复杂，故障率也要高于液压传动系统，尤其在高炉生产车间这样恶劣的工作环境中，更容易出现故障，因此需要在电液控制系统的基础上同时配备一套液压传动系统作为备用系统。当电液控制系统无法工作时，切换到液压传动系统，由液压传动系统驱动料流调节阀动作，从而实现连续作业。其中，电液控制系统由电液伺服阀控制料流调节阀液压缸的动作，液压传动系统由电液换向阀来控制料流调节阀液压缸的动作，要求两套系统能完成相同的动作。

　　对于电液控制回路部分，为延长控制系统的使用寿命，提高系统的可靠性，需要配置两条伺服控制油路，即一个料流调节阀液压缸采用两个电液伺服阀进行控制，两个电液伺服阀交替工作，一个电液伺服阀工作时，另一个伺服阀作备用。当一个伺服阀失效时，可立即切换到另一个伺服阀，从而保证料流调节阀液压缸的连续不间断作业。而液压传动系统只需要一个电液换向阀进行控制即可，为实现两个电液伺服阀的工作切换，可在每个伺服阀的油路上加一个电磁换向阀，同时还应加上一个电磁阀构成卸荷回路。按裕度设计原则初步拟订的液压油源和辅助装置原理图如图 5-20 所示。

5.6.2　锁紧及限速

　　为了使料流调节阀阀口保持在任意开度长时间工作，料流调节阀液压缸应能够长时间锁紧在任意位置，因此无论是电液控制系统，还是液压传动系统都需要在回路中设置锁紧装置，本设计采用液控单向阀构成的双向液压锁构成锁紧回路。同时对于液压传动油路，还应在回路中设置限速元件，以防止料流调节阀液压缸超速运动或用于调节液压缸的运动速度，从而调节料流调节阀的开关速度。设置锁紧和限速元件的液压传动系统原理图如图 5-21 所示。

5.6.3　过滤及冷却

　　考虑到高炉放料装置的工作环境烟尘大，污染严重，因此在油路中采用了多级过滤方式，以保证油液的清洁，使液压系统能够长时间地正常工作。同时，多级过滤也是液压

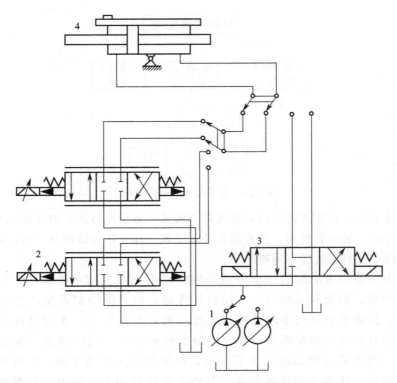

图 5-20 初步拟订的裕度设计液压油源和辅助装置原理图
1—液压泵；2—电液伺服阀；3—电磁换向阀；4—液压缸和位移传感器

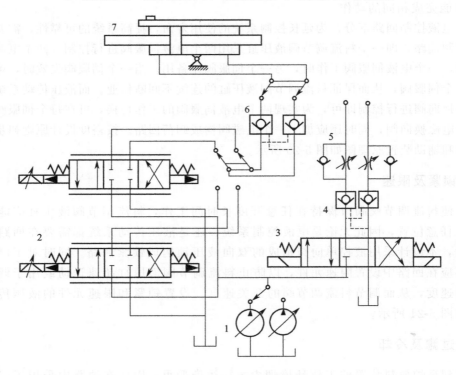

图 5-21 锁紧和限速回路
1—液压泵；2—电液伺服阀；3—电磁换向阀；4,6—双向液压锁；5—单向节流阀；7—液压缸和位移传感器

控制系统的工作要求，通常在电液伺服阀入口处设置过滤精度等级较高的过滤器，而普通的液压传动系统则采用一般精度等级的过滤器即可。

对于高炉生产车间，环境温度较高，通常在 45℃ 左右，高炉在正常生产时，炉顶温度基本稳定在 150～200℃ 之间。因此，为保证液压系统工作在正常温度范围，高炉液压系统中通常需要考虑设置冷却装置，由于环境温度较高，应采用水冷式冷却装置（设计过程省略）。

根据上述设计原则，初步拟订本设计高炉料流调节阀液压系统原理图，如图 5-22 所示。为了保证系统的工作安全，防止超载或恒压变量泵变量失效，图 5-22 中恒压变量泵出口处还设置了起安全保护作用的溢流阀，起到双重保护的作用。

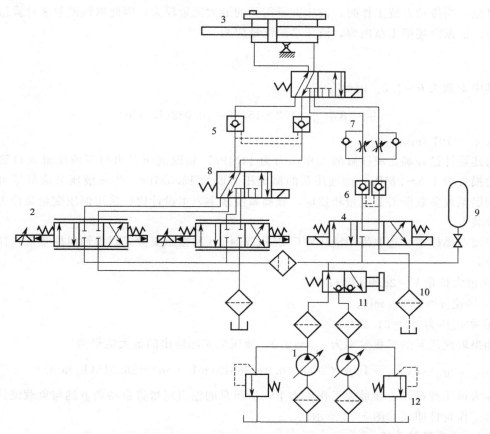

图 5-22　初步拟订的料流调节阀电液控制系统、液压油源及辅助装置原理图
1—液压泵；2—电液伺服阀；3—液压缸和位移传感器；4—电磁换向阀；5—双向液压锁；6—双向液压锁；7—单向节流阀；8—裕度切换换向阀；9—蓄能器；
10—过滤器；11—手动换向阀；12—溢流阀

5.7　液压油源和辅助装置的元件选择

液压缸参数在前述计算中已经确定，因此本设计液压元件的选择只包括能源元件、液压阀以及辅助元件的选择。

5.7.1 液压泵和电动机的选择

5.7.1.1 液压泵的选择

当本设计高炉料流调节阀液压伺服系统工作时，液压缸所需要的最大流量：

$$q_{max} = AV_{max} = 0.004006 \times 5.3456 \times 10^{-2} \times 60 \times 10^3 = 12.85(L/min)$$

当传动系统工作时，液压缸所需要的最大流量：

$$q_{max} = A_1 V_{max} = A_1 \frac{L}{t} = 0.004006 \times \frac{0.33}{5} \times 60 \times 10^3 = 15.86(L/min)$$

可见，当传动系统工作时，液压缸所需要的最大流量较大，因此取该流量来计算液压泵的流量。根据前述第 1 章内容，液压泵的流量应为

$$q_p \geqslant kq_{max}$$

其中 k 取为 $k=1.2$。因此有

$$q_p = Kq_{max} = 1.2 \times 15.86 = 19.032(L/min)$$

取 $q_p = 19L/min$。

前述设计已经确定液压缸的工作压力为 14MPa，假设液压泵出口到液压缸入口管路中的压力损失为 1.5～2MPa，则液压泵的额定压力取为 15.5MPa。为使液压泵流量尽可能与电液伺服系统负载所需要流量相适应，提高系统效率，本设计建议采用恒压变量泵作为系统的供油装置。

查阅产品样本，选取邵阳液压件厂 25PCY14-1B 型恒压变量式斜盘轴向柱塞泵，性能参数如下：

① 最大排量 $V = 26.9mL/r$；

② 转速 $n = 1500r/min$；

③ 额定压力 $p_r = 31.5MPa$。

如果取液压泵的容积效率为 $\eta_{pV} = 0.9$，液压泵实际输出的最大流量为

$$q_p = nV\eta_{pV} = 1500 \times 26.9 \times 0.9 = 36315(mL/min) = 36.315(L/min)$$

作为恒压变量泵，在最大工作压力下，液压泵的输出流量将自动调节到与负载流量相适应，其工作特性曲线如图 5-23 所示。

5.7.1.2 电动机的选择

取液压泵的机械效率为 $\eta_{pm} = 0.9$，液压泵消耗的功率：

$$N = \frac{p_s q_p}{\eta_{pm} \eta_{pV}} = \frac{15.5 \times 10^6 \times 19 \times 10^{-3}}{0.9 \times 60 \times 0.9} = 6060(W) = 6.06(kW)$$

故选用封闭风扇自冷式笼型三相异步电动机 Y160M-4，该种电动机高效、节能，启动转矩高，振动小，运行安全可靠。其性能指标为：

① 额定功率为 11kW；

② 电流为 20.9A；

③ 转速为 1480r/min；

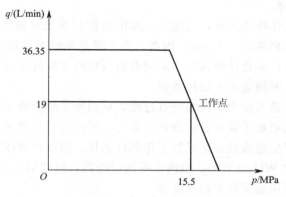

图 5-23　恒压变量泵工作特性曲线

④ 绝缘等级为 B 级；

⑤ 电压为 380V。

5.7.2　液压阀的选择

　　由于本设计选用了恒压变量泵作能源元件，因此不需要溢流阀来调压或溢流即可保证液压泵出口压力的恒定。为了防止液压泵过载和保证系统安全，本设计中溢流阀主要起安全保护作用，作安全阀使用，因此其调定压力为 $p_y=1.2\times p_{泵}=1.2\times15.5\text{MPa}=18.6\text{MPa}$。在液压泵出口需设置一个单向阀，其作用是只允许油液向一个方向流动，不允许反向流动。在传动系统中，为了防止液压缸超速下落、保证液压缸运动速度平稳，在回路中设置了单向节流阀。同时为了使液压缸能够停止在任意位置，在液压缸的油路进出口处设置了液控单向阀，液压缸被两个液控单向阀双向锁紧，锁紧可靠持久，经得起负载变化的干扰。为了使尺寸小、结构紧凑、外部连接管路少，也可将传动油路中用于闭锁液压缸的两个液控单向阀组合成一体，称为双向液压锁，也称双液控单向阀，其工作原理与液控单向阀一样，只是两个液控单向阀共用一个控制活塞，例如力士乐的插装式 VSOD-10A 型标准双向液压锁产品。选用两个 DFY-B20H1 型液控单向阀也能够满足设计要求，但结构稍复杂，需要外部连接管路。如果不易于选择到图 5-22 中两位六通电磁换向阀的合适产品，可采用两个两位三通电磁换向阀作替换，也可把该阀作为非标准件自行设计制造。

　　查阅相关样本，各种液压阀的选择方案之一如表 5-3 所示。

表 5-3　元件型号及性能参数

序号	元件名称	数量	规格		
			额定流量/(L/min)	额定压力/MPa	型号
1	三位四通电磁换向阀 4	1	45	20	D1VW1CN
2	溢流阀 12	1	40	7~21	YF-B10H
3	单向节流阀 7	1	40	21	LDF-B10H-S
4	液控单向阀 6	2	60	21	DFY-B20H1
5	双向液压锁 5	1	30	35	VSOD-10A
6	三通截止阀 11	3	＞80	31.5	QJH3-10WL

5.7.3　辅助元件的选择

　　本设计所需要的液压系统辅助元件包括过滤器、温度计、空气滤清器、蓄能器和油箱。

5.7.3.1 过滤器的选择

高炉液压系统的工作环境恶劣，烟尘大，而电液控制系统对油液的过滤精度要求又高，特别是伺服阀要求过滤精度小于 $10\mu m$，因此，为了满足系统对油液过滤精度的要求，同时保证过滤器的使用寿命，本设计在油路中采用由粗到精的多级过滤方式。

（1）安装在液压泵吸油管道上的过滤器

作用是保证进入管道系统中的油都经过过滤，从而使系统所有元件都在比较干净的油中工作，但这种安装方式增加了液压泵吸油管的阻力，所以这一位置要求过滤器有很大的滤油能力和很小的阻力，以免造成液压泵吸油工作条件恶化。所以在液压泵的进油路位置应安装较粗的过滤器，故选取 WU-63×80-J 型网式吸油过滤器，过滤精度 $80\mu m$，流量 63L/min。

（2）安装在液压泵压油管路上的过滤器

此过滤器可以保护回路中除液压泵以外的其他元件，通常此处安装精过滤器。为了避免过滤器阻塞，引起液压泵过载，甚至把滤芯击穿，过滤器需放置在安全阀之后，如图 5-22 所示。此处选 ZU-H63×10P 型高压管纸质过滤器，其性能指标为：

① 允许流量为 63L/min；

② 过滤精度为 $10\mu m$；

③ 额定压力为 32MPa；

④ 初始压力降为 $1×10^4$ Pa。

（3）伺服阀前的过滤器

伺服阀是一种精密元件，是整个高炉料流调节阀电液位置控制系统控制的关键，为保证伺服阀正常工作，此处必须选用精过滤器。本设计选用 YPM-TE560×3 型带电信式发信器的压力管路滤纸式精过滤器，其性能指标为：

① 工作压力为 21MPa；

② 过滤精度为 $3\mu m$；

③ 公称流量为 60L/min；

④ 发信器 E 为电信式；

⑤ 滤材采用滤纸；

⑥ 报警指示压力为 0.5MPa；

⑦ 旁通阀开启压力为 0.6MPa。

（4）回油管路上的过滤器

同液压泵压油管路上的过滤器相同，选用 ZU-H63×10P 型高压管纸质过滤器，其性能指标同上。

5.7.3.2 电接点温度计

为了实时监控和测量油箱中油液的温度，本设计设置了电接点温度计。此种温度计能在工作温度达到和超过给定值时，自动发出电信号，从而保证液压系统能够始终工作在允许的工作温度范围内。本设计选用 WTZ-288 型电接点压力式温度计，其性能指标为：

① 测温范围为 0～100℃；

② 表面直径为 150mm；

③ 温包耐压为 1.6MPa；

④ 灌充介质是氯甲烷。

5.7.3.3　空气滤清器

在开式油箱上部的通气孔上必须加装空气滤清器，兼作加油口过滤器。本设计选用 EF4-50 型空气滤清器，其性能参数为：

① 加油流量为 32L/min；

② 空气流量为 260L/min；

③ 空气过滤精度为 105μm；

④ 液压油过滤精度为 125μm。

5.7.3.4　蓄能器

为了吸收液压泵的压力脉动以及缓和液压阀在迅速关闭和改变方向时引起的压力冲击，本系统在液压泵和伺服阀之间设置了蓄能器。选用 NXQ1-L6.3/20-H 型蓄能器，公称压力为 20MPa，容积为 6.3L。

5.7.3.5　油箱的设计

本设计实例油箱的设计采用经验系数法，即油箱的容积 $V=aq_p$，其中液压泵的最大流量根据前述计算 $q_p=36.315$L/min，经验系数参照第 1 章表 1-7 推荐值，取 $a=5$，则 $V=aq_p=5\times36.315=181.575$(L)。

5.8　设计经验总结

高炉料流调节阀对液压系统的要求是能够保证连续工作、安全可靠、控制精度高。根据本设计实例，对高炉冶炼设备液压控制系统的设计方法及设计经验总结如下：

① 本系统采用了裕度设计方法，两个伺服阀互为备用，两套泵-电动机互为备用，伺服系统与传动系统互为备用，以保证料流阀不间断工作，以适应高炉连续工作的特点。

② 电液伺服阀不是安装在液压缸上，而是在泵站内的阀组上，伺服阀与液压缸之间用管道连接，避开了炉顶高温、多粉尘环境，有效防止了维修时污染物进入油路。

③ 电气控制设有自动/手动工作模式，当自动模式即计算机系统出现问题时，切换为手动模式，以人工方式操纵料流阀工作，使高炉放料工作不间断进行。

第6章 火箭炮方向机电液控制系统设计

炮兵作为一种重要的兵种，在战场上起到了巨大作用，无论是进攻还是防御，双方火炮的作用都是决定性的。火箭炮是现代炮兵的重要组成部分，是进行地面火力突击的主要远程压制武器。本章将介绍227mm火箭炮方向机电液控制系统的设计，包括系统的控制方案选择、工况分析、主要参数确定、液压控制系统性能分析、液压系统原理图拟订等。

6.1 火箭炮方向机电液控制系统的设计要求

火箭炮是一种多发联装火箭弹发射器，属于地面炮兵主要炮种之一，主要用于压制和歼灭敌人纵深内暴露的有生力量和技术兵器、敌指挥通信、集群装甲等大面积重要目标，破坏敌交通枢纽等重要基础设施和经济目标。

6.1.1 火箭炮组成

火箭炮通过引燃火箭弹的点火装置，并赋予火箭弹初始飞行方向，从而对目标实施打击。火箭炮可以配用杀伤爆破火箭弹，也可以配用布雷、照明和烟幕等特种弹。某型号火箭炮如图6-1所示。

图 6-1 某型号火箭炮

火箭炮系统通常包括火力系统、火力控制系统与运行系统三大部分，如图6-2所示。其中，火力系统由火箭弹和发射器构成，火力控制系统包括雷达、指挥系统以及高低机和方向机随动系统等，运行系统通常是底盘系统或牵引车。本设计实例就是对火箭炮火力控制系统中的方向机随动系统进行设计。

火箭炮在对目标进行打击时，首先通过警戒雷达进行远距离目标搜索，发现目标后，由通信系统向防空指挥部报告，给火箭炮阵地下令。然后瞄准雷达在较近范围内捕捉和跟踪目标，不断测定目标坐标和运动参数，随时将信息传给指挥系统，指挥系统解算出射击诸元，传给火箭炮的随动系统，随动系统进行高低、方向瞄准和目标跟踪。

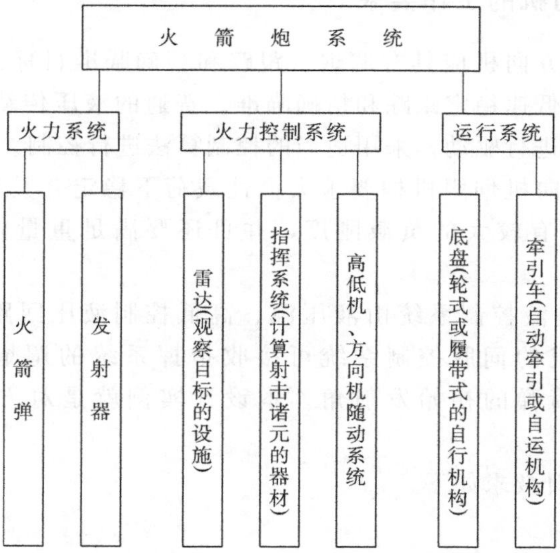

图 6-2　火箭炮系统组成

6.1.2　火力控制系统的控制方式

227mm 火箭炮的火力控制系统主要是对火箭炮高低机和方向机的角位移进行控制，从而实现对火箭弹发射的精确控制。根据指标要求，火控系统具有全自动、自动、半自动和手动四种控制方式。

（1）全自动控制方式

系统组成为数/模混合系统，系统性能指标及要求主要由软件实现，即软件系统，实现发间修正。

（2）自动控制方式

系统组成为数/模混合系统，系统性能指标及要求主要由软件来实现，实现自动到位，但不能实现发间修正。

（3）半自动控制方式

系统组成为模拟量系统，系统性能指标及要求主要由硬件实现，即硬件系统。定位精度可以靠输入修正信号进行误差补偿，以满足控制精度的要求。

（4）手动控制方式

系统为液压传动系统，由人工操纵液压阀手柄，通过瞄准镜进行操瞄控制。

早期火箭炮由炮手手动调整射向，发射火箭弹。随着科学技术发展，火箭炮瞄准机构由一般的机械驱动发展为电力或液压驱动的随动系统。前三种控制方式均属闭环位置控制系统。对全自动控制方式而言，靠计算机解算、信号给定及实现控制算法；对半自动控制方式而言，计算机进行解算和信号给定，但不参与算法控制，属于在环外工作。

本章所设计的口径 227mm 火箭炮属于二线武器，采用车载驱动和液压控制，并装有纵横倾角传感器，用于检测车体的纵横方向倾角。为确保发射过程车体稳定，在车体增设四个液压千斤顶，火箭炮的发射器锁紧及挡弹机构为气缸驱动。为降低高低机驱动功率，高低机转轴处安装扭力平衡机。

6.1.3　高低机和方向机的工作要求

火箭炮的高低机和方向机应具有调炮、跟踪和精确瞄准目标的作用，通常要求火箭炮能够实现高速调炮、低速稳定跟踪和精确瞄准。普通的液压传动系统不能够满足要求，必须采用电液控制系统进行驱动，采用适当的控制算法进行控制。

火箭炮高低机和方向机伺服机构要求大惯性载荷下稳定并具有良好的动态特性，另外对外界环境不敏感、有较大的负载刚度，并且还要满足重量轻、体积小、寿命长等要求。

高低机、方向机电液控制系统由液压源、高低控制液压回路和方向控制液压回路组成。高低机、方向机的伺服控制系统可接收指挥系统的调炮、射击诸元，自动调炮，从而精确控制火箭弹的初始发射角。本设计实例就是对方向机电液控制系统进行设计。

方向机液压系统设计要求如下。

（1）锁紧功能

为保证火箭炮稳定、准确发射，在操瞄完成后，发射器应长时间保持射角不变，因此在高低机、方向机分支液压回路中，都应设置锁紧装置。

（2）操控方式切换

为保证火箭炮工作可靠，高低机、方向机的液压系统设置多种操控方式，本设计为方向机液压系统设置了电液控制及手动控制两种操控方式。

① 电液控制方式　电液伺服阀为液压控制系统的控制元件，构成闭环控制系统，该操控方式控制精度高，响应快速。

② 手动控制方式　采用手动换向阀控制方向机液压缸，通过炮手目测瞄镜、操作换向阀手柄实现方向角调节。

两种操控方式的切换通过方向机液压回路中的切换阀完成。

（3）冲击保护功能

在方向机调炮过程中，由于负载转动惯量大，因此在回路中应设置双向安全阀，防止液压缸过载。

6.1.4　本设计实例的设计参数

227mm 火箭炮方向机电液控制系统设计参数如下：

① 方向机带弹转动惯量 $J_d = 31050 \text{kg} \cdot \text{m}^2$；

② 方向机空载转动惯量 $J_k = 20580 \text{kg} \cdot \text{m}^2$；

③ 摩擦力矩 $M = 7000 \text{N} \cdot \text{m}$；

④ 方向机射界 $\alpha = \pm 20°$；

⑤ 最大操瞄速度 $\dot{\alpha}_{max} = 6°/\text{s}$；

⑥ 操瞄定位精度 ±2 密位/0.12°。

6.2　选择控制方案，拟订控制系统原理图

由于在不同发射角下火箭炮方向机和托架的转动惯量是变化的，本设计选取转动惯量最

大值这一最难控制的情况进行计算，因此后续计算中取方向机带弹转动惯量为 $J_d = 31050\text{kg}\cdot\text{m}^2$。设计中采用 6000 密位制。

6.2.1　控制系统类型的选择

控制（伺服）系统有电动机控制（伺服）系统、气动控制（伺服）系统和液压控制（伺服）系统几种，其中液压控制系统具有以下优点。

（1）功率重量比大

机电元件易受其磁性材料的磁饱和功率损耗所引起的温升限制，单位重量设备输出的功率相对较小；而相同功率液压执行元件通过提高工作压力来提高输出功率，仅受机械强度和密封技术的限制，可以做到体积小，重量轻，功率重量比大。

在武器控制系统中，每发射单位的有效载荷资金耗费巨大，对弹上设备本身的重量有严格要求，为减小设备体积和重量，经常采用液压控制系统。

（2）力矩-惯量比（力-质量比）大

液压伺服系统的力矩-惯量比大，这意味着液压伺服系统能产生大的加速度，具有时间常数小、响应快、动态性能好等特点。

（3）具有高精度和快速响应控制能力

液压伺服系统刚度大，抗干扰能力强，误差小，精度高，调速范围宽，易实现过载保护。由于液体可压缩性小，执行机构泄漏少，系统速度刚度和位置刚度比气动、电动系统大，具有实现高精度和快速响应的控制特点。

根据系统偏差信号的产生与传递介质不同，液压控制系统可分为机液控制系统和电液控制系统。

机液控制系统由机械元件和液压元件组成，机液控制系统难以实现校正，机械连接件多，易受到间隙、摩擦和刚度差等因素影响。

电液控制系统在功率级之前采用了电信号控制，参数调整方便、易于校正。227mm 火箭炮方向机控制应选择电液控制系统。

6.2.2　控制方式的选择

电液控制系统根据控制元件不同分为阀控与泵控两种。

阀控系统主回路控制简单，结构紧凑，比泵控方式液压固有频率大，所以本设计实例 227mm 火箭炮方向机电液控制系统采用伺服阀控制方向机液压缸的阀控方式进行伺服控制。

6.2.3　拟订控制系统原理图

液压缸比液压马达更容易制造，因此方向机采用液压缸作为执行元件。由于方向角度范围为 ±20°，从结构简单、控制方便两方面考虑选择双出杆对称液压缸进行驱动。

本设计火箭炮方向机电液控制系统采用四通阀控对称液压缸。

火箭炮方向机电液控制系统的工作原理如图 6-3 所示，其工作框图如图 6-4 所示。

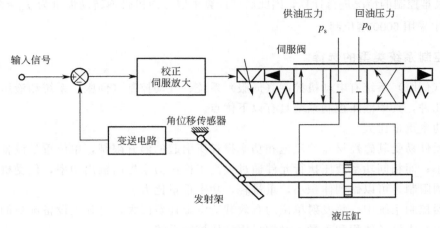

图 6-3　方向机电液控制系统工作原理图

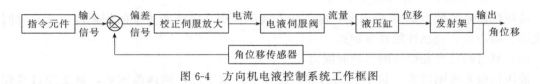

图 6-4　方向机电液控制系统工作框图

6.3　工况分析

根据火箭炮方向机的结构及负载情况，对方向机液压动力机构进行运动分析和动力分析。

6.3.1　运动分析

火箭炮方向机液压缸和发射架底座的结构如图 6-5 所示，方向机液压缸和发射架底座的连接固定几何关系如图 6-6 所示。

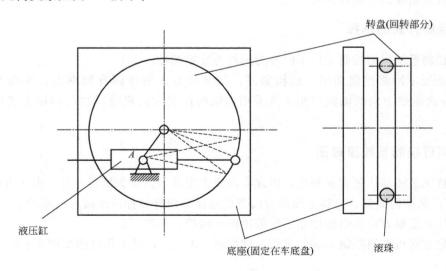

图 6-5　方向机液压缸与发射架底座结构图

已知图 6-6 中各结构参数如下：

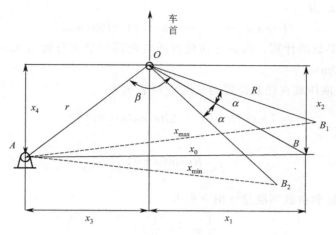

图 6-6　方向机液压缸连接几何关系图

$x_1 = 465\text{mm}$；

$x_2 = 270\text{mm}$；

$x_3 = 370\text{mm}$；

$x_4 = 300\text{mm}$；

$x_0 = 836\text{mm}$。

在图 6-6 的方向机液压缸连接固定几何关系中，O 点为回转中心，A 点为液压缸的固定点，B 点为动点，也是液压缸活塞杆端点。B_1、B_2 分别是液压缸运动到 $-20°$ 和 $+20°$ 摆角时活塞杆端点所占据的位置。当发射架处于中位时，A 点和 B 点之间的距离为 x_0。

设任意时刻定点 A 和动点 B 之间的距离为 x，令 $|OA|$ 为 r，$|OB|$ 为 R，则有

$$x^2 = r^2 + R^2 - 2Rr\cos(\alpha + \beta) \tag{6-1}$$

对式(6-1) 两边求导得

$$\dot{x} = Rr\sin(\alpha + \beta)\dot{\alpha}/x \tag{6-2}$$

由图 6-6 可知：

$$R = \sqrt{x_1^2 + x_2^2} = \sqrt{465^2 + 270^2} = 537.7(\text{mm}) \tag{6-3}$$

同理

$$r = \sqrt{x_3^2 + x_4^2} = \sqrt{370^2 + 300^2} = 476.3(\text{mm}) \tag{6-4}$$

设初始角为 β，则有

$$\cos\beta = (r^2 + r^2 - x_0^2)/(2Rr) = -0.357 \tag{6-5}$$

求得 $\beta = 110.9°$。

方向机转到最大极限位置时，液压缸的最大长度 $x_{\max}$ 为

$$x_{\max} = \sqrt{r^2 + R^2 - 2Rr\cos(\alpha_0 + \beta)} \tag{6-6}$$

式中，$\alpha_0 = 20°$，代入数值求得 $x_{\max} = 923\text{mm}$。

方向机转到最小极限位置时，液压缸的全长 $x_{\min}$ 为

$$x_{\min} = \sqrt{r^2 + R^2 - 2Rr\cos(\alpha_1 + \beta)} \tag{6-7}$$

式中，$\alpha_1 = -20°$。

代入数值求得 $x_{\min} = 724\text{mm}$。

液压缸的行程 L 为

$$L = x_{max} - x_{min} = 923 - 724 = 199 \, (\text{mm}) \tag{6-8}$$

通过上述结构参数的计算，得到方向机液压缸所需的最大行程为 199mm，为保留一定的余量，取 $L = 220$mm。

根据式（6-1），液压缸在任意位置的长度 x 可表示为

$$x = \left[R^2 + r^2 - 2Rr\cos(\alpha + \beta) \right]^{\frac{1}{2}} \tag{6-9}$$

两边求导得

$$\dot{x} = \frac{Rr\sin(\beta + \alpha)}{x} \dot{\alpha} \tag{6-10}$$

对方向机液压缸和负载列能量守恒方程得

$$\frac{1}{2} m \dot{x}^2 = \frac{1}{2} J \dot{\alpha}^2 \tag{6-11}$$

将式（6-10）代入式（6-11）中求得

$$m = J \left(\frac{\dot{\alpha}}{\dot{x}} \right)^2 = J \left[\frac{x}{Rr\sin(\alpha + \beta)} \right]^2 \tag{6-12}$$

式中　m——方向机转动惯量折算到液压缸活塞杆的等效质量，kg；

J——方向机回转部分的转动惯量，$kg \cdot m^2$。

式（6-12）表明，等效质量 m 是方向机转角 α（液压缸位移 x）的函数。

根据系统技术指标，将液压缸的输出位移用正弦形式表示：

$$x = \frac{x_{min} + x_{max}}{2} + \frac{x_{max} - x_{min}}{2} \sin\omega t \tag{6-13}$$

则液压缸的运动速度 v 可表示为

$$v = \dot{x} = \frac{x_{max} - x_{min}}{2} \omega\cos\omega t = v_0 \cos\omega t \tag{6-14}$$

式中　v_0——液压缸最大输出速度，m/s。

由式（6-10）得

$$v_0 = \frac{Rr\sin(\alpha + \beta)}{x} \dot{\alpha}_{max} \tag{6-15}$$

其中 $\dot{\alpha}_{max} = 6 \, (°)/s$，所以有

$$v_0 = \frac{6\pi}{180°} \frac{Rr\sin(\alpha + \beta)}{x} = \frac{\pi Rr\sin(\alpha + \beta)}{30 \left[R^2 + r^2 - 2Rr\cos(\alpha + \beta) \right]^{\frac{1}{2}}} \tag{6-16}$$

式（6-16）表明 v_0 是方向机转角 α（液压缸位移 x）的函数。

6.3.2　动力分析

火箭炮方向机液压缸所要克服的负载力主要是托架和发射器运动中产生的惯性力和摩擦力。

（1）惯性力的计算

对火箭炮托架和发射器回转部分总体列惯性力方程为

$$F_a = m\ddot{x} \tag{6-17}$$

对式（6-13）二次求导得

$$\ddot{x} = -\frac{x_{\max} - x_{\min}}{2}\omega^2 \sin\omega t = -v_0\omega\sin\omega t \tag{6-18}$$

将式 (6-18) 代入式 (6-17) 得

$$F_a = -mv_0\omega\sin\omega t$$

式中，负号表示力的方向，不影响负载轨迹的形状，在画负载轨迹时取平方可以去掉负号。

（2）摩擦力的计算

由图 6-6 求得，回转中心 O 到液压缸轴线距离（随 α 变化而变化）为

$$r_h = \frac{\dot{x}}{\dot{\alpha}} = \frac{Rr\sin(\beta+\alpha)}{x} \tag{6-19}$$

则摩擦力矩折算到液压缸活塞杆处的摩擦力可表示为

$$F_f = \frac{M}{r_h} = \frac{Mx}{Rr\sin(\alpha+\beta)} \tag{6-20}$$

（3）驱动力的计算

液压缸输出力与负载力平衡方程为

$$F = ma + F_f$$

$$F = mv_0\omega\sin\omega t + \frac{Mx}{Rr\sin(\alpha+\beta)} \tag{6-21}$$

6.4　静态分析（确定主要参数）

本设计利用负载匹配原理初步确定动力机构液压缸活塞的有效面积 A 和伺服阀空载流量 q_0。根据设计经验，初步确定系统供油压力 p_s 为 12MPa。

6.4.1　负载轨迹

根据前述运动分析和动力分析结果，负载轨迹方程可表示为

$$\begin{cases} F = mv_0\omega\sin\omega t + F_f \\ v = v_0\cos\omega t \end{cases} \tag{6-22}$$

如以负载力为横坐标，以负载速度为纵坐标，对应负载的每一个工况在 v-F 平面上绘制一点，全部工况点形成的曲线就是负载轨迹。

当负载力为摩擦力加惯性力时，负载轨迹方程可表示为

$$\left(\frac{F-F_f}{mv v_0}\right)^2 + \left(\frac{v}{v_0}\right)^2 = 1 \tag{6-23}$$

由前述分析可知，在火箭炮方向机工作过程中许多系统参数是变化的，因此设计原则应选取对系统性能最不利，满足技术要求的边界值。例如折算负载质量 m 取最大值，折算摩擦力 F_f 取最大值，最大操瞄速度 6(°)/s 所对应的液压缸直线速度取最大值等。系统在上述工况点能够保持稳定且满足技术指标，则系统在所有工况点均能稳定且满足系统技术指标。

根据系统设计指标，$\dot{\alpha}_{\max} = 6(°)/s$ 所对应的液压缸直线速度 v_0 最大值为 $v_{\max} = 37.025\text{mm/s}$。

根据式 (6-14) 有

$$v_{\max} = \frac{x_{\max} - x_{\min}}{2}\omega$$

解出 $\omega = 0.372\text{rad/s}$。

考虑到摩擦力方向总是与运动方向相反，根据式(6-23)绘制负载轨迹如图6-7所示。

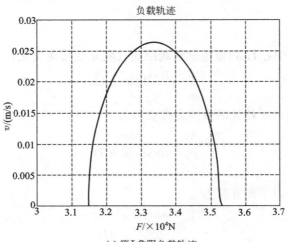

(a) 第Ⅰ象限负载轨迹

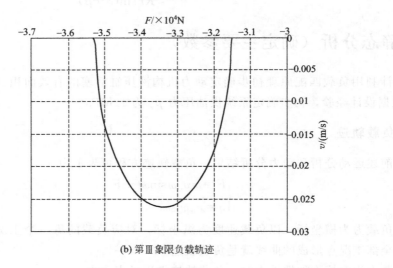

(b) 第Ⅲ象限负载轨迹

图 6-7　负载轨迹

6.4.2　动力机构特性曲线

由液压控制理论可知，滑阀输出特性方程为

$$q_{\text{L}} = C_{\text{d}}\omega x_{\text{v}}\sqrt{\frac{1}{\rho}(p_{\text{s}} - p_{\text{L}})} \tag{6-24}$$

式中　q_{L}——负载流量；

　　　C_{d}——流量系数；

　　　ω——滑阀节流窗口面积梯度；

x_v——滑阀阀芯位移；

ρ——液体密度；

p_s——供油压力；

p_L——负载压降。

对应伺服阀流量方程有

$$q_L = Ki\sqrt{(p_s - p_L)} \tag{6-25}$$

式中　K——常数；

i——伺服阀输入电流。

由式(6-25)可以画出无数条二次曲线，最外边的一条对应伺服阀的流量为

$$q_L = Ki_R\sqrt{(p_s - p_L)} \tag{6-26}$$

式中　i_R——伺服阀额定电流。

当 $p_L = 0$ 时有

$$q_0 = Ki_R\sqrt{p_s} \tag{6-27}$$

式中　q_0——伺服阀额定空载流量。

设液压缸活塞有效作用面积为 A，则有

$$F = P_L A；\quad v = q_L/A$$

可以将曲线从 p_L-q_L 坐标系转到 F-v 坐标系，此时动力机构特性曲线如图 6-8 所示。

6.4.3　负载匹配

液压动力机构的输出力和速度是否能够满足负载力和负载速度的需要，可以通过对负载轨迹与动力机构输出特性曲线的比较来确定，这就是所说的动力机构负载匹配问题。

在 v-F 平面上同时绘出负载轨迹和动力机构输出特性曲线，使动力机构输出特性曲线从外侧完全包围负载轨迹，则说明动力机构能够满足驱动负载的要求。调整参数使动力机构输出特性曲线最大功率点与负载轨迹最大功率点重合，则称为最佳匹配。

根据液压控制理论，动力机构与负载最佳匹配条件为

$$A = 1.06\frac{F_m}{p_s}；\quad q_0 = \sqrt{\frac{3}{2}}Av_m$$

式中　A——液压缸活塞有效面积；

F_m——最大负载力；

p_s——供油压力；

q_0——伺服阀额定空载流量；

v_m——最大负载速度。

图 6-7 表明本设计负载轨迹斜对称于 Ⅰ、Ⅲ 象限，因此只需画出 Ⅰ 象限匹配情况就可以。

通过计算机仿真，得到动力机构特性曲线与负载轨迹最佳匹配曲线如图 6-9 所示。

根据图 6-9 中绘制的负载轨迹和动力机构特性曲线，得到最佳匹配结果如下：

① 供油压力 $p_s = 12\text{MPa}$；

② 伺服阀额定空载流量 $q_0 = 11.36\text{L/min}$；

③ 液压缸活塞有效面积 $A = 4175\text{mm}^2$。

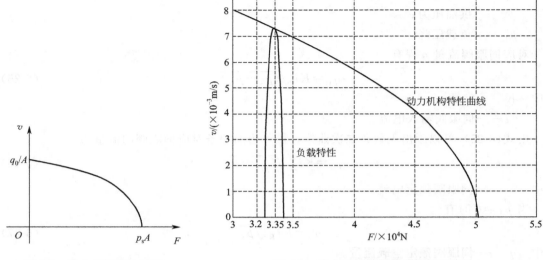

图 6-8　动力机构特性曲线　　　　　　图 6-9　动力机构和负载最佳匹配关系

根据国家标准 GB 2348—80 给出的液压缸内径与活塞杆直径系列尺寸，选取液压缸内径 $D=100\text{mm}$、活塞杆直径 $d=63\text{mm}$，重新计算液压缸活塞有效作用面积为

$$A=\frac{\pi}{4}(D^2-d^2)=\frac{\pi}{4}(100^2-63^2)=4734(\text{mm}^2)$$

6.4.4　伺服阀的选择

根据系统动力机构和负载最佳匹配结果，考虑到产品性能以及经济性等多方面因素，选取某厂家生产的 FF102 型伺服阀。伺服阀的主要性能参数如表 5-1 所示。

因为本设计选取供油压力为 $p_s=12\text{MPa}$，伺服阀是降压使用，根据负载匹配结果，需要计算在 21MPa 时满足匹配的伺服阀额定空载流量。

由公式 $q_0=Ki_R\sqrt{P_s}$ 及前述计算结果，有

$$11.36=Ki_R\sqrt{12}$$

又有

$$q_0=Ki_R\sqrt{21}$$

因此，在 21MPa 时伺服阀的额定空载流量为

$$q_0^*=11.36\sqrt{\frac{21}{12}}=15.03(\text{L/min})$$

对照样本选取额定流量为 15L/min 的 FF102 伺服阀，主要技术指标为：

① 额定供油压力 $p_s=21\text{MPa}$；

② 额定流量 $q_0=20\ \text{L/min}$；

③ 额定电流 $i_R=40\text{mA}$；

④ 频宽 $\geqslant 100\text{Hz}$；

⑤ 阻尼比（厂家样本推荐值）$=0.5\sim 0.7$，取 0.6。

从而确定最终匹配结果如下：

① 供油压力 $p_s=12\text{MPa}$；

② 液压缸活塞有效作用面积 $A = 4734\text{mm}^2$；

③ 伺服阀额定空载流量 $q_0 = 15.03\text{L/min}$。

最佳匹配理论虽然具有指导意义，但是对于实际系统很难做到最佳匹配。因为液压缸缸筒内径与活塞杆直径要根据国家标准规定系列确定，伺服阀要选系列产品，所以最终确定的参数与最佳匹配结果必然有差异。但是，所设计的结果在现有条件下应该是最接近最佳匹配的结果。

本设计最终匹配结果曲线如图 6-10 所示。

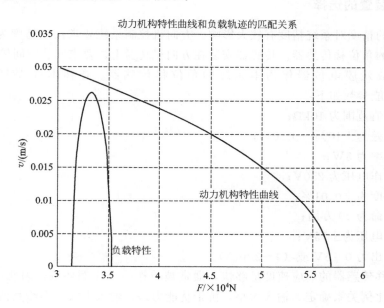

图 6-10　最终匹配结果曲线

6.4.5　伺服阀传递函数

伺服阀传递函数可近似为二阶振荡环节，即

$$\omega_v(s) = \frac{K_{sv}}{\dfrac{s^2}{\omega_v^2} + \dfrac{2\xi_v}{\omega_v}s + 1}$$

式中　K_{sv}——伺服阀流量增益；

　　　ω_v——伺服阀无阻尼固有频率；

　　　ξ_v——伺服阀阻尼比。

根据表 5-1 中给出的伺服阀性能参数，FF102 型伺服阀幅频宽大于 100Hz，相频宽大于 100Hz，取其中较小者，即

$$\omega_v = 100\text{Hz} = 628\text{rad/s}$$

又根据厂家提供的阻尼比有 $\xi_v = 0.6$。

再根据表 5-1 中伺服阀的性能参数，估算得到伺服阀的压力增益为

$$K_p = \frac{30\% p_s}{1\% I_0} = \frac{30\% \times 21 \times 10^6}{1\% \times 40 \times 10^{-3}} = 1.575 \times 10^{10}\,(\text{Pa/A}) \tag{6-28}$$

伺服阀的流量增益（线圈并联使用）：

$$K_{sv} = \frac{q_0^*}{I_n} = \frac{11.36 \times 10^{-3}}{0.04 \times 60} = 4.733 \times 10^{-3} [(m^3/s)/A] \qquad (6\text{-}29)$$

估算流量-压力系数：

$$k_{c0} = \frac{K_{q0}}{K_{p0}} = \frac{K_v}{K_p} = 3.005 \times 10^{-13} (m^3/s)/Pa \qquad (6\text{-}30)$$

因此，伺服阀总的流量-压力系数 k_{ce} 近似为 $3.005 \times 10^{-13} (m^3/s)/Pa$。

6.4.6　反馈装置的选择

反馈装置的精度对系统精度有较大影响，方向机控制系统要求操瞄精度为 ± 2 密位，需要选择高精度的角位移传感器。传感器安装在方向机转盘上，要求安装空间较大，因此选择 WHJ 精密合成炭膜电位器作为本系统的角位移传感器。查样本选 WHJ-3 型电位器（$\phi 75mm$），性能参数如下：

① 标称阻值范围为 $10k\Omega$；
② 阻值偏差为 $\pm 10\% \sim \pm 20\%$；
③ 额定功率为 $3W$；
④ 最高工作电压为 $250V$；
⑤ 线性精度为 $\pm 0.01\%$；
⑥ 机械寿命为 20 万周；
⑦ 取工作电压为 $\pm 15V$；
⑧ 信号输出为 $0 \sim 5V$ 或（$4 \sim 20mA$）。

由于角位移传感器的响应速度足够快，通常被看作一个比例环节，因此反馈系数 k_f 主要由输入输出比例关系确定。输入太小，抗干扰能力差；输入太大，会给其他元器件带来过高的指标要求。电液控制系统输入电压一般在 $\pm 10V$ 以内。例如，方向机转角为 $\pm 20°$，若对应输入电压为 $\pm 5V$，则有

$$K_f = \frac{2 \times 5V}{2 \times 20°} = 0.25V/(°)$$

6.5　动态分析

在对系统进行动态特性分析之前，首先对液压控制系统的固有频率和阻尼比进行计算；然后推导传递函数，建立系统的数学模型，并绘制液压控制系统的传递函数框图，最后进行仿真分析，绘制系统伯德图和瞬态响应曲线。

6.5.1　液压固有频率的计算

根据液压控制系统原理，动力机构的液压固有频率为

$$\omega_h = \sqrt{\frac{k_h}{m}} = \sqrt{\frac{4\beta_e A^2}{V_t m}} \qquad (6\text{-}31)$$

式中　k_h——液压弹簧刚度，N/m；
　　　A——液压缸活塞有效作用面积；
　　　V_t——液压缸两腔总容积之和；

β_e——等效体积弹性模量（包括液体、混入油中的空气及工作腔体的机械刚度），本设计取 $\beta_e=690\mathrm{MPa}$。

在前述计算中确定液压缸活塞有效面积为

$$A=\frac{\pi}{4}(D^2-d^2)=4.734\times10^{-3}(\mathrm{m}^2)$$

液压缸最大行程取为 0.22m，因此液压缸两腔总容积为

$$V_t=AL=4.734\times10^{-3}\times0.22=1.0415\times10^{-3}(\mathrm{m}^3)$$

根据前述绘制的负载轨迹，负载的最大折算质量 $m_{max}=705430\mathrm{kg}$，将各已知数据代入式(6-30)，得

$$\omega_h=\sqrt{\frac{4\times690\times10^6\times(4.734\times10^{-3})^2}{4.734\times10^{-3}\times0.22\times705430}}=9.17(\mathrm{rad/s})=1.46(\mathrm{Hz})$$

6.5.2　液压阻尼比的计算

液压阻尼比可表示为

$$\xi_h=\frac{k_{ce}}{A}\sqrt{\frac{\beta_e m}{V_t}}+\frac{B_c}{4A}\sqrt{\frac{V_t}{\beta_e m}} \tag{6-32}$$

式中　B_c——黏性阻尼系数；

　　　k_{ce}——总的流量-压力系数。

若黏性阻尼系数 B_c 小到可忽略不计时，则液压阻尼比 ξ_h 可近似写成

$$\xi_h=\frac{k_{ce}}{A}\sqrt{\frac{\beta_e m}{V_t}} \tag{6-33}$$

根据前述计算结果，如果用零位阀系数 k_{c0} 代替 k_{ce} 来计算阻尼比，则 k_{ce} 近似为 $3.005\times10^{-13}(\mathrm{m}^3/\mathrm{s})/\mathrm{Pa}$。如果等效质量取最小值，$m_{min}=2.482\times10^5\mathrm{kg}$。

根据上述数值，计算得到阻尼比为

$$\zeta_h=\frac{3.005\times10^{-13}}{4.734\times10^{-3}}\sqrt{\frac{690\times10^6\times248200}{4.734\times10^{-3}\times0.22}}=2.57\times10^{-2}$$

上述 ξ_h 的计算结果是伺服阀在零位时的计算值，即最低值。由于动力机构干摩擦等因素对阻尼比有影响，因此实测值总是大于计算值。根据实际经验或相应参考资料的推荐值，零位附近阻尼比 $\xi_h=0.1\sim0.2$，设计中取阻尼比 $\xi_h=0.2$。

6.5.3　建立数学模型

设系统的输入信号为 R，反馈信号为 V_f，偏差信号为 E，则输入级方程为

$$E=R-V_f \tag{6-34}$$

伺服放大器的传递函数为

$$\frac{i}{E}=\frac{K_a}{\dfrac{s}{\omega_a}+1} \tag{6-35}$$

式中　K_a——伺服放大器增益；

　　　ω_a——伺服放大器转角频率。

伺服阀的传递函数为

$$\frac{q}{i}=\frac{K_{sv}}{\dfrac{s^2}{\omega_v^2}+\dfrac{2\xi_v}{\omega_v}s+1}\tag{6-36}$$

根据液压控制系统理论，对称阀控制对称缸的液压动力机构传递函数可表示为

$$Y=\frac{\dfrac{K_q}{A}X_v-\dfrac{k_{ce}}{A^2}\Big(\dfrac{V_t}{4\beta_e k_{ce}}s+1\Big)F}{s\Big(\dfrac{s^2}{\omega_h^2}+\dfrac{2\xi_h}{\omega_h}s+1\Big)}\tag{6-37}$$

式中　F——系统所受到的外干扰力；

　　　K_q——滑阀流量增益。

令伺服阀空载流量为 $q=K_q x_v$，其中 x_v 为伺服阀阀口开度。

则有

$$Y=\frac{\dfrac{1}{A}q-\dfrac{k_{ce}}{A^2}\Big(\dfrac{V_t}{4\beta_e k_{ce}}s+1\Big)F}{s\Big(\dfrac{s^2}{\omega_h^2}+\dfrac{2\xi_h}{\omega_h}s+1\Big)}\tag{6-38}$$

本设计方向机液压缸位移与转角关系为

$$a=f(Y)\tag{6-39}$$

反馈装置传递函数：

$$V_f=K_f\alpha\tag{6-40}$$

6.5.4　绘制系统框图

根据式(6-34)～式(6-40)，绘制系统传递函数框图如图 6-11 所示。

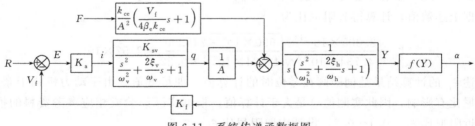

图 6-11　系统传递函数框图

由图 6-11 可得系统开环传递函数

$$W(s)=\frac{K_v}{s\Big(\dfrac{s^2}{\omega_v^2}+\dfrac{2\xi_v}{\omega_v}s+1\Big)\Big(\dfrac{s^2}{\omega_h^2}+\dfrac{2\xi_h}{\omega_h}s+1\Big)}\tag{6-41}$$

式中　K_v——系统的开环增益，$K_v=K_a K_{sv}K_f\dfrac{1}{A}f(Y)$。

由于伺服放大器转角频率 ω_a 和伺服阀的固有频率 ω_v 远大于液压固有频率 ω_h，因此伺服放大器和伺服阀传递函数可近似为比例环节。图 6-11 所示传递函数框图可简化为如图 6-12 所示框图。

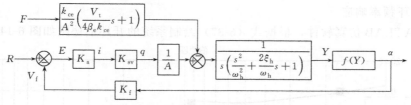

图 6-12　简化的系统传递函数框图

前述分析得知，液压缸的活塞位移 Y 与方向机转角 α 之间具有如下关系：

$$\cos(\beta+\alpha)=\frac{(X_0+Y)^2-r^2-R^2}{-2Rr}$$

为了简化分析，将 $f(Y)$ 近似为一个比例环节，因此有

$$f(Y)=\frac{\alpha}{Y}=\frac{40}{0.199}(°)/\mathrm{m}=201(°)/\mathrm{m}$$

于是，以液压缸活塞位移 Y 作为输出信号时，反馈系数 K_f 则变为 K_f'，即 $K_f'=K_f f(Y)=50.25\mathrm{V/m}$。如果不考虑外干扰力的作用，图 6-12 中框图又可简化为如图 6-13 所示框图。

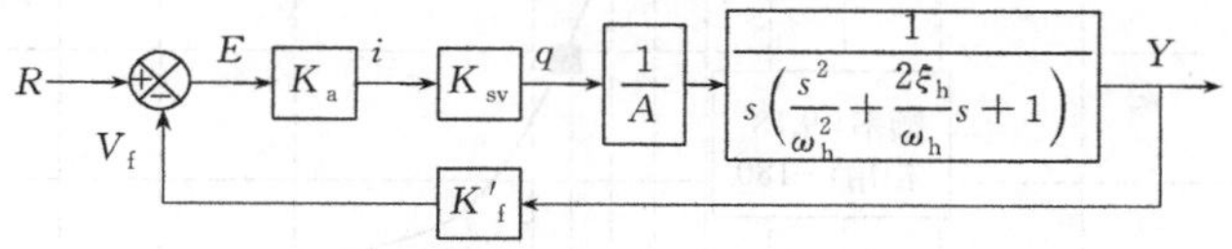

图 6-13　简化后框图

根据图 6-13，系统的开环传递函数可简化为

$$W(s)=\frac{K_a K_{sv}\dfrac{1}{A}K_f'}{s\left(\dfrac{s^2}{\omega_h^2}+\dfrac{2\xi_h}{\omega_h}s+1\right)} \tag{6-42}$$

6.5.5　开环增益 K_v 的确定

稳定性决定了伺服系统能否正常工作，因此液压控制系统设计必须满足稳定条件。由液压控制理论可知，该系统的稳定性判据为：$20\lg\dfrac{K_v}{2\xi_h\omega_h}<0$，即 $K_v<2\xi_h\omega_h$。

按控制系统理论，系统幅值余量应为 6～12dB，考虑到液压控制系统参数变化范围大，取幅值余量 10dB，反推出 K_a。

令 $20\lg|W(9.17j)|=-7$ 得出 $K_v=1.64$，即

$$K_a=\frac{K_v A}{K_{sv}K_f'}=\frac{1.64\times47.34\times10^{-4}}{4.733\times10^{-3}\times50.25}=0.033(\mathrm{A/V})$$

因此，本设计方向机液压控制系统的开环传递函数为

$$W(s)=\frac{1.64}{s\left(\dfrac{s^2}{9.17^2}+\dfrac{2\times0.2}{9.17}s+1\right)} \tag{6-43}$$

6.5.6　进行仿真分析

利用上述火箭炮方向机电液控制系统的传递函数和框图，通过计算机编写仿真计算程序，对所设计系统的开环频率响应、闭环频率响应和瞬态响应特性进行仿真分析。

6.5.6.1 开环频率响应

利用 MATLAB 仿真软件，根据式（6-37）绘制系统的开环伯德图如图 6-14 所示。

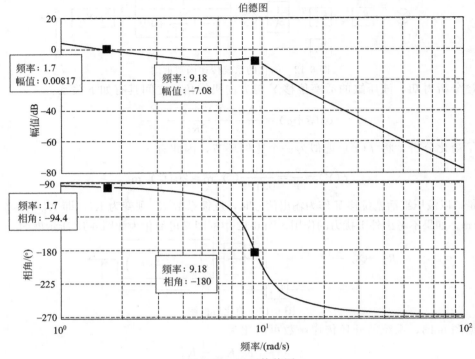

图 6-14　开环伯德图

由图 6-14 表明，系统的穿越频率 $\omega_c = 1.7\text{rad/s}$，低频渐进线为斜率为 -20dB/dec 的直线，高频渐近线斜率为 -60dB/dec，两条渐进线交点处频率为 9.18rad/s。因阻尼比很低，$\xi_h = 0.2$，在 ω_h 处出现一个谐振峰值，其对数幅值为 -7.08dB。在图 6-14 的开环伯德图中可以看出本系统的相位裕度为 $\gamma = 85.6°$。通常系统的相位余量应大于 $30°\sim60°$，因为液压控制系统阻尼比很小，所以相位余量 γ 一般在 $70°\sim80°$ 之间，相位裕度能够保证。图 6-14 的开环伯德图也表明该系统的幅值余量为 7.08dB，系统应保证有大于 $6\sim12\text{dB}$ 的幅值稳定余量，本系统满足这一要求。

6.5.6.2 闭环频率响应

由图 6-13 所示系统简化框图，整理可得单位反馈传递函数框图如图 6-15 所示。

推导得到系统闭环传递函数为

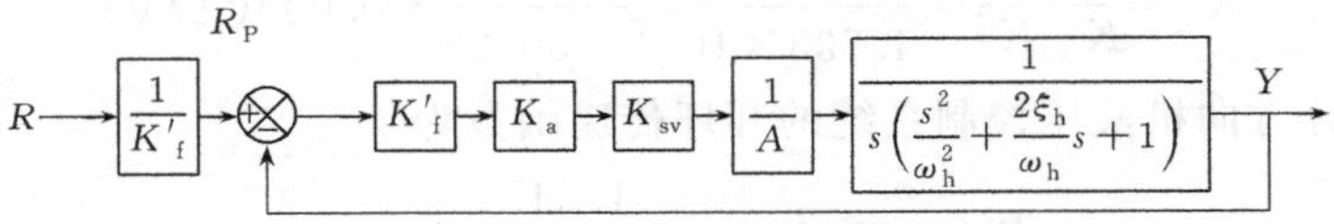

图 6-15　单位反馈传递函数框图

$$\frac{Y}{R_P} = \frac{1}{\left(\dfrac{s}{\omega_b} + 1\right)\left(\dfrac{s^2}{\omega_{nc}^2} + \dfrac{2\xi_{nc}}{\omega_{nc}}s + 1\right)} \tag{6-44}$$

式中　ω_b——闭环一阶因子转折频率，rad/s；

ω_{nc}——闭环二阶因子转折频率，rad/s；

ξ_{nc}——二阶振荡环节阻尼比，无量纲。

由于 $\xi_h = 0.2$，$\dfrac{K_v}{\omega_h} = \dfrac{1.64}{9.17} = 0.179$，都比较小，故有如下近似关系：

$$\omega_b = K_v = 1.64, \quad \omega_{nc} = \omega_h = 9.17, \quad \xi_{nc} = \frac{1}{2}\left(2\xi_h - \frac{K_v}{\omega_h}\right) = 0.1105$$

因此可得到闭环传递函数：

$$\frac{Y}{R_P} = \frac{1}{\left(\dfrac{s}{1.64} + 1\right)\left(\dfrac{s^2}{9.17^2} + \dfrac{2 \times 0.1105}{9.17}s + 1\right)} \tag{6-45}$$

利用 MATLAB 仿真软件，根据式（6-45）绘制所设计方向机电液控制系统的闭环伯德图，如图 6-16 所示。

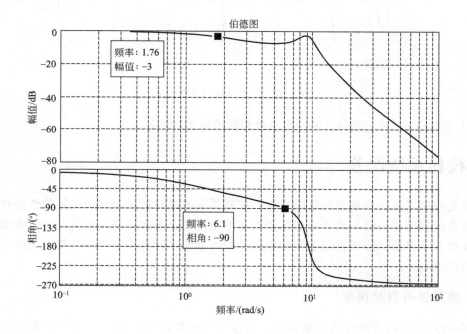

图 6-16　闭环伯德图

由图 6-16 表明，所设计系统的幅频宽 $\omega_{-3dB} = 1.76$rad/s，相频宽 $\omega_{-90°} = 6.1$rad/s。

6.5.6.3　瞬态响应

系统在阶跃信号作用下的过渡过程反映了系统的动态品质，过渡过程品质常用超调量、过渡过程时间和振荡次数等指标来衡量。系统的速度放大系数 K_v、动力机构固有频率 ω_h 和阻尼比 ξ_h 决定了系统的瞬态响应。调整这些参数可以改善系统的瞬态响应特性。

利用 MATLAB 仿真，根据闭环传递函数式(6-45)，对系统的阶跃响应进行仿真，得到系统阶跃响应曲线如图 6-17 所示。

由图 6-17 表明，所设计系统的瞬态过程参数如下：

① 超调量为 $\sigma_p = 0.1845\%$；

② 振荡次数 $N_z = 1$；

③ 过渡过程时间为 $t_s = 2.3982$s（输出在稳态值的 ±2% 内的时间）；

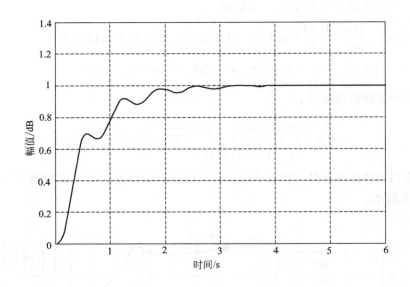

图 6-17　阶跃响应特性曲线

④ 上升时间 $t_r = 3.2204s$（第一次上升到稳态值的时间）。

6.6　校核系统误差

误差是控制系统一个重要的性能指标，控制系统的设计就是要在兼顾其他性能指标的情况下，使系统误差尽可能小或者小于某个规定的允许值，否则必须对系统进行一定的校正以满足系统的技术要求。液压控制系统产生误差的因素很多，设计中主要计算输入信号与干扰信号引起的误差。

6.6.1　输入信号引起误差

式(6-42)系统的开环传递函数表明，火箭炮方向机液压控制系统为Ⅰ型系统。因此对于单位阶跃信号，系统的稳态误差为

$$e_{ss} = \lim_{s \to 0} sE(s) = \lim_{s \to 0} s \frac{1}{1+G(s)H(s)} R(s) = 0$$

6.6.2　干扰信号引起误差

根据液压控制系统理论，干扰信号引起误差可表示为

$$\Delta y = \frac{k_{ce}}{K_v A^2} F_{max} \tag{6-46}$$

式中　A——液压缸活塞有效面积，m^2；

　　F_{max}——最大干扰力，N；

　　K_v——系统开环增益；

　　k_{ce}——动力机构总的流量-压力系数。

根据前述计算，带入数值求得

$$\Delta y = \frac{3.018 \times 10^{-13}}{1.64 \times (47.34 \times 10^{-4})^2} \times 4.311 \times 10^4 = 0.35 (\text{mm})$$

液压缸的活塞位移 Y 与方向机转角 α 之间具有如下关系：

$$\cos(\beta + \alpha) = \frac{(X_0 + Y)^2 - r^2 - R^2}{-2Rr}$$

之前为了简化分析，将 $f(Y)$ 近似为一个比例环节，因此有

$$f(Y) = \frac{\alpha}{Y} = \frac{40}{0.199} = 201 (°)/\text{m}$$

于是在平均情况下有 $\Delta\alpha = 201° \times 0.5 \times 10^{-3} = 0.0735°$，本设计的技术要求为操瞄定位精度 $<0.12°$，因此在平均情况下前述设计能够满足设计要求。

现在还需要考虑极限情况，即在 $\alpha_0 = -20°$ 时 Δy 引起 $\Delta\alpha$ 变化为

$$\begin{aligned}
\Delta\alpha &= \arccos\left(\frac{(X_0 + \Delta y)^2 - r^2 - R^2}{-2Rr}\right) - \beta - \alpha_0 \\
&= \arccos\left(\frac{(724 + \Delta y)^2 - 537.7^2 - 476.3^2}{-2 \times 537.7 \times 476.3}\right) - 90.9 \\
&= \arccos\left(\frac{(724 + \Delta y)^2 - 515982.98}{-512213.02}\right) - 90.9 \\
&= 0.0732° < 0.12°
\end{aligned}$$

此时满足操瞄定位精度设计要求。

在 $\alpha_1 = 20°$ 时 Δy 引起 $\Delta\alpha$ 变化为

$$\begin{aligned}
\Delta\alpha &= \arccos\left(\frac{(X_0 + \Delta y)^2 - r^2 - R^2}{-2Rr}\right) - \beta - \alpha_1 \\
&= \arccos\left(\frac{(923 + \Delta y)^2 - 537.7^2 - 476.3^2}{-2 \times 537.7 \times 476.3}\right) - 130.9 \\
&= \arccos\left(\frac{(923 + \Delta y)^2 - 515982.98}{-512213.02}\right) - 130.9 \\
&= 0.182° > 0.12°
\end{aligned}$$

此时，不能够满足操瞄定位精度要求，故需设置校正装置。

6.7　设计校正装置

经过系统误差校核，本设计前述设计参数不能够满足系统的误差要求，因此必须采用校正。为了在低频段提高系统的开环放大系数，从而减少稳态误差，改善稳态性能，同时又不改变中、高频段的伯德图，基本不影响系统的动态性能，应采用滞后校正。

由上述分析可知，在 $\alpha_1 = 20°$ 的时候 Δy 引起 $\Delta\alpha$ 变化最大，由此设 $\Delta\alpha$ 为 $0.12°$，反推得

$$\begin{aligned}
\Delta y' &= \sqrt{-\cos(110.9 + 20 + 0.12) \times 512213.02 + 515982.98} - 923 \\
&= 0.125 (\text{mm})
\end{aligned}$$

由式(6-46) 反推新的系统开环增益 K_v'

$$K_v' = \frac{3.018 \times 10^{-13}}{0.125 \times 10^{-3} \times (47.34 \times 10^{-4})^2} \times 4.311 \times 10^4 = 4.6$$

设校正环节的传递函数为

$$\frac{1}{a}G_c(s) = \frac{1}{a} \cdot \frac{\frac{1}{\omega_1}s+1}{\frac{1}{\omega_2}s+1} \qquad (\text{其中}\ a<1, \omega_1>\omega_2)$$

于是取 $\dfrac{\omega_1}{\omega_c} = \dfrac{1}{10}$，得到 $\omega_1 = 0.164\text{rad/s}$。

$$a = K'_v/K = \frac{1.64}{4.6} = 0.357$$

$$\omega_2 = a\omega_1 = 0.0585\text{rad/s}$$

$$\frac{1}{a}G_c(s) = 2.8 \times \frac{6.098s+1}{17.08s+1}$$

设计后的系统开环传递函数为

$$G_e(s) = G_0(s)\frac{1}{a}G_c(s) = \frac{1.64}{s\left(\dfrac{s^2}{9.17^2} + \dfrac{2\times0.2}{9.17}s+1\right)} \times 2.8 \times \frac{6.098s+1}{17.08s+1}$$

采用滞后校正之后，本设计方向机电液控制系统的开环伯德图如图 6-18 所示。

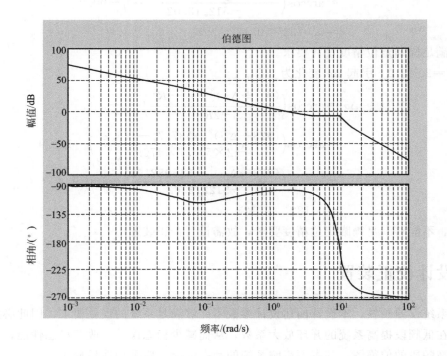

图 6-18　校正之后开环伯德图

采用滞后校正之后，本设计方向机电液控制系统的闭环伯德图如图 6-19 所示。

采用滞后校正之后，本设计方向机电液控制系统的阶跃信号响应曲线如图 6-20 所示。

经过校正系统的静态误差小于系统设计指标要求的 2 密位，满足系统的操瞄定位精度要求。

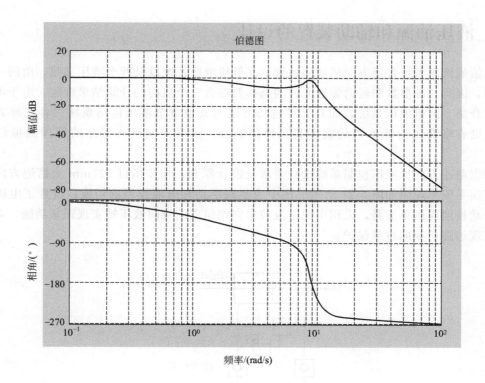

图 6-19　校正之后闭环伯德图

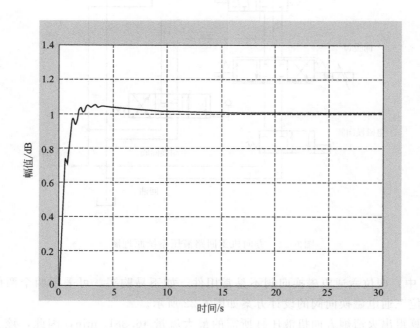

图 6-20　校正之后的阶跃信号响应曲线

6.8 液压油源和辅助装置的设计

火箭炮液压系统包括方向机液压系统、高低机液压系统以及四个液压支腿，由同一个油源供油，因此油源参数和辅助装置元件的选择要综合三个机构的计算结果确定，由于本设计实例只介绍方向机液压系统，而且元件选择方法与其他章节液压传动系统元件选择方法相同，此处省略液压油源参数的确定和元件的选择，仅就方向机支回路的原理图拟订作出论述。

根据前述方向机液压控制系统设计要求及设计原则，初步拟订 227mm 火箭炮方向机支回路液压系统原理图如图 6-21 所示。图中为实现手动和电液控制的切换，设置了电磁换向阀和手动换向阀两条油路，采用由两个液控单向阀组成的双向液压锁实现锁紧功能，双向安全阀实现油路的双向过载保护。

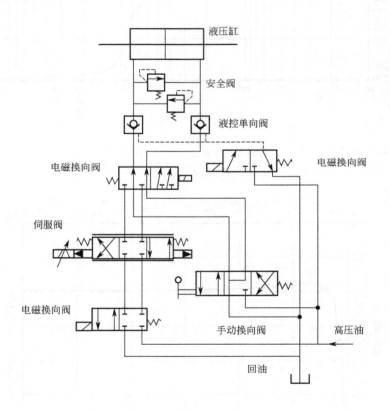

图 6-21　方向机支回路液压系统原理图

图 6-21 中，两位六通电磁换向阀不是常用件，如不易购买，可采用两个两位三通阀代替。采用两位三通电磁换向阀的设计方案如图 6-22 所示。

前面计算得出火箭炮方向机液压缸所需的最大流量 46.38L/min，因此，该支回路所选取的电磁换向阀、液压管路应保证在该流量下压力损失不宜过大。

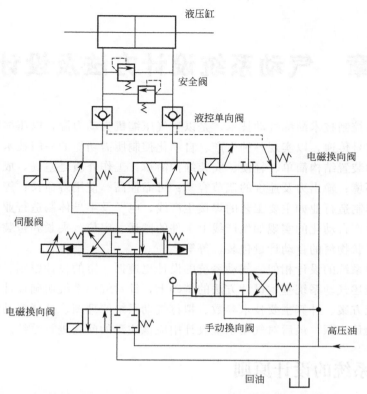

图 6-22　采用两个两位三通电磁换向阀代替一个两位六通电磁换向阀的设计方案

6.9　设计经验总结

火箭炮方向机对液压系统的要求是响应速度快，精度高，工作可靠。根据本设计实例，对武器装备液压控制系统的设计方法及步骤总结如下：

① 对于既要求响应速度快，又要求系统控制精度高的武器装备液压控制系统，可首先根据系统的快速性要求来确定液压控制系统的设计参数，然后对液压系统的误差和精度进行校核。如果控制精度不能够满足设计要求，可修改系统设计参数重新进行设计。如果希望在不改变系统快速性和其他特性的情况下，提高系统的精度，也可以采用对系统施加校正的方法进行设计。

② 为保证工作可靠和战场上的作战需要，武器装备液压控制系统应具有一定的安全裕度，可设置必要的手动操作装置，或设置必要的裕度系统，当电液控制系统受损失效后，能够手动进行操作，保证士兵安全和作战需要。

第7章 气动系统设计方法及设计步骤

气压传动与控制技术简称气动技术，是以空气压缩机为动力源，以压缩空气为工作介质来进行能量与信号传递，以实现各种生产、自动化控制所需功能的一门技术。气动技术具有如下特点：气动装置结构简单、轻便、安装维护简单；工作介质是空气，成本低且排气处理简单，不污染环境；输出力及速度的调节容易；可靠性高、使用寿命长；等等。气动技术已广泛应用于汽车制造行业如主要工艺的焊接生产线，电子及半导体制造行业如家用电器产品装配生产线，生产自动化的实现如生产线上工件的搬运、定位、夹紧和包装自动化的实现如粉状、块状、粒状物料的自动计量包装，等等。

与液压传动系统的设计相似，气动系统的设计也遵循一定的设计原则、设计方法和设计步骤。本章在概述气动系统基本设计方法的基础上，针对气动系统明确设计要求、进行工况分析、确定系统方案、计算主要技术参数、拟订气动系统原理图、选择气动元件以及验算气动系统性能等设计步骤，最后对气动系统设计中应该注意的问题进行总结。

7.1 气动系统的设计原则

随着科学技术的发展，产品的功能越来越丰富，其结构也更加复杂，这就要求对一个系统的设计要考虑的因素和指标要从不同角度出发，要更加周详。对于气动系统，这些因素和指标主要包括以下几点。

（1）指标类

① 系统的功能要求（输出力、力矩、行程、功率、速度、运动方向、动作顺序等）；

② 功率/重量比（功率密度）；

③ 产品尺寸；

④ 产品重量；

⑤ 响应时间；

⑥ 预期寿命。

（2）接口类

① 外部接口（机械接口、通信接口等）；

② 人机接口；

③ 可控性。

（3）与产品质量管理相关特性要求

① 安全性要求：

a. 应急操作模式（紧急停止、切断动力源等）；

b. 故障模式/安全设施（限位装置、自锁等）。

② 可靠性要求。

③ 可维护性要求。

④ 测试性要求。

⑤ 零部件的保障性要求。

⑥ 环境适应性能力（振动、冲击、温度、噪声、泄漏）。

⑦ 防爆性能要求。

（4）其他要求

① 再生利用性；

② 各项成本。

总的来说，一般气动系统的设计，首先是为了满足系统的功能要求而进行的设计，其次满足尺寸、重量、接口要求，再次考虑系统的可控性、安全性、可靠性、可维护性、测试性、保障性、环境适应性等各种性能要求，最后是对生产产品各项成本的考虑。气动系统的设计除了遵循基本的国家、行业规范外，还应满足用户日益增加的要求。

7.2　气动系统的设计方法

与液压系统的设计方法类似，气动系统的设计方法主要有系统分析设计方法、经验设计方法、计算机仿真设计方法以及优化设计方法。

7.2.1　系统分析设计方法

首先是系统或产品规划。先明确所设计的系统或产品的目的、任务和要求，并形成任务书，作为系统或产品设计、评价和决策工作的输入和依据。

其次要进行必要的需求分析、技术可行性分析以及设计要求的拟订工作。分析产品功能、性能、质量和数量等的具体要求；分析主要原料、配件和半成品的现状、价格及变化趋势等因素；分析技术方案中的创新点和难点以及解决它们的方法和技术路线等；设计要求的拟订主要有：根据产品功能和性能提出设计参数和相关的指标，制定出系统或产品生产、使用等方面的限制条件和操作、安全、维修、外观造型等使用方面的具体要求等。

最后是方案设计。首先是功能分析，一般包含总功能分析和功能分解。分析系统的总功能常采用"黑箱法"。黑箱法根据系统的某种输入，要求获得什么样的输出的功能要求，从中寻找出某种规律来实现输入输出之间的转换，得到相应的解决办法，从而推求出"黑箱"的功能结构，使黑箱变成白箱。也就是说，把待求的系统看作黑箱，分析比较系统的输入和输出的能量、物料和信号，而其性质或状态上的变化、差别和关系就反映了系统的总功能。因此，可以从输入和输出的差别和关系的比较中找出实现功能的各种可能的原理方案来，从而把黑箱打开，确定系统的结构。功能分解，即把总功能分解为一系列分功能，再针对各分功能用黑箱方法选择适合的功能要求得局部解答。最后通过各功能要求解分功能与总功能之间的关系，建立功能结构系统，给出系统原理解。在功能分析的基础上，利用创造性构思拟出多种方案，采用分析-综合-评价的方法最后得到最终方案。

7.2.2　经验设计方法

对气动系统进行经验设计就是利用已有的设计经验，参考已有类似的气动系统，对其进行重新组合或改造，再经过多次反复修改，最终得出符合要求的气动系统设计结果。这种设计方法具有较大的试探性和随意性，设计所用的时间、设计质量与设计者的经验有很大的关系，当气动系统较为简单、对性能要求不高时，可以采用经验设计方法。

7.2.3　计算机仿真设计方法

随着气动系统设计要求的不断提高，传统的经验设计方法已经不能够满足气动系统的设计要求，因此对于要求较高、需要满足的性能指标较多的气动系统，例如复杂的气动元件或气压控制系统，只有采用计算机仿真设计方法才能够缩短设计周期，达到更好的设计效果。计算机仿真技术对于气动元件及系统设计具有十分重要的辅助作用，该技术主要通过数学建模、模型解算以及结果分析等步骤来实现。在系统的数学模型足够精确时，数值分析和仿真计算技术可以显著减少气动系统设计循环次数，提高一次设计成功率，大大缩短设计周期。

7.2.4　优化设计方法

所谓优化设计，就是根据给定的设计要求和技术条件，应用最优化理论，使用最优化方法，按照规定的目标在计算机上实现自动寻优的设计。气动系统优化设计的目的是求得所设计气动系统的一组设计参数，以便在满足各项性能要求的前提下，使气动系统同时达到成本费用最低、性能最优或收效最大等设计目标。

优化设计的数学模型一般包括设计变量、约束条件以及目标函数三部分。对于任意一个气动系统的优化问题，其数学模型可描述为：

$$\min f(X), X \subset E^n \tag{7-1}$$
$$\text{s. t. } g_j(X) > 0, (j = 1, 2, \cdots, m)$$

式中　　　　　　　　　　X——n 个气动系统设计变量组成的向量，$X = [x_1, x_2, \cdots, x_n]^T$；

$f(X)$——气动系统优化设计的目标函数，表示 n 维欧式空间中被 m 个约束条件限制的一个可行解域；

$g_j(X) > 0, (j = 1, 2, \cdots, m)$ ——m 个气动系统设计中的约束条件。

(1) 设计变量

对于一个较为复杂的气动系统优化设计，设计变量或参数的选择是至关重要的。因而对于变化范围较小的参数基本上可以作为常量处理，同时各个设计变量之间应为相互独立的变量。

(2) 约束条件

气动系统在设计过程中所要满足的技术要求或规定，形成了对设计空间寻优范围的约束。

(3) 目标函数

气动系统优化数学模型中的目标函数就是气动系统优化设计中要满足的性能指标，是设计变量集合 X 的函数，数学上表示为 $f(X)$，要求 $f(X)$ 达到极小，就是评价设计方案好坏的标准。

往往气动系统设计时需要采用上述几种方法中的一种或几种结合使用。通常是系统分析设计法与经验设计法结合使用，而对于某些复杂气动系统的设计可能四种方法需要结合在一起使用才行。

7.3　气动系统设计流程

气动系统包括气压传动系统和气压控制系统。前者以传递动力为主，因此系统的设计目的主要是满足传动特性的要求；后者以实施控制为主，系统的设计目的主要是满足控制特性的要求。二者的结构组成或工作原理有共同之处，也有一定的差别，因此在设计方法和设计步骤上有相互借鉴之处，但也有所不同。

气动系统设计需要遵循一定的设计原则、设计方法和设计步骤，但气压传动系统和控制系统的设计有一定的区别，气压传动系统通常是根据固定的工况顺序和逻辑判断准则来循环确定动作内容，控制系统则没有固定的作动顺序和逻辑，而是根据目标来进行系统调节，因此传动系统设计更注重于逻辑判断元件、控制元件与工况和动作循环的匹配，控制系统设计更注重于控制元件和控制效果的匹配，对于其他部分的设计基本类似，可以相互借鉴。

在设计一台机器时，究竟采用什么样的传动方式，首先必须根据机器的工作要求，对机械、电力、气动和气压等各种传动方案进行全面的方案论证，正确估计应用气动传动的必要性、可行性和经济性。如果确定采用气压传动系统，则按照气动系统的设计内容和设计步骤进行设计，其流程图如图 7-1 所示。气压控制系统的设计内容和设计步骤与气压传动系统有很多共同之处，但同时也增加了更多的气动系统特性分析内容和步骤。

图 7-1 中所述的设计内容和步骤只是一般的气压传动系统设计流程，在实际设计过程中气动系统的设计流程不是一成不变的，对于较简单的气动系统可以简化其设计程序；对于应用在重大工程中的复杂气动系统，往往还需在初步设计的基础上进行计算机仿真或试验，或者局部地进行实物试验，反复修改，才能确定设计方案。另外，气动系统的各个设计步骤又是相互关联、彼此影响的，因此往往也需要各设计过程穿插交互进行。

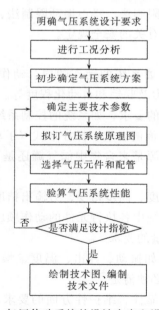

图 7-1　气压传动系统的设计内容和设计步骤

7.4　气动系统设计步骤

气动系统设计步骤按照图 7-1 设计流程进行。气压传动系统设计步骤主要包括：明确气动系统的设计要求，对系统进行工况分析，初步确定系统的设计方案，确定系统的主要技术参数，设计气动回路，设计气动系统原理图，选择气动元件和配管，选择控制元件，选择气动辅件，设计气源站、气动电控系统对所设计气动传动系统的性能进行验算。设计步骤为按照图 7-1 中流程图顺序，从明确气动系统设计要求开始，直到完成对气动系统的验算。如果所设计气动系统的性能符合设计要求，则结束设计过程。如果所设计气动系统的性能不能够满足设计要求，则返回相应的前述设计步骤，重新开始设计。

7.4.1　明确气动系统的设计要求

系统的设计要求，是整个系统的设计输入，只有对设计要求进行充分分析和确认，形成一个完整的设计任务书，才能设计出结构合理、性能好、工作可靠、效率高、维护使用方便、成本低的气动系统。明确气动系统的设计要求一般需要注意以下几个方面。

（1）了解系统的整体概貌

了解系统的总体性能、用途、工作环境、特殊要求等，这是合理确定气动执行元件和控制元件的类型、工作范围、安装位置及空间尺寸所必需的。这样可以确定采用气动系统是否合理，也可以确定是否可以结合其它传动方式，以形成更合理的组合传动方式等。

还应了解系统设计所适用的标准与规范。一般气动系统要考虑下列标准与法律及规范：

① 国际标准 ISO、IEC。

② 国家、行业标准 GB、JB。

③ 企业内部标准。

④ 国外标准 JIS、DIN、CETOP、ASME、BS。

⑤ 国内相关要求如高压气体限制法、噪声振动限制法、消防法、劳动安全卫生法。

⑥ 安全性应符合安全标准及有关的安全规定。

（2）了解系统的功能要求

① 对运动、操作力的要求，如系统的动作顺序、动作时间、运动速度及其可调范围、运动的平稳性、定位精度、操作力及联锁和自动化程度等。

② 对控制方式及自动化程度的要求，如系统的控制系统架构（单片机、可编程控制器、工业控制计算机）、控制软件及界面的要求、操控形式（手动、半自动、全自动）。

③ 对动力源形式要求，如气源是来自集中储气罐还是自带空压机，以及动力源的功率等重要参数的要求。

④ 对精度的要求，如定位精度、同步精度、力输出精度等。

⑤ 对循环时间的要求，如系统中各执行元件的动作顺序及各动作的相互关系要求。

（3）了解系统对产品服务质量的要求

① 了解系统对工作环境条件如振动、冲击、温度、噪声、泄漏、防尘、防爆、防腐蚀要求，对工作场地的空间等情况必须清楚。

② 了解系统对产品寿命、可靠性、维护性方面的要求，这直接关系到产品的设计的结构、布局和选件。

③ 了解系统对安全的要求。

常见气动系统安全要求如表 7-1 所示。

表 7-1　对气动系统的安全要求

安全项目	安全措施
突然断电、故障	系统突然断电或发生故障，为保证操作人员安全，一般配备急停按钮。采取相应急停措施，如关断气源，使设备处于无压条件；使工作气缸或气动马达回到其初始位置或者使气缸或气动马达安全地停在现有运动位置上

续表

安全项目	安全措施
运动范围超限	超出运动范围时,限制措施一般加限位装置,如机械限位、电子限位等
夹紧装置	气缸夹紧装置须保证避免误操作,一般通过手动开关加装保护盖及控制线路内部互锁来实现。执行装置夹紧工件时,应避免供气系统故障造成的夹紧装置松开现象。可以通过压缩空气储气罐及控制回路内部自锁来实现
位置检测	在进行顺序控制时,宜按位置检测为原则
互锁功能	系统中有互锁逻辑要求时应加必要的互锁机构或回路
因压力造成事故	应考虑压力过高、过低及残压的排除
防止操作出错	防止超调、混淆操作等
安全隔离	驱动装置与操作部分的隔离

以上安全要求在设计气动回路时应综合考虑。

④ 了解系统对测试性和保障性要求。

测试性如要求某点压力、输出力、速度等参数可以在线测量。保障性要求一般在特殊产品或大批量生产的产品上有要求,要求某些关键元器件的备份或原产地等。

7.4.2　工况分析

在明确气动系统的各项设计要求后,需要对其进行工况分析,即运动分析和负载(动力)分析,运动分析可以绘制位移循环图(位移-步骤图)作为设计气动系统的基本依据。对气动系统进行工况分析就是对气动系统所要驱动负载的运动参数和动力参数进行分析,这是确定气动系统执行元件主要参数、设计方案以及选择元件的依据。

7.4.2.1　运动分析及动作时序图

运动分析就是根据工艺要求确定整个工作周期中气动系统负载的位移随时间的变化规律,如某气动夹紧系统绘制如图 7-2 所示的动作时序图,这是确定气动系统执行元件行程的主要依据。

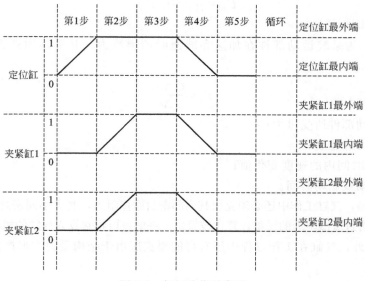

图 7-2　气缸动作时序图

图 7-2 给出了气动夹紧系统工作过程中各气缸的动作时序。从图中可以看出各气缸的运动顺序。

同时对于负载运动速度和运动时间有要求的场合，还需要考虑负载的运动学特性和动力学特性。根据需求计算出气缸运动速度以及运动时间。

通过上述分析，为后续的设计提供了依据。

7.4.2.2 负载分析

负载分析主要是研究系统工作过程中，其执行机构的受力情况，又称为动力分析。对气动系统来说，系统承受的负载可以由理论分析确定，也可以通过样机实验来测定。用理论分析方法确定气动系统的工作机构负载时，必须考虑到所受到的各种力或力矩的作用，比如工作负载（夹紧力、弹性塑性变形抗力、重力等）、惯性负载和阻力负载（摩擦力）等。

（1）气缸的负载分析

气缸做直线往复运动时须克服的外负载力如下：

$$F = F_e + F_f + F_i \tag{7-2}$$

式中　F_e——工作负载；

　　　F_f——摩擦负载；

　　　F_i——惯性负载。

工作负载 F_e：系统工作时所受的外负载力。

摩擦负载 F_f：气缸运动时所要克服的摩擦阻力。气缸启动时摩擦负载为静摩擦阻力，可按下式计算

$$F_{fs} = \mu_s (G + F_n) \tag{7-3}$$

式中　G——运动部件所受重力；

　　　F_n——垂直于运动方向的作用力；

　　　μ_s——静摩擦系数。

启动后摩擦负载变为动摩擦阻力，可按下式计算

$$F_{fd} = \mu_d (G + F_n) \tag{7-4}$$

式中　μ_d——动摩擦系数。

惯性负载 F_i 为系统运动部件在加速和减速时的惯性力，其平均惯性力可按下式进行计算：

$$F_i = \frac{G \Delta v}{g \Delta t} \tag{7-5}$$

式中　G——运动部件所受重力；

　　　g——重力加速度；

　　　Δv——Δt 时间内的速度变化值；

　　　Δt——启动或制动时间。

值得注意的是，气缸工作中还必须克服其内部密封摩擦阻力，其大小同密封的类型、气缸制造的质量有关。密封摩擦阻力的详细计算比较繁琐，一般可以将它算入气缸的机械效率中。

除上述负载外，气缸在工作过程中还有可能要克服由于结构受力变形产生的弹性阻力的作用。

（2）气动马达的负载分析

与气缸所受负载类似，气动马达做旋转运动时须克服的负载力矩可表示为

$$M = M_e + M_f + M_i \qquad (7\text{-}6)$$

工作负载力矩 M_e：气动马达的工作负载力矩是系统工作时所受外负载力矩。

摩擦力矩 M_f：旋转部件的摩擦力矩，其计算公式为

$$M_f = G\mu R \qquad (7\text{-}7)$$

式中　μ——摩擦系数，静摩擦系数为 μ_s，动摩擦系数为 μ_d；

　　　R——力矩半径；

　　　G——旋转部件所受重力。

惯性力矩 M_i：旋转部件加速或减速时产生的惯性力矩，其计算公式为

$$M_i = J\varepsilon = J\frac{\Delta\omega}{\Delta t} \qquad (7\text{-}8)$$

式中　ε——角加速度；

　　　$\Delta\omega$——角速度的变化值；

　　　Δt——加速或减速时间；

　　　J——旋转部件的转动惯量。

与气缸一样，除上述负载力矩外，气动马达还会受到密封阻力矩和弹性阻力矩等负载力矩的作用，应根据实际工况进行分析。

7.4.3　初步确定气动系统方案

初步确定气动系统的设计方案主要是确定气动系统执行元件的方案，即确定气动系统的执行元件是采用气缸或气动马达以及采用何种型式的气缸或气动马达，或者采用其他特殊类型的执行装置。对于单纯且简单的直线运动或回转运动，可分别采用气缸或气动马达直接驱动。而对于其他形式的功能要求，可以采用由气缸或气动马达衍生出来的专用装置或特殊装置。常见气动装置功能见表 7-2。

表 7-2　常见气动装置及其功能

序号	功能	装置
1	直线运动、力	气缸(单作用、双作用)
2	旋转运动、扭矩	气动马达
3	恒力输出	气压平衡器
4	冲击力输出	冲击气缸、振动器
5	支撑作用	空气弹簧、缓冲器
6	气膜支撑力	空气轴承、空气导轨、空气悬浮装置
7	吸力	真空发生器及真空吸盘
8	射流做功	喷粉器、除尘器、喷丸、喷涂
9	气力输送	气力输送机、供料机
10	传感及检测	接近开关、空气测微计
11	混合	气泡泵、搅拌
12	冷却、加热	涡流管

7.4.4　确定气动系统的主要技术参数

回路压力是气动系统的最主要的技术参数，在这一设计阶段确定气动系统的主要技术参数是指确定气动执行元件的回路压力，通常是先选定执行元件的工作压力，然后根据工作压力确定气缸的主要参数。

气动回路压力的选定是否合理，直接关系到整个系统设计的合理程度。选择气动回路压力主要考虑的是气动系统的重量和经济性之间的平衡，在系统功率已确定的情况下，如果回路压力选得过低，则气动元件、辅件的尺寸和重量就增加，系统造价也相应增加；如果回路压力高，则气动执行元件——气缸的活塞面积（或气动马达的排量）小、重量轻，设备结构紧凑，系统造价会相应降低。但是如果回路压力选择过高，则对管路、接头和元件的强度以及对制造气动元件、辅件的材质、密封、制造精度等要求也会大大提高，有时反而会导致气动设备的重量和成本的增加以及系统效率和使用寿命的下降。

同时回路压力也受以下几个因素影响：用户主干管路已有的气源供气压力、执行元件工作时指定的压力、已有的空气压缩机的输出压力范围（改造现有设备时应考虑）。

7.5 气动系统原理图设计

气动系统主要是由系统各独立功能的回路组成。所以系统各气动回路确定完成后整个气动系统也就基本完成了。气动系统原理图设计是从气动系统的作用原理和结构组成上满足各项设计要求体现的，可通过选择气动基本回路与优化以及由基本回路组成气动系统这两个步骤来实现。

7.5.1 选择气动基本回路

常用的气动基本回路主要有压力控制回路、方向控制回路、速度控制回路、位置控制回路、真空回路、增压控制回路、延时控制回路、安全启动回路、安全保护回路等。这些基本回路主要是根据执行元件的性能、负载、速度和运动形式来确定组成的。我们可以通过查阅气动系统参考书和设计手册找到相关气动基本回路的组成、工作原理、功能及特点等。

以下主要从几个常用功能的回路进行说明。

（1）选择压力控制方案

对于要求罐体或容腔不超过一定的压力时，可以用溢流阀控制器控制其压力不超过规定压力。如果系统某个支回路的工作压力需低于主气源压力时，应考虑采用二次压力控制回路，其主要采用减压阀实现定压控制。如果系统需要高低压情况可以考虑采用换向阀对不同调节压力的减压阀输出通道进行切换。

（2）选择换向控制方案

气动执行元件运动方向和运动速度控制应根据系统对运动方向和调速性能要求选择合适的基本回路。通常采用换向阀的各种组合形式来实现系统对换向的要求。

（3）选择速度控制方案

气动系统速度控制一般采用节流调速，由于气体的可压缩性和膨胀性比油液大很多，所以气缸的节流调速控制的速度平稳性相比液压传动中的节流调速要困难很多，而且速度负载刚度也差很多，动态响应也较慢。如果要求速度控制精度高而且负载变化范围较大时，气压传动则难以实现，故而可以考虑采用气液联动的方案。

（4）选择顺序动作方案

对于多执行元件气动系统来说，不同的设备类型对气动系统执行机构的顺序动作要求也不同，有的要求按照固定的方式运行，有的可以是随机的或人为控制的。例如医用口罩加工的自动化生产线上的气动设备通常是按照固定的逻辑顺序执行相关动作的。此外，还可以采用时间控制（时间继电器）或压力控制（压力继电器）的顺序动作方式。

由于具体到某个气动系统时，在选择气动基本回路时其各项性能要求并不能完全由上述气动基本回路来完成，往往需要先选择合适类型的基本回路，并根据系统功能的具体要求加以改进，形成最终的气动回路。

7.5.2　由回路组成气动系统

由气动基本回路组成系统的方法是首先选择和拟订气动系统主要功能的回路，然后再拟订所需辅助功能的回路，最后把各种气动回路综合在一起，并加入其它起辅助作用的元件和装置，例如加入保证顺序动作或自动循环的相应元件；接入起安全保险、互锁作用的装置以及辅助元件；最后进行整理合并，成为完整的气动系统。为便于气动系统的维护和监测，在系统的关键部位还要装设必要的检测元件，例如压力表等。最后进行回路检查，看是否能够实现系统的设计要求。此外还应注意系统循环中的每一个动作是否安全可靠、相互间无干扰等。在实际的设计过程中，确定气动系统原理图时，应尽量参考已有的同类产品或相近产品的有关设计资料。

绘制气动系统原理图时，各气动元件图形符号应尽量采用国家标准中规定的图形符号，在图中要按照国家标准规定的气动元件职能符号的常态位置绘制，对于自行设计的非标准元件可用结构原理图或半结构示意图绘制。系统图中应注明各气动执行元件的名称和动作，注明各气动元件的序号，并附有动作顺序表等。

7.6　确定气动元件

系统原理图确定之后就可以选择和确定气动元件，包括确定气缸或气动马达的类型。在此基础上对气动元件的主要参数进行相关计算，确定具体结构尺寸（如缸径、活塞杆直径、缸筒壁厚等），必要时需要进行相应校核和验算，确定安装形式及行程长度、密封形式并计算相应耗气量等。在此基础上确定气动元件的类型、规格和型号，根据成本控制的要求，选择适当品牌的产品。

7.6.1　气动执行元件的确定

气缸的确定，一般遵循如下设计过程。首先根据系统要求选择气缸的类型及安装方式，然后由工作机构的载荷与速度工况计算气缸的直径（需圆整为标准值，见表7-3）。其次根据气缸直径及工作压力，计算、确定缸筒壁厚，计算活塞杆直径（杆径也需圆整为标准值，见表7-4），确定气缸各部结构、材料、技术要求等。最后进行缓冲及耗气量计算等。

表 7-3　缸筒内径系列　　　　　　　　　　　　　　单位：mm

8	10	12	16	20	25	32	40	50	63	80	(90)	100
(110)	125	(140)	160	(180)	200	(220)	250	320	400	500	630	

注:无括号的数值为优先选用者。

表 7-4　活塞杆直径系列　　　　　　　　　　　　　单位：mm

4	5	6	8	10	12	14	16	18	20	22	25	28
32	36	40	45	50	56	63	70	80	90	100	110	125
140	160	180	200	220	250	280	320	360	400			

7.6.1.1　气缸安装形式的确定

气动执行元件安装形式通常考虑以下几点来确定。

① 活塞杆与构件连接处的同轴度及工作性能。

② 具有合适的安装和缓冲调整空间。

③ 执行元件和负载的连接构件结构简单。

7.6.1.2　润滑形式的确定

气动执行元件的润滑形式一般分为给油式、无给油式和无润滑式三种，具体见表7-5。对给油式而言，要考虑油雾器到执行元件之间的配管长度，一般控制在1m之内，长度过长考虑微雾选择式。

表 7-5　润滑方法

序号	润滑形式	对应的执行元件	备注
1	给油式	需很长工作寿命的地方 大型、高负载工况 因高温、多水分和灰尘使油膜被早期污染的环境	早期润滑方式,对于早期设备改造时选用
2	无给油式	在给油维护困难的地方 排气中不允许有油雾的环境 因配管过长不适合喷油雾的地方	
3	无润滑式	排气中不允许有油雾的地方 需低摩擦动作的地方	

7.6.1.3　活塞杆上输出力和缸径的计算

气缸的有效作用面积（活塞或环形腔作用面积）可通过负载力和工作压力进行计算。

（1）双作用双出杆气缸

双作用双出杆气缸输出力满足如下关系式：

$$F=(p_1-p_2)A_缸-F_f-ma \tag{7-9}$$

式中　p_1——气缸输入侧压力；

$\quad\quad p_2$——气缸输出侧压力；

$\quad\quad F_f$——摩擦力；

$\quad\quad m$——气缸运动构件质量；

$\quad\quad a$——气缸运动构件加速度；

$\quad\quad A_缸$——气缸作用面积，$A_缸=\dfrac{\pi}{4}(D^2-d^2)$。

其中　D——气缸活塞直径；

$\quad\quad d$——气缸活塞杆直径。

式（7-9）也可以简化为：

$$F=(p_1-p_2)A_缸\,\eta \tag{7-10}$$

式中　η——气缸的效率。

对于双作用双出杆气缸，气缸直径为：

$$D=\sqrt{\dfrac{4F}{\pi(P_1-P_2)\eta}+d^2} \tag{7-11}$$

（2）双作用单出杆气缸

对于双作用单出杆气缸，在伸出和缩回时的输出力可分别简化为：

$$F_1 = (p_1 - p_2)A_1\eta_1 \tag{7-12}$$

$$F_2 = (p_2 - p_2)A_2\eta_2 \tag{7-13}$$

式中　A_1——气缸的无杆腔作用面积，$A_1 = \dfrac{\pi}{4}D^2$；

　　　A_2——气缸的有杆腔作用面积，$A_2 = \dfrac{\pi}{4}(D^2 - d^2)$；

　　　η_1——气缸推出时的效率；

　　　η_2——气缸拉回时的效率。

根据式（7-12）、式（7-13）可求得气缸直径 D。

当推力做功时：

$$D = \sqrt{\dfrac{4F_1}{\pi(p_1 - p_2)\eta}} \tag{7-14}$$

当拉力做功时：

$$D = \sqrt{\dfrac{4F_2}{\pi(p_1 - p_2)\eta} + d^2} \tag{7-15}$$

如果一个气缸推力和拉力做功都存在时，则以上述两个计算值大的为准。

（3）单向作用气缸

对于单向作用气缸，如图 7-3 所示，一般伸出为气动力，而采用弹簧力复位，其输出推力克服弹簧的反作用力和活塞杆的工作负载，其公式应为

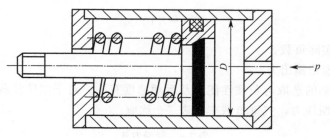

图 7-3　单作用气缸

$$F = \dfrac{\pi}{4}D^2 p\eta - F_s \tag{7-16}$$

式中　F_s——弹簧反作用力，其余符号意义同前。

$$F_s = K_s(l_0 + l) \tag{7-17}$$

式中　K_s——弹簧刚度，N/m；

　　　l_0——弹簧预压缩量，m；

　　　l——活塞行程，m。

则单向作用气缸直径

$$D = \sqrt{\dfrac{4(F + F_s)}{\pi p\eta}} \tag{7-18}$$

计算出的缸径 D 也应按标准圆整。

对于静载输出时，也即气缸在运动过程中没有负载力，直到压住工件后才输出负载推力时，其推出和拉回时的效率如图 7-4 所示。

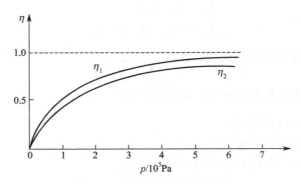

图 7-4　气缸静载时输出效率

气缸的效率 η 也可用下式估算：

$$\eta = \frac{p - p_{\min}}{p} \tag{7-19}$$

式中　p——气缸工作压力；

　　　$p_{\min}$——气缸输入侧压力。

由于气体的压缩性，通常气缸的理论输出力会有一定变化，尤其是气缸运动过程中受力情况，实际输出力的效率会出现很大下降。所以气缸作动载输出，也即气缸承受的力为全负载力时，为了保证气缸的运动速度，需要考虑气缸负载率问题。

气缸负载率定义如下：

$$\beta = \frac{F}{F_0} \times 100\% \tag{7-20}$$

式中　F——气缸实际负载；

　　　F_0——气缸理论输出力。

通常气缸负载率的选取与负载性能以及运动速度有关。对于惯性负载，如气缸用于推送工件，负载力产生惯性力，气缸负载率按表 7-6 选取。

表 7-6　润滑方法

序号	气缸负载率	气缸运动工况
1	$\beta \leqslant 0.65$	低速运动，速度 $v < 100\text{mm/s}$
2	$\beta \leqslant 0.50$	中速运动，$100\text{mm/s} \leqslant v \leqslant 500\text{mm/s}$
3	$\beta \leqslant 0.35$	高速运动，$v > 500\text{mm/s}$

则气缸在作动载输出时其缸径计算如下（以双作用单出杆气缸为例）：

$$D = \sqrt{\frac{4F_1}{\pi(p_1 - p_2)\beta}} \tag{7-21}$$

根据气缸活塞的有效作用面积 $A_{缸}$ 和直径 D，再通过选择合适的活塞和活塞杆直径来确定气缸活塞杆的面积 A' 和直径 d，通常可以按照活塞杆的受力状态和气缸的速度选取。对于单出杆双作用气缸，在伸出和缩回速度比有要求时，杆径比 d/D 还可以按气缸的往返速度比 $i = v_2/v_1$（其中 v_1、v_2 分别为气缸的正反行程速度）的要求来近似确定，然后再校核活塞杆的结构强度和稳定性。需要注意的是，由于气体的可压缩性和推动活塞的力变化比较复杂，想得到准确的运动速度是比较困难的，所以气缸速度只能是一个平均运动速度。

气缸直径 D 和活塞杆直径 d 的最后确定值，还必须根据上述计算值就近圆整成国家标准所规定的标准数值，否则所设计气缸将无法采用标准的密封件。如所设计气缸与标准气缸参数相近，最好选用国产的标准气缸。

7.6.1.4　活塞杆的计算

① 按强度条件计算。当活塞杆受拉力作用时，可按强度条件计算活塞杆直径 d：

$$d \geqslant \sqrt{\frac{4F}{\pi \sigma_p}} \tag{7-22}$$

式中　F——气缸的拉力，N；

σ_p——活塞杆材料的许用应力，Pa，$\sigma_p = \sigma_b / S$；

σ_b——材料的抗拉强度，Pa；

S——安全系数，$S \geqslant 1.4$。

② 按压杆稳定性计算。当活塞杆直径 d 与活塞杆长度 l 之比大于 10，活塞杆承受轴向压缩负载，其压缩负载 F 超过某一临界值 F_k 时，就会失去稳定性，产生永久性弯曲变形。此时应对活塞杆进行压杆稳定性校核。F_k 与缸的安装方式、活塞杆直径及行程有关。

一般在使用时为了保证活塞杆不产生纵向弯曲，活塞杆实际承受的压缩载荷要远小于临界值。

$$F \leqslant \frac{F_k}{n_k} \tag{7-23}$$

式中　n_k——安全系数，一般取 $n_k = 2 \sim 4$。

当活塞杆的长细比 $l/r_k > \psi_1 \sqrt{n}$ 时，则

$$F_k = \frac{n \pi^2 E I}{l^2} \tag{7-24}$$

当长细比 $l/r_k \leqslant \psi_1 \sqrt{n}$，且 $\psi_1 \sqrt{n} = 20 \sim 120$ 时，则

$$F_k = \frac{f A_1}{1 + \frac{\alpha}{n} \left(\frac{l}{r_k}\right)^2} \tag{7-25}$$

式中　l——活塞杆计算长度，m，见表7-7；

r_k——活塞杆横截面最小回转半径，$r_k = \sqrt{I/A}$；

ψ_1——柔性系数，其值见表7-8；

I——活塞杆断面惯性矩；

A——活塞杆截面积；

n——系数，见表7-7；

E——材料弹性模量，对钢取 $E = 2.1 \times 10^{11}$ Pa；

f——材料强度实验值，对钢取 $f = 4.9 \times 10^8$ Pa；

α——系数，其值见表7-8。

若轴向压缩负载力不满足稳定性条件，就应采取相应措施，可以在其他条件（行程、安装方式）不变的前提下加大活塞杆直径 d。

③ 缸筒壁厚的计算。由于缸筒直接承受缸筒内压力，所以厚度有一定要求，须按下列情况进行校核。

当气缸缸筒壁厚与内径之比 $D/\delta > 10$ 时为薄壁，所以通常可按薄壁筒公式计算

$$\delta = \frac{Dp_y}{2\sigma_p} \tag{7-26}$$

式中 δ——气缸筒的壁厚，m；

D——气缸筒内径（缸径），m；

p_y——气缸试验压力，一般取 $p_y = 1.5p$；

p——气缸工作压力，Pa；

σ_p——活塞杆材料的许用应力，Pa，$\sigma_p = \sigma_b/S$；

σ_b——材料抗拉强度，Pa；

S——安全系数，一般取 $S = 6 \sim 8$。

表 7-7　气缸安装方式和末端系数 n 的值

安装方式		安装说明	末端系数 n
		一端自由一端固定	$n = \frac{1}{4}$
		两端铰接	$n = 1$
		一端铰接一端固定	$n = 2$
		两端固定	$n = 4$

表 7-8　f、α、ψ_1 的值

材料	f/MPa	α	ψ_1
铸铁	560	1/1600	80
锻钢	250	1/9000	110
低碳钢	340	1/7500	90
中碳钢	490	1/5000	85

当气缸缸筒壁厚与内径之比 $D/\delta \leqslant 10$ 时为厚壁，可按厚壁筒公式计算

$$\delta = \frac{D}{2}\left(\sqrt{\frac{\sigma_p + 0.4p_y}{\sigma_p - 1.3p_y}} - 1\right) \tag{7-27}$$

气缸缸筒常用材料有：铝合金，其 $\sigma_p = 40$MPa；Q235A 钢管、20 钢管，其 $\sigma_p = 60$MPa；45 钢，其 $\sigma_p = 100$MPa。早期气缸也有使用铸铁 HT150 或 HT200 等，其 $\sigma_p = 30$MPa。

按照公式计算出的缸筒壁厚较薄，由于一般需要机械加工，而且缸筒两端要安装缸盖等，所以缸筒壁厚一般适当加厚，计算圆整后尽量选用标准内径和壁厚的管。表 7-9 所列缸筒壁厚值可供参考。

表 7-9　缸筒壁厚　　　　　　　　　　　　　　　　　　　单位：mm

材料	气缸直径							
	50	80	100	125	160	200	250	320
	壁厚							
铸铁 HT150	7	8	10	10	12	14	16	16
钢 Q235A、45、20 无缝管	5	6	7	7	8	8	10	10
铝合金	8~12			12~14			14~17	

7.6.1.5　缓冲计算

气缸的缓冲计算主要是估计缓冲时缸的制动距离是否满足要求等。缓冲计算中如发现气缸具有的能量不能被完全缓冲吸收时，制动就可能产生活塞和缸盖碰撞现象。所以一般是使缓冲装置容许吸收的能量能抵消活塞运动产生的全部能量，以减小或消除冲击，确保气缸能够正常工作。

气缸在运行至接近行程末端时所具有的全部能量 E_1 包含气压能、动能、摩擦力做功等，可用下式计算（不考虑重力势能）：

$$E_1 = E_d + E_m - E_f \tag{7-28}$$

式中　E_d——作用在活塞上的气压产生的能量（气压能）；

　　　E_m——气缸运动部件的动能；

　　　E_f——摩擦力消耗的能量。

各项能量计算如下

$$E_d = p_p A_p l_c \tag{7-29}$$

$$E_m = \frac{1}{2} m v^2 \tag{7-30}$$

$$E_f = F_f l_c \tag{7-31}$$

式中　p_p——气缸高压工作腔压力，Pa；

　　　A_p——气缸高压工作腔有效工作面积，m^2；

　　　l_c——缓冲行程长度，m；

　　　m——气缸运动部件的质量，kg；

　　　v——活塞运动速度，m/s；

　　　F_f——气缸运动部件所受摩擦力，N。

如缓冲装置为节流口可调式缓冲装置，缓冲过程中，由于排出气体流量受限制，所封闭的缓冲室内的气体被压缩，缓冲腔内压力出现上升情况（其最高值应不大于气缸安全强度所容许的气体压力），从而吸收所需缓冲的能量。由于这个过程可认为是有少量放气的绝热过程，故而缓冲装置容许吸收的能量 E_2 可表示为

$$E_2 = \frac{k}{k-1} p_{c1} V_c \left[\left(\frac{p_{c2}}{p_{c1}} \right)^{\frac{k-1}{k}} - 1 \right] \tag{7-32}$$

式中　p_{c1}——气缸排气背压力（绝对压力），Pa；

V_c——缓冲开始时缓冲腔体积，m^3；

p_{c2}——缓冲腔内最终气体压力，即吸收缓冲的能量最后的气体压力（绝对压力），Pa；

k——气体绝热指数，对空气 $k=1.4$。

对于气缸的缓冲装置的要求是

$$E_1 \leqslant E_2 \tag{7-33}$$

若不能满足上述要求，则可以采取加大缓冲行程 l_c 的方法来达到要求，或采用其他缓冲能力更强的方法进行缓冲。

7.6.1.6 耗气量的计算

气缸耗气量的计算是选择气源供气量的重要依据。气缸的耗气量与气缸的活塞直径 D、活塞杆直径 d、活塞的行程 l、气缸的动作时间及从换向阀到气缸导气管路的容积等有关。气缸单位时间压缩空气消耗量可按下式计算（以单出杆双作用气缸为例）：

活塞杆伸出时空气消耗量： $$V_1 = \frac{\pi D^2 l}{4} \tag{7-34}$$

活塞杆缩回时空气消耗量： $$V_2 = \frac{\pi (D^2 - d^2) l}{4} \tag{7-35}$$

活塞杆往复一次平均耗气量为：

$$q_V = \frac{V_1 + V_2}{t_1 + t_2}$$

也可按下式单独计算气缸伸出或缩回的耗气量：

$$q_{V_1} = \frac{\pi}{4} \frac{D^2 l}{t_1} \tag{7-36}$$

$$q_{V_2} = \frac{\pi}{4} \frac{(D^2 - d^2) l}{t_2} \tag{7-37}$$

式中　q_V——气缸往返运动时每秒钟压缩空气平均消耗量，m^3/s；

　　　q_{V_1}——缸前进时（杆伸出）无杆腔（包括柱塞缸）压缩空气消耗量，m^3/s；

　　　q_{V_2}——缸后退时（杆缩回）有杆腔压缩空气消耗量，m^3/s；

　　　D——气缸内径（柱塞缸的柱塞直径），m；

　　　d——活塞杆直径，m；

　　　t_1——气缸前进（杆伸出）时完成全行程所需时间，s；

　　　t_2——气缸后退（杆缩回）时完成全行程所需时间，s；

　　　l——气缸的行程，m。

在一个循环周期内，如果气缸运动时间为 t_3，气缸静止时间为 t_4，则此气缸的平均耗气量为：

$$q_{V_3} = \frac{t_3 q_V}{t_3 + t_4} \tag{7-38}$$

为选用空气压缩机方便，可按下式将压缩空气消耗量换算为自由空气消耗量：

$$q_{Vz} = \frac{q_{V_3} p}{p_a} \tag{7-39}$$

式中　q_{Vz}——每秒钟自由空气消耗量，m^3/s；

p——气缸的工作压力（绝对压力），Pa；

p_a——标准大气压（绝对压力），$p_a = 1.013 \times 10^5$ Pa。

7.6.1.7　确定气动执行元件时应注意的其他限制问题

① 最低动作压力。

② 气缸活塞杆的压杆稳定性。

③ 输出轴的允许承受的弯曲力矩。

④ 行程末端的允许冲击能量。

⑤ 摆动式执行元件的允许转矩。

⑥ 气动马达允许的无负载转数。

7.6.2　气动控制元件的确定

气动控制元件主要有以下几个类型（表 7-10）。

表 7-10　几种气控元件选用比较

控制方式	电磁气阀控制	气控气阀控制	气控逻辑元件控制
安全可靠性	较好(交流的易烧线圈)	较好	较好
环境适应性 （易燃、易爆、潮湿等）	较差	较好	较好
气源净化要求	一般	一般	一般
远距离控制性、速度传递	好，快	一般，>十几毫秒	一般，几毫秒~十几毫秒
控制元件体积	一般	大	小
元件无功耗气量	很小	很小	小
元件带负载能力	高	高	较高
价格	稍贵	一般	便宜

对于气动控制元件的主要元件气动阀的确定主要应考虑以下几点。首先要考虑其能否满足使用条件，例如工作压力、驱动电源类型、环境温度等；其次重点考虑阀的功能是否满足性能要求，选择合适阀的种类，通常尽量减少阀的种类，应选择标准化系列阀，尽量避免采用专用阀，以降低制造成本、使用维修方便。在选择调压阀、安全阀时首先根据性能要求确定其类型和调压精度。而在选用流量阀时应注意流量控制阀尽量安装在执行元件附近，尽可能采用出口节流调速方式、外加负载应当稳定等。在选择方向控制阀时应注意其工作压力范围、阀的工作位置数、换向时间、最低工作压力和最低控制压力等。再者需要考虑阀的过流能力，这里主要是选择阀的通径，一般根据其所需最大过流量选择通径。最后是安装方式的选择，如板式连接还是螺纹连接等。

一般控制阀的通径可按阀的工作压力与最大流量确定。由表 7-11 初步确定阀的通径，但应使所选的阀通径尽量一致，以便于配管。对于减压阀的选择还必须考虑压力调节范围从而确定其规格。

表 7-11　标准控制阀各通径对应的额定流量

公称通径/mm	$\phi3$	$\phi6$	$\phi8$	$\phi10$	$\phi15$	$\phi20$	$\phi25$	$\phi32$	$\phi40$	$\phi50$
$q/(\text{L} \cdot \text{s}^{-1})$	0.1944	0.6944	1.3889	1.9444	2.7778	5.5555	8.3333	13.889	19.444	27.778
$q/(\text{m}^3 \cdot \text{h}^{-1})$	0.7	2.5	5	7	10	20	30	50	70	100
$q/(\text{L} \cdot \text{min}^{-1})$	11.66	41.67	83.34	116.67	166.68	213.36	500	833.4	1166.7	1666.8

注：额定流量是限制流速在 15~25m/s 范围所测得国产阀的流量。

7.6.3 气源装置选型

气源装置的主要作用是为气动系统各执行元件提供所需要的压缩空气。气源装置的核心设备为空气压缩机,需要其能为系统提供具有一定压力和流量的空气。本节主要介绍空气压缩机的供气量、供气压力以及储气罐容积的计算与选择。

7.6.3.1 空气压缩机的供气量

如果气动系统由 n 个执行元件同时工作,每个执行元件的耗气量为 $q_{V_z}(i)$,那么空压机的总供气量 q 可由下式算得:

$$q = \gamma \alpha_1 \alpha_2 \sum_{i=1}^{n} q_{V_z}(i) \tag{7-40}$$

式中　γ——利用系数;

α_1——漏损系数,$\alpha_1 = 1.15 \sim 1.5$;

α_2——备用系数,$\alpha_2 = 1.3 \sim 1.6$;

q_{V_z}——单个执行元件运动一个周期内的平均自由空气消耗量,m^3/s。

7.6.3.2 空气压缩机的供气压力

空气在管路内流动会产生一定的压力损失,气源压力和回路压力之间的压力差,可根据表 7-12 进行估计。

表 7-12　气源压力与回路压力的关系

变动原因	回路压力的决定
压缩机输出压力	因运转方式不同,常将输出压力变化的下限作为输出压力
配管压力降	由配管阻力造成,其数值可查有关图表
使用端的变化	由于工厂配管使用端的压力时常变化,故把它的最小值作为末端供气压力
减压阀的特性	由其流量特性决定,特别是在一次压力和二次压力差过小和在压力设定范围的下限附近工作时,流量特性较差

空压机的供气压力按下式计算:

$$p_g = p + \sum \Delta p \tag{7-41}$$

式中　p——用气设备使用的额定压力(表压),MPa;

$\sum \Delta p$——气动系统的总压力损失。

在确定供气压力时,还应注意以下几点。

(1) 压缩机的压力级数

常见空气压缩机的压力等级如表 7-13 所示,在确定回路压力时应加以参考。

表 7-13　压缩机的压力等级　　　　　　　　　　　　　单位:MPa

压力等级	压力	压力等级	压力
一般通用压缩机的额定压力	0.7~0.8	往复式二级压缩机上限	2.0~3.0
往复式一级压缩机上限	1.0	高压气体压力	3.0以上
通用压缩机上限	1.4~1.5		

(2) 常见气源压力和回路压力

表 7-14 为压缩机的公称输出压力和回路压力常用匹配压力。

表 7-14　公称输出压力与回路压力选择实例

序号	公称输出压力/MPa	回路压力/MPa
1	0.5	0.3~0.4
2	0.7	0.4~0.55
3	1.0	0.55~0.75
4	1.4	0.75~1.0

7.6.3.3　储气罐容积计算

储气罐的作用是消除空气压缩机排出气体压力脉动，稳定压缩空气气源系统管路中的压力，确保输出气流的稳定性，还能缓解供需压缩空气流量。同时，储气罐还可进一步冷却压缩空气的温度，分离压缩空气中所含油分和水分。

在选择储气罐时，其理论容积计算如下。

① 当空气压缩机或外部管网停止供气，仅依靠储气罐中储存的压缩空气维持气动系统工作一定时间，则储气罐容积 V_1 的计算式为：

$$V_1 \geqslant \frac{p_a q_{V_{max}} t}{60(p_1 - p_2)} \tag{7-42}$$

式中　V_1——储气罐容积，L；

$\quad\quad p_a$——标准大气压，$p_a = 0.1$MPa；

$\quad\quad q_{V_{max}}$——气动系统的最大耗气量（标准状态），L/min；

$\quad\quad t$——储气罐维持系统正常工作的时间，s；

$\quad\quad p_1$——储气罐供气初始压力，MPa；

$\quad\quad p_2$——系统允许最低工作压力，MPa。

② 空气压缩机供气量按气动系统的平均耗气量确定，当气动系统在最大耗气量下工作时，储气罐容积 V_2 的计算式为：

$$V_2 \geqslant \frac{p_a (q_{V_{max}} - q_V) t_p}{60p} \tag{7-43}$$

式中　V_2——储气罐容积，L；

$\quad\quad q_V$——气动系统的平均耗气量（标准状态），L/min；

$\quad\quad t_p$——气动系统在最大耗气量下的工作时间，s；

$\quad\quad p$——气动系统的工作压力（绝对压力），Pa。

其余变量定义与上同。

7.6.4　气动辅助元件选择

气动辅助元件主要有过滤器、排污器、油雾器、消声器、转换器、储气罐、管路及管接头等，选择合适的主要辅助元件也是气动系统设计的重要部分。

7.6.4.1　主要辅助元件选择

① 分水滤气器。分水滤气器的选择主要由过滤精度需求而定。对于一般气动回路、普通气缸、膜片元件、截止阀等要求过滤精度≤50~75μm，叶片式气动马达、振动工具等有相对运动的情况或一般仪表取过滤精度≤20μm，气控硬配滑阀要求过滤精度≤10μm，对于气动量仪、射流元件、气浮轴承等气控回路过滤精度≤5μm。

分水滤气器的通径一般由其过流流量确定（查表 7-11），且与减压阀相同。

② 油雾器。普通油雾器主要用于一般气阀、气缸的润滑，油雾器的选择主要根据气动装置所需额定空气流量和油雾粒径大小来定。当油雾器与减压阀、分水滤气器作为气动三联件串联使用时，三者通径需一致。

③ 消声器。常见消声器有吸收型、膨胀干涉型和膨胀干涉吸收型。吸收型消声器主要用于消除中、高频噪声；膨胀干涉型消声器主要用于消除中、低频噪声；膨胀干涉吸收型消声器综合上述两种消声器的特点，消声效果好，低频可消声 20dB、高频可消声 45dB 左右。实际选用时可根据工作场合需求选用不同类型的消声器，其通径由其过流流量确定，由于气压传动中主要用的是阻性消声器，在选择时要考虑其压降不能太大。

④ 转换器。主要有气-电、电-气、气-液转换器，可根据工作性能需求选用不同类型的转换器。

⑤ 储气罐。储气罐容积计算见上节，可以根据计算结果选择标准容积与耐压强度的储气罐。

⑥ 磁性开关、压力开关、流量开关。可根据具体回路特点和逻辑功能选用。

7.6.4.2 确定管路直径、计算压力损失

① 系统管路的内径可根据满足该段流量的要求，同时考虑和已经确定的控制元件通径相一致的原则初步确定。为了防止管内压力损失过大，可采用下式对管路内径 d 进行验算，确保其能满足流量流速要求。

$$d \geqslant \sqrt{\frac{4q}{\pi v}} \tag{7-44}$$

式中　d——管路内径，m；

　　　q——压缩空气在管路内的体积流量，m^3/s；

　　　v——压缩空气在管路内的流速，m/s。

一般压缩空气在厂区管路内流速为 8～10m/s，用气车间内的流速 10～15m/s。一般流速有如下限制：15A 以下的小通径管路为 20m/s 以下，15A 以上管路为 30m/s 以下。

初步确定管径后，要在验算压力损失后选定管径。

② 压力损失的验算。压缩气体流过气动元件、管路到执行元件会有一定压力损失。压缩气体通过各种元件、辅件到执行元件的总压力损失须满足以下条件才能使执行元件正常工作。

$$\sum \Delta p \leqslant \left[\sum \Delta p \right] \tag{7-45}$$

$$\sum \Delta p = \sum \Delta p_1 + \sum \Delta p_p \tag{7-46}$$

式中　$\sum \Delta p$——总压力损失，各沿程损失之和 $\sum \Delta p_1$ 和各局部损失之和 $\sum \Delta p_p$；

　　$\left[\sum \Delta p \right]$——允许总压力损失，一般流水线范围<0.01MPa，车间范围<0.05MPa，工厂范围<0.1MPa。

实际在计算总压力损失时，如系统管路内壁粗糙度不大，不是特别长（一般 l<100m），沿程损失 $\sum \Delta p_1$ 可以不单独考虑，只需将总压力损失值的压力损失修正系数 $K_{\Delta p}$ 稍予加大即可。

局部损失 $\sum \Delta p_p$，包含流经的 L 形、T 形弯头，变径等连接件的损失 $\sum \Delta p_{p1}$，此部分通常相对较小，所以一般只考虑压缩气体通过气动元件、辅件的压力损失 $\sum \Delta p_{p2}$，将压力损失修正系数 $K_{\Delta p}$ 稍予加大即可。因此一般可用下式计算：

$$K_{\Delta p} \sum \Delta p_{p2} \leqslant \left[\sum \Delta p\right] \tag{7-47}$$

式中 $\sum \Delta p_{p2}$——流经各气动元件、辅件的总压力损失，具体见表 7-15；

$K_{\Delta p}$——压力损失修正系数，$K_{\Delta p}=1.05\sim1.3$，当管路较长、较复杂时可取大值。

当总压力损失 $\sum \Delta p > [\sum \Delta p]$，须加大管径或优化管路布置，以降低总压力损失，直到 $\sum \Delta p < [\sum \Delta p]$ 为止。

表 7-15 通过气动元件、辅件的压力损失 $\sum \pmb{\Delta p_{p2}}$　　　　　单位：MPa

元件名称			公称通径/mm									
			$\phi3$	$\phi6$	$\phi8$	$\phi10$	$\phi15$	$\phi20$	$\phi25$	$\phi32$	$\phi40$	$\phi50$
			额定流量下压力损失≤									
方向阀	换向阀	截止阀	0.025		0.022		0.015		0.01		0.009	
		滑阀	0.025		0.022		0.015	0.01	0.009	—		
	方向型控制阀	单向阀、梭阀、双压阀	0.025	0.022	0.02	0.015	0.012		0.01		0.009	0.008
		快排阀 P→A	—	0.022	0.02		0.012		0.01		0.009	0.008
	脉冲阀、延时阀		0.025				—					
流量阀	节流阀		0.025	0.022	0.02	0.015	0.012		0.01			0.008
	单向节流阀 P→A		0.025					0.02				
	消声节流阀			0.02	0.012		0.01		0.009			
压力阀	单向压力顺序阀		0.025	0.022	0.02	0.015	0.012	—		—		
辅件	分水滤气器过滤精度/mm	25	—		0.015			0.025		—		
		75			0.01			0.02		—		
	油雾器		—		0.015			—				
	消声器		0.022	0.02	0.012		0.01		0.009	0.008		0.007

注：其他元件、辅件可通过实验或按表中各件压力损失类比选定。

7.7　气动系统设计时应注意的问题

在气动系统设计时，应注意以下几个问题：

① 充分了解系统设计要求，对其工况应深入分析，尽量使其功能明确，只有明确的设计任务才会使系统设计更优，才能生产出更符合要求的产品。

② 在满足工作要求和生产率的前提下，应使系统尽量简化，回路设计采用尽量少的环节，系统越复杂，产生故障的机会就越多。

③ 应充分考虑系统的安全性和维修性，对有严格顺序动作要求的执行元件应采用行程控制的顺序动作回路，对于行程范围等要采取一定安全措施，设计时在结构布局上应使其便于维护，以节省故障维修时间和成本。

④ 尽量做到设计的标准化和系列化，减少特殊专用件的使用和设计，批量较大的产品还应考虑其零部件的保障性。

第8章　工件夹紧气动系统设计

工件夹紧气动系统是机械加工自动线和组合机床中常用的夹紧装置的驱动系统。本章将以工件夹紧气动系统设计为例,介绍工件夹紧气动系统的设计方法和设计过程,其中包括工件夹紧系统的设计要求、工况分析、主要参数确定、气动系统原理图拟订以及气动元件选择等。

工件夹紧气动系统是以通用部件为基础,由按照工件特定外形和加工工艺设计的专用部件和夹具组成的,常应用于组合机床中夹紧装置驱动系统。相较于常用的液压系统,气动系统具有成本低、易于控制、动作迅速、便于现有机器设备的自动化改装等优势。某机床夹具气动夹紧系统结构简图如图 8-1 所示。夹具气动系统可以高效快速完成对工件的定位、固定以及加工,广泛应用于各种加工生产线中。

图 8-1　某气动夹具实物图

8.1　工件夹紧气动系统的设计要求

8.1.1　工件夹紧气动系统的工作要求

在工件夹紧气动系统工作过程中,其工况要求主要体现在气动回路和工件加工要求。本工件夹紧气动系统设计案例中,气动回路的定位回路与夹紧回路要按照规定的"定位→夹紧→工件加工→恢复原位停止"的工序进行气路控制,工件的定位与夹紧满足对夹紧力、定位精度的需求,其工作示意图如图 8-2 所示。

工件加工过程中,要精心调整,避免因线接触而造成工件侧面压痕;每次加工后,必须清理掉工件夹紧气动系统上的废屑，避免产生定位误差。

若此系统与机械手配合使用时，气缸需带前后附磁，而且系统需要设置可编程控制器（PLC）和触摸屏，夹具需与机械手通信，以达到自动装夹和上、下料的目的。

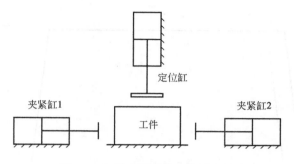

图 8-2　气动夹紧系统工作示意图

8.1.2　设计参数和技术要求

工件夹紧气压传动系统是机械加工自动线和组合机床中常用的夹紧装置的驱动系统，例如机床夹具的气动夹紧系统。设计一个工件夹紧传动系统，气动系统完成的工作循环是：定位→夹紧→工件加工→恢复原位停止。即本设计案例的动作循环是：当工件运动到指定位置后，定位缸的活塞杆伸出，实现对工件的定位，将工件定位后两侧两个夹紧缸的活塞杆同时伸出，从两侧面对工件夹紧，然后再进行对工件的切削加工。加工完成后，各气缸活塞杆复位，将工件松开。

本设计实例的设计参数：定位回路与夹紧回路所用气缸的活塞杆运动动作时间为 0.5s，工作行程 100mm，夹紧缸输出力 $F_1 = 1000N$，定位缸输出力 $F_2 = 500N$。

8.2　工况分析

在明确气动系统的各项技术要求后，需要对其进行工况分析，即对气动系统所要驱动负载的运动参数和动力参数进行分析，运动分析可以绘制动作时序图（位移-步骤图）作为设计依据，动力分析是对负载的受力分析，这是确定气动系统设计方案、执行元件主要参数以及选择元件的依据。

8.2.1　确定执行元件

气动执行元件分为气缸和气动马达两大类。气缸用于实现直线往复运动或摆动，输出力和直线或摆动位移；气动马达用于实现连续回转运动，输出力矩和角位移。工件夹紧气压传动系统的工作特点是要求气动系统主要完成直线运动，因此气动系统的执行元件确定为气缸。

8.2.2　运动分析

运动分析就是根据工艺要求确定整个工作周期中气动系统负载的位移随时间的变化规律，所设计的工件夹紧气动系统中，定位回路与夹紧回路所用气缸的活塞杆运动平均速度为

100mm/s，气缸活塞杆在进给位移过程中匀速伸出，接触后停止，完成进给过程，即对工件的定位与夹紧；快退过程中，气缸活塞杆匀速退回。一个工作循环内气缸活塞杆位移-时间曲线如图 8-3 所示。

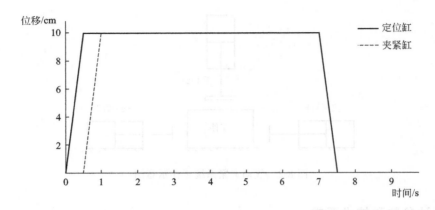

图 8-3　工作循环中气缸活塞杆位移-时间曲线

本气动夹紧系统绘制如图 8-4 所示的气缸动作时序图，根据气缸动作时序图可以看出气缸的个数和各气缸的运动顺序，这是在系统设计中执行元件动作设计的主要依据。同时对于负载运动速度和运动时间有要求的场合，还需要考虑负载的运动学特性和动力学特性，根据需求确定气缸运动速度以及运动时间。

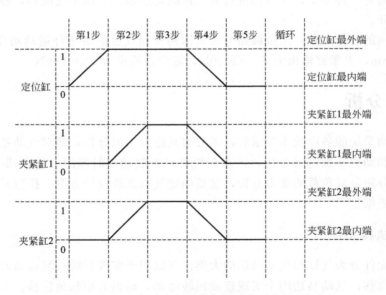

图 8-4　气动夹紧系统气缸动作时序图

8.2.3　动力分析

动力分析主要是研究系统工作过程中，其执行机构的受力情况，又称为负载分析。对气动系统来说，系统承受的负载可以由理论分析确定，也可以通过样机实验来测定。用理论分析方法确定气动系统的工作机构负载时，必须考虑到所受到的各种力或力矩的作用，各工况下要考虑的负载主要包括工作负载、惯性负载、机械摩擦阻力负载、感应负载等。

所设计的工件夹紧气动系统实例中，气缸活塞杆末端连接夹具质量所引起的惯性负载相比于夹紧力很小，可忽略不计，故本案例中，要考虑的负载为工作负载。根据设计要求，夹紧缸负载值即为夹紧力 1000N，定位缸负载值即为 500N。在工作循环中，仅在工件夹紧定位时负载值为 1000N 和 500N。

通过上述分析，为后续的设计提供了依据。

8.3　确定主要技术参数

在这一设计阶段确定气动系统的主要技术参数是指确定气动执行元件的回路压力，通常是先选定执行元件的工作压力，然后根据工作压力确定气缸的主要参数。

8.3.1　确定工作压力

回路压力是气动系统的最主要的技术参数，气动回路压力的选定是否合理，直接关系到整个系统设计的合理程度。选择气动回路压力主要考虑的是气动系统元件的重量和经济性之间的平衡，在系统功率已确定的情况下，如果回路压力选得过低，则气动元件、辅件的尺寸和重量就增加，系统造价也相应增加；如果回路压力高，则气动执行元件——气缸的活塞面积（或气动马达的排量）小、重量轻，设备结构紧凑，系统造价会相应降低。但是如果回路压力选择过高，则对管路、接头和元件的强度以及对制造气动元件、辅件的材质、密封、制造精度等要求也会大大提高，有时反而会导致气动设备的重量和成本的增加以及系统效率和使用寿命的下降。

根据工件夹紧气动系统动力分析可知，工作循环中，负载值最大为 1000N，根据参考，按照负载大小或按照气动系统应用场合来选择工作压力的方法，初选气缸的工作压力 $p_1 = 0.5\text{MPa}$。

8.3.2　确定气缸安装、润滑形式

气动执行元件安装形式通常要考虑活塞杆与构件连接处的同轴度及工作性能、具有合适的安装和缓冲调整空间、执行元件和负载的连接构件结构简单这几个方面。根据本工件夹紧系统案例的实际工况，确定气缸的安装形式为缸体固定、活塞杆自由。

气动执行元件的润滑形式一般分为给油式、无给油式和无润滑式三种。无给油润滑是指压缩空气中不含油雾，相对运动件之间的润滑是靠预先在密封圈内添加的润滑脂来保证。根据本工件夹紧系统案例的实际工况，采用无给油式的润滑方式。

8.3.3　确定气缸主要尺寸

对于静载为主的输出，也即气缸在运动过程中负载力较小，直到接触工件后输出负载推力才升高到需求夹紧力。由于气体具有可压缩性，通常气缸的理论输出力会有一定变化，尤其是在气缸运动过程中受力情况下，实际输出力的效率会出现很大下降。所以对于气缸做动载输出时，为了保证气缸的运动速度，需要考虑气缸负载率问题。

气缸负载率与其负载运动状态有关，根据夹紧工况可知，本案例中气缸负载的运动状态为静载荷，气缸负载率影响较小，而气缸的效率问题是主要考虑对象。综合考虑，气缸负载

率取值应偏大些,这里取负载率 $\beta=0.7$。

普通单杆双作用气缸的理论推力为:

$$F_0 = \frac{\pi}{4}D^2 p \tag{8-1}$$

式中　F_0——气缸理论推力,N;

　　　D——气缸缸径,mm;

　　　p——气缸工作压力,MPa。

气缸实际推力为:

$$F = F_0\beta \tag{8-2}$$

式中　F——气缸的拉力,N。

因此,根据气缸输出力和初选工作压力可以求得缸径:

$$D = \sqrt{\frac{4F}{p\pi\beta}} \tag{8-3}$$

带入夹紧缸负载力 1000N,工作压力 0.5MPa,可得出夹紧缸缸径 $D_1=60.33$mm,按气缸公称直径,取整为 63mm。

同理可得定位缸缸径 $D_2=42.66$mm,按气缸公称直径,取整为 50mm。

在气缸工作过程中,活塞杆最好受拉力,但是在很多场合,活塞杆是承受推力负载,细长杆件受压往往会产生弯曲变形,因此需要进行强度校核和稳定性校验,本案例即为推力作用的工况。但是除了在特殊运用场合气缸需要自行设计外,大多数情况下是可以选取标准缸的,并且标准缸在不额外增加杆长的情况下,是不需要进行强度校核和稳定性校验的。因此可根据缸径和行程,选择夹紧缸为某公司的单杆双作用缸 MBB63G-100Z,定位缸为某公司的单杆双作用缸 MBB50G-100Z。

8.4　拟订气动系统原理图

气动系统是由气源、控制元件、执行元件和辅助元件构成,完成规定动作的气动装置。由于采用的元件和连接方式不同,气动系统可实现各种不同的功能,而任何复杂的气动控制回路,都可以通过选择气动基本回路进行组合并根据需求进行优化来设计。

工件夹紧气动系统原理图如图 8-5 所示。其工作原理为用脚踏下元件 9 脚踏阀,压缩空气进入气控换向阀①的左侧控制腔,使其阀芯处于左位,压缩空气经单向节流阀①进入定位缸的无杆腔,活塞杆伸出实现定位功能。当定位缸伸出压下元件 4 机控换向阀时,压缩空气经元件 7 脚踏阀到达气控换向阀②的右侧控制腔,使其克服弹簧力处于右位,然后压缩空气经单向节流阀②进入夹紧缸的无杆腔,活塞杆伸出从而夹紧工件。

当工件加工完成时,踏下元件 7 脚踏阀,使气控换向阀②右腔的控制压力断开,在弹簧力的作用下恢复左位,压缩空气经单向节流阀②进入夹紧缸的有杆腔,夹紧缸活塞杆退回;同时压缩空气经脚踏阀的左位到达气控换向阀①的右侧控制腔,使其换到右位工作,压缩空气经单向节流阀①进入定位缸的无杆腔,使活塞杆退回,当活塞杆退回时元件 4 机控换向阀复位,使处于气控换向阀①右腔控制压力断开,为下一次循环做准备。

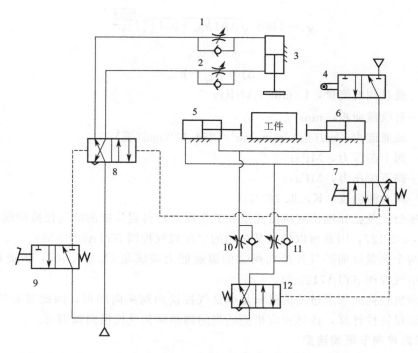

图 8-5　机床夹具气动夹紧系统原理图

1，2—单向节流阀①；3—定位缸；4—机控换向阀；5，6—夹紧缸；7，9—脚踏阀；
8—气控换向阀①；10，11—单向节流阀②；12—气控换向阀②

8.5　气动元件选择

8.5.1　气动阀类元件选择

8.5.1.1　最大耗气量计算

　　最大耗气量是气缸以最大速度运动时所需要的空气流量，计算公式为：

$$q_c = 0.0465 D^2 u_m (p+0.1013) \tag{8-4}$$

式中　q_c——最大耗气量，L/min（ANR）；

　　　　D——气缸缸径，cm；

　　　　u_m——气缸的平均速度，mm/s；

　　　　p——气缸的工作压力，MPa。

　　取平均速度为 200mm/s，根据上述公式计算得定位缸所需流量 q_{c1}＝139.8L/min，每个夹紧缸所需流量 q_{c2}＝221.95L/min，而夹紧缸为两个同时动作，因此阀口所需流量为两倍的夹紧缸耗气量，为 443.9L/min。

8.5.1.2　回路换向阀选型

　　通常，用有限面积 S 值或通流能力 C_V 值来表示阀的流通能力。已知 S 或 C_V 值可按下式计算通过阀的流量。假定阀上游压力为 0.6MPa，下游压力为 0.5MPa。

$$q_a = 248S \sqrt{\Delta p (p_{dn} + 0.1)} \sqrt{\frac{293}{T}} \tag{8-5}$$

又
$$S = 18C_V \tag{8-6}$$

$$\Delta p = p_{up} - p_{dn} \tag{8-7}$$

式中　q_a——通过阀的流量，L/min（ANR）；

　　　S——有效截面积，mm^2；

　　　C_V——流通能力，gal(美)/min，$1m^3 = 264.1720$gal(美)；

　　　p_{up}——阀上游压力，MPa；

　　　p_{dn}——阀下游压力，MPa；

　　　T——阀上游温度，K，取293K。

根据上述公式及已知定位缸所需流量和工作压力可得定位缸前的气控换向阀①的流通能力应满足 $C_V \geq 0.127$，因此可以选择某公司的二位双气控阀 SYJA5220-M5。

同理，两个夹紧缸前的气控换向阀②的流通能力应满足 $C_V \geq 0.406$，因此可以选择某公司的二位单气控阀 SYJA7120-01。

脚踏阀和机控换向阀通过的流量只是满足气控换向阀换向即可，因此需要的流量很小，不需要进行流量特性计算，选择相应机能适当的脚踏阀和机控换向阀即可。

8.5.1.3　回路单向节流阀选型

选择单向节流阀需要根据其控制的气缸缸径和对气缸速度变化范围的要求，计算出所需控制流量的范围；然后从产品样本上对照流量特性曲线，选择阀的规格，即控制流量范围应处于速度控制阀的节流特性曲线的流量范围内，最大控制流量应小于节流阀全开时的流量。如果系统要求速度匀速调节，则选择流量特性曲线线性度好的。如要求能微调，则流量特性曲线不宜太陡，即应该变化平缓些，但曲线过于平坦，会出现调节死区。图8-6所示为流量特性曲线示例。

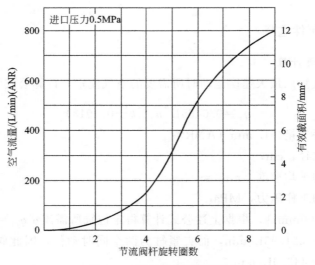

图 8-6　流量特性曲线示例

在定位缸前的两个单向节流阀，要求工作压力 0.5MPa 下流量不小于 139.8L/min；在夹紧缸前的两个单向节流阀，要求工作压力 0.5MPa 下流量不小于 443.9L/min。

8.5.2　辅助元件选择

考虑到膨胀干涉型消声器主要用于消除中、低频噪声，膨胀干涉吸收型消声器综合上述两种消声器的特点，本案例中由于单向节流阀②前的流量较大，选择某公司的 AN101-01，其余部分选择某公司的 AN120-M5。

管接头在本案例可以选择卡套式有色金属管接头，具体通径根据阀口及管子直径确定。

8.5.3　确定管路直径

在该设计实例中，考虑到是在机床上短距离输送压缩空气并且考虑经济、轻便、拆装方便等特点，应选择非金属管。管路的内径可根据满足该段流量的要求，同时考虑和已经确定的控制元件通径相一致的原则初步确定。根据管路长度和有效横截面积可选出尼龙管的管径规格，在单向节流阀②前的管路，根据前边求得的有效横截面积 $S \geqslant 7.3\text{mm}^2$ 和管路长度 2m，查图 8-7 所示尼龙管的有效截面积图并考虑各元件的阀口直径，可得管径取 $\phi10\times\phi7$，同理，其余管路管径可以取 $\phi6\times\phi4$。

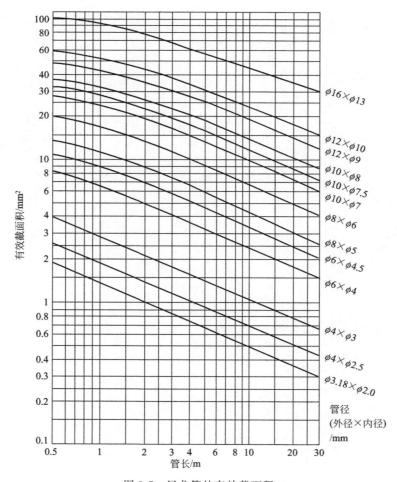

图 8-7　尼龙管的有效截面积

8.6 设计经验总结

工件夹紧气动系统的要求是具有可靠的顺序动作和行程控制性能、成本低、效率高，通过本设计实例，对加工机械气压系统的设计方法和设计经验总结如下。

为保证顺序动作或行程控制的可靠性，可采用行程阀、行程开关等多种顺序控制和行程控制方式，通过调节气缸缸腔容量和节流阀，实现工作循环。

与此同时，应充分考虑系统的安全性和维修性，对有严格顺序动作要求的执行元件应采用行程控制的顺序动作回路，对于行程范围等要采取一定安全措施，设计时在结构布局上应使其便于维护，以节省故障维修时间和成本。

第9章 气动计量系统设计

在工业生产中，经常遇到对传送带上连续供给的粒状物料进行计量、分装的问题。本章将以粒状物料计量系统为例，介绍气动计量系统的设计方法和设计步骤，其中包括气动计量系统的组成、工况分析、主要参数确定、气动原理图的拟订、气动元件的选择以及系统性能验算等。完成一套能够自动对物料进行计量分装装置设计，其可以适用于很多生产场合，减小劳动强度，降低生产成本。

9.1 气动计量系统的设计要求

9.1.1 气动计量系统组成及工作原理

粒状物料计量系统主要由 3 个行程阀、1 个计量缸、1 个止动缸、传送带和计量箱组成（图 9-1）。计量缸 A 用于操纵计量箱的装料与卸料，止动缸 B 用于操纵传送带的启动与停止。两执行元件的工作程序为：打开开关做好计量准备→物料落入计量箱→传送带暂停→计量箱卸料→延时→计量箱复位→传送带工作→物料再次落入计量箱。如此循环往复完成物料的自动计量与包装。

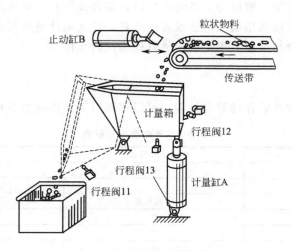

图 9-1 气动计量装置示意图

装置的动作原理如下：气动装置在停止工作一段时间后，因泄漏气缸活塞会在计量箱重力的作用下缩回，因此首先要有计量准备动作使计量箱到达图示位置。随着物料落入计量箱中，计量箱的质量不断增加，气缸 A 慢慢被压缩。计量的质量达到设定值时，气缸 B 伸出，暂时暂停物料的供给。计量缸换接高压气源后伸出把物料卸掉。经过一段时间的延时后，计量缸缩回，为下次计量做好准备。

9.1.2 气动计量系统的工作要求

此气动计量装置主要应用于粒状物料的配料及分装，且能在高温、多尘等恶劣环境下工作。对于此系统的执行元件，需要完成的动作为直线往复运动，即止动缸的阻止物料下落动作和计量缸的伸缩牵引计量箱的动作。气缸运动的平稳性和精确性无较高的要求，但是需要执行元件较大的操作力。对于阀控元件，所需要完成的任务为在高温、多尘的条件下，精确地传达每一个电信号，并且要求阀控主机有一定的抗振动、抗冲击能力。这样才能使气动计量系统准确无误地完成粒状物料的配料及分装工作。

此气动计量装置的工作循环为：打开开关做好计量准备→物料落入计量箱→传送带暂停→计量箱卸料→延时→计量箱复位→传送带工作→物料再次落入计量箱。

9.1.3 设计参数和技术要求

本设计实例的设计参数为：高压气源提供气压为 0.6MPa，低压气源提供气压为 0.1MPa，气缸效率为 80%，负载率为 0.55，最后计量的物料质量为 200kg（包含计量箱）。

技术要求为在较低成本下，设计一个气动计量装置，其能在高温、多尘的情况下准确地完成粒状物的配料以及分装工作。

9.2 工况分析

9.2.1 确定执行元件

气动执行元件的类型一般应与主机动作协调，即直线往复运动选用气缸，回转运动选用气动马达，往复摆动运动选用摆动马达或者摆动缸。此气动计量装置要求执行元件完成直线往复运动，故止动装置与计量装置均选用气缸作为执行元件。

9.2.2 动力分析

将计量缸伸缩过程都看作准静态过程，可以得到以下元件动力分析列表（表 9-1）。

表 9-1 气缸动力分析表

工况时段	止动缸负载	计量缸负载
计量准备	0	计量缸重量
物料落入计量箱	0	计量缸重量与物料重量
传送带暂停	摩擦负载	计量缸重量与物料重量
计量箱卸载	0	计量缸部分重量
延时	0	计量缸部分重量
计量箱复位	0	计量缸重量
传送带工作	摩擦负载	计量缸重量与物料重量

9.2.3 运动分析

气动计量系统的工作循环为：打开开关做好计量准备→物料落入计量箱→传送带暂停→计量箱卸料→延时→计量箱复位→传送带工作→物料再次落入计量箱。取计量缸 A 伸缩时间与回路中的气容放气时间一致，均为 5s。求得的计量缸行程，取止动缸行程为 20mm，可得到双作用缸动作时序图（图 9-2）。

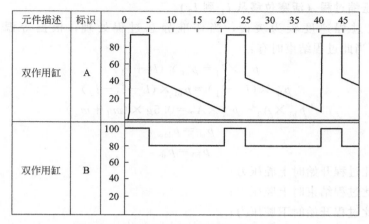

元件描述	标识	0　5　10　15　20　25　30　35　40　45
双作用缸	A	
双作用缸	B	

图 9-2　双作用缸动作时序图（单位：mm）

由图 9-2 可知，缸 A 的初始状态为缩回，因为不工作期间缸 A 会因计量箱重力作用缩回。缸 B 初始状态为缩回压下行程阀 B_0。工作开始后，B 缸立刻伸出卡住传送带，约 1s 时按下启动按钮，A 缸完全伸出倾倒物料并延时几秒钟以求倾倒彻底。之后，约 5s 后 A 缸缩回至复位状态准备计量时，B 缸缩回传送带开始传送物料，A 缸继续缩回并进行计量过程，约 21s 时计量结束。然后，B 缸伸出阻挡物料运动，暂停物料传递，至此完成一个工作循环。

9.3　确定主要技术参数

9.3.1　确定工作压力

由系统原理可知，计量缸动作主要由三个部分组成：低压气源使活塞杆回程；等温压缩（物料持续增加）；高压气源使活塞杆推出，完成卸载。现做出如下假设，计量缸行程为 L，即初始位移为 L（完全推出状态）；低压回程阶段，气缸位移从 L 到 l_1，此时触发行程开关 12，开始准备计量，计量过程气缸位移从 l_1 变化到 l_2，此时触发行程开关 13，计量结束，主控阀 4 接通高压气源将活塞杆推出。

9.3.1.1　低压缩回阶段（活塞位移从 L 到 l_1）

此时，计量缸 A 上腔（从示意图中看）接通低压气源，下腔节流调速，假设此阶段速度很缓慢，当作准静态过程处理。假定计量箱质心在支点与气缸中心位置，忽略计量箱角度变化，此过程结束时，根据力矩平衡，则有：

$$p_{low} \times A_2 + 0.5 m_1 \times g = p_b \times A_1 \tag{9-1}$$

式中　m_1——计量箱的质量；

p_{low}——计量缸低压腔压强；

A_2——计量缸低压腔活塞面积；

g——重力加速度；

p_b——计量缸工作压强；

A_1——计量缸高压腔活塞面积。

9.3.1.2 等温压缩过程（活塞位移从 l_1 到 l_2）

同样认为此过程速度较为缓慢，当作准静态过程处理，根据等温过程计算公式 $pV=$ constant，当此过程结束时有：

$$p_{a0} \times l_1 = p_{a1} \times (l_1 + l_2) \tag{9-2}$$

$$p_{b0} \times (L - l_1) = p_{b1} \times (L - l_1 - l_2) \tag{9-3}$$

$$p_{b1} \times A_1 - p_{a1} \times A_2 = 0.5g \times (m_1 + m_2) \tag{9-4}$$

$$p_{a0} = p_{low} \tag{9-5}$$

$$p_{b0} = p_b \tag{9-6}$$

式中　p_{a0}——此过程开始时上腔压力；

p_{a1}——此过程结束时上腔压力；

p_{b0}——此过程开始时下腔压力；

p_{b1}——此过程结束时下腔压力；

m_2——最后计量的物料质量。

9.3.1.3 高压卸载过程

气缸最后要推举质量为 $m_1 + m_2$ 的重物，普通单杆双作用气缸的理论推力为：

$$F_0 = \frac{\pi}{4} D^2 p \beta \tag{9-7}$$

又有 $\alpha = \dfrac{F}{F_0} \times 100\%$，则此过程需满足：

$$p_{high} \times A_1 \times \beta \geqslant 0.5g \times (m_1 + m_2) \tag{9-8}$$

式中　p_{high}——高压气源；

β——气缸负载率；

F_0——气缸理论推力；

F——气缸实际推力。

根据以上五个基本方程和给出的设计参数，可以求得气缸活塞直径 $D=6.21$cm，圆整为 8cm，活塞杆直径近似取为 $d = D \times 0.3 = 2.4$cm。

再通过方程（9-1）求得 $p_b = 0.214$MPa，取 $l_1 = 41.4$cm，气缸初始位移 $L = 90$cm，联立方程（9-2）、（9-3）、（9-4）可以计算得到 $l_2 = 21.4$cm。

最后验算等温压缩过程结束时上下两腔压力：

$$p_{a1} = 0.164\text{MPa}$$

$$p_{b1} = 0.332\text{MPa}$$

9.3.2 确定气缸主要尺寸

在确定工作压力这一点中，我们已经得到气缸活塞直径 $D = 6.21$cm，查阅标准缸筒内径系列表，选取缸筒内径为 8cm。活塞杆直径近似取为 $d = D \times 0.3 = 2.4$cm。查阅标准活塞杆直径系列表，选取活塞杆直径为 28mm。

9.3.3 确定气缸安装形式与润滑形式

气动执行元件安装形式通常考虑以下几点来确定。

① 活塞杆与构建连接处的同轴度及工作性能。

② 具有合适的安装和缓冲调整空间。

③ 执行元件和负载的连接构件结构简单。

气动执行元件的润滑形式一般分为给油式、无给油式和无润滑式三种。由于粒状物料计量系统需要很长的工作寿命且为高负载工况，本气缸采用给油式。对于给油式而言，要考虑油雾器到执行元件之间的配管长度，一般控制在 1m 之内。若长度过长则选择微雾选择式。

9.3.4　确定活塞杆上的输出力

气缸的活塞杆上的输出力可由式(9-9) 计算得出：

$$F = (p_1 - p_2) A_{缸} - F_f - ma \tag{9-9}$$

式中　p_1——气缸输入侧压力；

　　　p_2——气缸输出侧压力；

　　　$A_{缸}$——气缸作用面积；

　　　F_f——气缸内部摩擦力；

　　　m——气缸运动构件质量；

　　　a——气缸运动构件加速度。

式(9-9) 也可以简化为：

$$F = (p_1 - p_2) A_{缸} \beta \tag{9-10}$$

上文已知气缸等温等压过程结束后，$p_1 = 0.332\text{MPa}$，$p_2 = 0.164\text{MPa}$，$\beta = 0.55$，$D = 80\text{mm}$，$d = 28\text{mm}$。可计算得出 $F = 592.8\text{N}$。

9.3.5　活塞杆的压杆稳定性计算

当活塞杆直径 d 与活塞杆长度 l 之比大于 10，活塞杆承受轴向压缩负载，其压缩负载 F 超过某一临界值 F_k 时，就会失去稳定性，产生永久性弯曲变形。此时应对活塞杆进行压杆稳定性校核。F_k 与缸的安装方式、活塞杆直径及行程有关。

一般在使用时为了保证活塞杆不产生纵向弯曲，活塞杆实际承受的压缩载荷要远小于临界值。

$$F \leqslant \frac{F_k}{n_k} \tag{9-11}$$

式中　n_k——压杆安全系数，一般取 $n_k = 2 \sim 4$。

当活塞杆的长细比 $l/r_k > \psi_1 \sqrt{n}$ 时，则

$$F_k = \frac{n\pi^2 EI}{l^2} \tag{9-12}$$

当长细比 $l/r_k \leqslant \psi_1 \sqrt{n}$，且 $\psi_1 \sqrt{n} = 20 \sim 120$ 时，则

$$F_k = \frac{fA_1}{1 + \frac{\alpha}{n}\left(\frac{l}{r_k}\right)^2} \tag{9-13}$$

式中　l——活塞杆计算长度，取 150 mm；

　　　r_k——活塞杆横截面最小回转半径，$r_k = \sqrt{I/A}$；

ψ_1——柔性系数；

I——活塞杆断面惯性矩，计算公式为 $I_x = I_y = \dfrac{\pi D^4}{64}$；

A——活塞杆截面积；

n——压杆系数；

E——材料弹性模量，对钢取 $E = 2.1 \times 10^{11}\,\text{Pa}$；

f——材料强度实验值，对 45 钢取 $f = 4.9 \times 10^8\,\text{Pa}$；

A——材料系数。

可得出：$n = \dfrac{1}{4}$；$\alpha = \dfrac{1}{9000}$；$\psi_1 = 110$；惯性矩计算得到为 0.2×10^{-6}；$A = 0.005\,\text{m}^2$；最小回转半径 $r_k = 0.006\,\text{m}$。故压杆细长比 $l/r_k = 25 < \psi_1\sqrt{n}$，且 $\psi_1\sqrt{n} = 55$。

故：

$$F_k = \frac{fA_1}{1 + \dfrac{\alpha}{n}\left(\dfrac{l}{r_k}\right)^2} = 9.8 \times 10^5\,\text{N} \gg 592.8\,\text{N} \tag{9-14}$$

所以压杆稳定性校验完毕，活塞杆完全符合使用要求。

9.3.6 缸筒壁厚的计算

由于缸筒直接承受缸筒内压力，所以对厚度有一定的要求，现在进行校核运算。

当气缸缸筒壁厚与内径之比 $D/\delta > 10$ 时为薄壁，所以通常可按薄壁筒公式计算：

$$\delta = \frac{Dp_y}{2\sigma_p} \tag{9-15}$$

式中 δ——气缸筒的壁厚，m；

D——气缸筒内径（缸径），m；

p_y——气缸试验压力，一般取 $p_y = 1.5p$；

p——气缸工作压力，Pa，$p = 0.214\,\text{MPa}$；

σ_p——活塞杆材料的许用应力，Pa，$\sigma_p = \sigma_b/S$；

σ_b——材料抗拉强度，Pa；

S——安全系数，一般取 $S = 6 \sim 8$。

这里选取缸筒材料为铝合金，其 $\sigma_p = 40\,\text{MPa}$。

所以计算得到：

$$\delta = \frac{Dp_y}{2\sigma_p} = 0.00032\,\text{m} \tag{9-16}$$

按照公式计算出的缸筒壁厚较薄，由于一般需要机械加工，而且缸筒两端要安装缸盖等，所以缸筒壁厚一般适当加厚，计算圆整后尽量选用标准内径和壁厚的管。查阅常用缸筒壁厚值，最终选择气缸缸筒壁厚为 8mm。

9.3.7 缓冲计算

气缸在运行至接近行程末端时所具有的全部能量 E_1 包含气压能、动能、摩擦力做功等，可用下式计算（不考虑重力势能）：

$$E_1 = E_d + E_m - E_f \tag{9-17}$$

式中　　E_d——作用在活塞上的气压产生的能量（气压能）；

　　　　E_m——气缸运动部件的动能；

　　　　E_f——摩擦力消耗的能量。

各项能量计算如下：

$$E_d = p_p A_p l_c \tag{9-18}$$

$$E_m = \frac{1}{2} m v^2 \tag{9-19}$$

$$E_f = F_f l_c \tag{9-20}$$

式中　　p_p——气缸高压工作腔压力，Pa，$p_p = 0.214 \text{MPa}$；

　　　　A_p——气缸高压工作腔有效工作面积，m^2，$A_p = \pi (D/2)^2$；

　　　　l_c——缓冲行程长度，m，取 0.25m；

　　　　m——气缸运动部件的质量，kg；

　　　　v——活塞运动速度，m/s；

　　　　F_f——气缸运动部件所受摩擦力，N。

所以计算得到

$$E_1 = E_d + E_m - E_f = 215 \text{J}$$

如缓冲装置为节流口可调式缓冲装置，缓冲过程中，由于排出气体流量受限制，所封闭的缓冲室内的气体被压缩，缓冲腔内压力出现上升情况（其最高值应不大于气缸安全强度所容许的气体压力），从而吸收所需缓冲的能量。由于这个过程可认为是有少量放气的绝热过程，故而缓冲装置容许吸收的能量 E_2 可表示为

$$E_2 = \frac{k}{k-1} p_{c1} V_c \left[\left(\frac{p_{c2}}{p_{c1}} \right)^{\frac{k-1}{k}} - 1 \right] \tag{9-21}$$

式中　　p_{c1}——气缸排气背压力（绝对压力），Pa，$p_{c1} = 0.164 \text{MPa}$；

　　　　V_c——缓冲开始时缓冲腔体积，m^3，$V_c = \pi \left(\frac{D^2}{2} \right) \times 0.4$；

　　　　p_{c2}——缓冲腔内最终气体压力，即吸收缓冲的能量最后的气体压力（绝对压力），Pa，$p_{c2} = 0.332 \text{MPa}$；

　　　　k——气体绝热指数，对空气 $k = 1.4$。

最后计算得到

$$E_2 = \frac{k}{k-1} p_{c1} V_c \left[\left(\frac{p_{c2}}{p_{c1}} \right)^{\frac{k-1}{k}} - 1 \right] = 258 \text{J} > 215 \text{J} \tag{9-22}$$

所以经上述计算，缓冲能够达到要求。

9.3.8　耗气量的计算

气缸耗气量的计算是选择气源供气量的重要依据。气缸的耗气量与气缸的活塞直径 D、活塞杆直径 d、活塞的行程 l、气缸的动作时间及从换向阀到气缸导气管路的容积等有关。

气缸前进（杆伸出）时完成全行程所需时间和气缸后退（杆缩回）时完成全行程所需时间 $t_1 + t_2 = 20 \text{s}$，气缸的行程 $l = 0.200 \text{m}$。

最后可以计算得到：

$$V_1 = \frac{\pi D^2 l}{4} \approx 0.001 \text{m}^3$$

$$V_2 = \frac{\pi (D^2 - d^2) l}{4} \approx 0.00088 \text{m}^3$$

$$q_V = \frac{V_1 + V_2}{t_1 + t_2} \approx 0.094 \text{L/s}$$

9.4 拟订气动系统原理图

9.4.1 基本回路设计

完整的气动计量系统需要由多个基本回路协同工作才能完成物料的自动计量。例如，物料的计量与装卸需要配合传送带的启动与停止，系统卸料时输出功率大，所需气压高，而计量时低气压即可满足工作所需等，只有一些基本回路相互配合、协调工作，才能完成这些特定功能。

9.4.1.1 计量准备回路

如图 9-3 所示，该装置停止工作一段时间后计量缸 A 会在计量箱重力的作用下导致活塞缩回，因此再次计量之前，首先要使计量箱达到图 9-1 所示位置。为了每次工作之前都能达到图 9-1 所示位置，必须设计计量准备回路，如图 9-2 所示。操作手动换向阀 14 使其左位工作，气源经

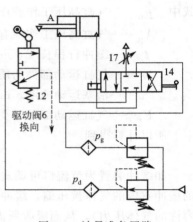

图 9-3　计量准备回路

减压阀 1 和阀 14 的左位进入 A 缸右腔，使其外伸推动计量箱向上运动，A 缸活塞外伸速度由阀 17 调节。计量箱上的凸块通过行程阀 12 的位置后，将手动阀 14 切换至右位，A 缸活塞以阀 17 所调速度内缩，当计量箱上的凸块压下单向行程阀 12 时，阀 12 的发信信号将阀 6 切换至右位，使传送带止动缸 B 缩回，传送带开始供给物料。此时再将阀 14 切换至中位，计量准备工作结束。

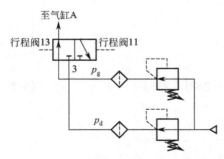

图 9-4　高低压切换回路

9.4.1.2 高低压切换回路

在整个气动回路工作过程中，计量和卸料都由 A 缸完成。计量时 A 缸活塞内缩，作用在活塞上的物料重力和压缩空气压力方向一致，因此可考虑低压供气，卸料时 A 缸活塞外伸将物料卸到包装箱内，此时作用在活塞上的物料重力和压缩空气压力方向相反，需要克服较大的负载，需高压供气。如图 9-4 所示为特意为 A 缸设计的高低压切换回路。行程阀 13 被压下时，压缩空气将高低压切换阀 3 的阀芯推至右端，阀 3 左位工作，高压空气使 A 缸外伸，活塞完全伸出至行程阀 11 被压下时，压缩空气又将高低压切换阀 3 的阀芯推至左端，阀 3 右位工作，低压空气驱动 A 缸内缩。

9.4.1.3　传送带启停回路

限于本系统机械装置的设计，传送带不能一直供送物料，当计量箱中物料质量达到一定值时，传送带暂停物料供给，将物料卸至包装箱中且计量箱返回至图 9-1 所示位置后，传送

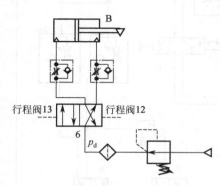

带再次开始物料的供给以进行下一次计量。图 9-5 为传送带启停回路，行程阀 13 被压下时压缩空气使阀 6 换向左位工作，B 缸活塞外伸卡住传送带，中断物料的供给，行程阀 12 被压下时压缩空气再次使阀 6 换向右位工作，B 缸活塞内缩则传送带继续物料的供给。

9.4.1.4　物料装卸回路

计量缸 A 用于操纵计量箱的装料与卸料，物料装卸回路如图 9-6 所示。A 缸活塞内缩触到单向行程阀 12 时，压缩空气经阀 6 右位使 B 缸缩回，传送带开始供给物料，此时为计量开始时刻，直到行程阀 13 被压下，压缩空气经阀 6 左位使 B 缸伸出完成物料的计量。B 缸

图 9-5　传送带启停回路

完全伸出后对传送带施加制动，左腔压力增大使顺序阀 7 打开，压缩空气经阀 5 右位使阀 4 换向左位工作，A 缸伸出开始卸料，直到行程阀 11 被压下，压缩空气经气容延时以使卸料彻底之后，使阀 5 换向，压缩空气再经顺序阀 7 和阀 5 左位推动阀 4 换向右位工作，A 缸活塞内缩触到单向行程阀 12 时，开始下一轮的物料计量与卸料。

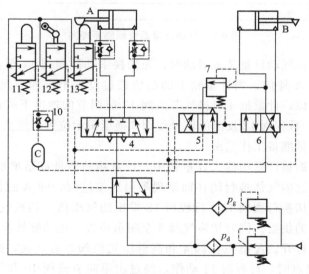

图 9-6　物料装卸回路

9.4.2　气动计量系统

由以上各基本回路组成的计量系统回路如图 9-7 所示，计量缸 A 和止动缸 B 的工作速度可以通过单向节流阀 8、9、15 和 16 调节。顺序阀 7 的使用是因为止动缸 B 安装行程阀有困难。计量缸 A 计量时用低压，倾倒物料时用高压，计量质量的大小可以通过调节行程阀 12 的位置或者调节减压阀 2 的调定压力来控制。

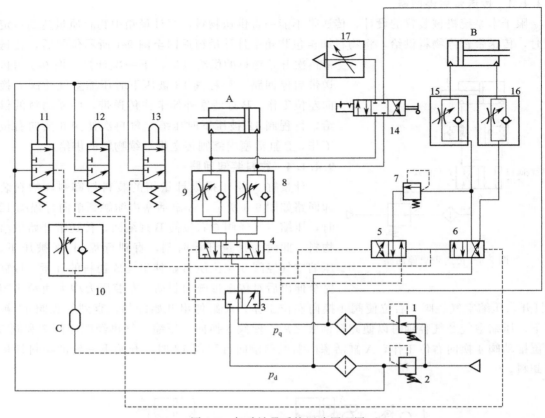

图 9-7　气动计量系统回路原理图

系统的工作原理：气动计量装置启动时，先切换手动换向阀 14 至左位，减压阀 1 调节的高压气体使计量缸 A 外伸，当计量箱上的凸块通过设置于行程中间的行程阀 12 的位置时，手动阀切换到右位，计量缸 4 以排气节流阀 17 所调节的速度下降；当计量箱侧面的凸块切换行程阀 13 后，行程阀 12 发出的信号使阀 6 换至图示位置，使止动缸 B 缩回；然后把手动阀换至中位，计量准备工作结束。

随着来自传送带的被计量物落入计量箱中，计量箱的质量逐渐增加，此时 A 缸的主控阀 4 处于中间位置，缸内气体被封闭住而呈现等温压缩过程，即 A 缸活塞杆慢慢缩回。当质量达到设定值时，切换行程阀 13。行程阀 13 发出的气压信号切换气控阀 6，使止动缸 B 外伸，暂停被计量物的供给。同时切换气控阀 5 至图示位置。止动缸外伸至行程终点时无杆腔压力升高，顺序阀 7 打开。A 缸主控阀 4 和高低压切换阀 3 被切换，高压空气使计量缸 A 外伸。当 A 缸行至终点时，行程阀 11 动作，经过由单向节流阀 10 和气容 C 组成的延时回路延时后，切换换向阀 5，其输出信号使阀 4 和阀 3 换向，低压空气进入 A 缸的有杆腔，A 缸活塞杆以单向节流阀 8 调节的速度内缩。单方向作用的行程阀 12 动作后，发出的信号切换气控阀 6，使止动缸 B 内缩，来自传送带上的粒状物料再次落入计量箱中。

该回路有以下特点：

① 止动缸安装行程阀有困难，所以采用了顺序阀发信的方式。

② 在整个动作过程中，计量和倾倒物料都是由计量缸 A 完成的，所以回路采用了高低压切换回路，计量时用低压，计量结束倾倒物料时用高压。计量质量的大小可以通过调节低

压调压阀 2 的调定压力或调节行程阀 12 的位置来进行调节。

③ 回路中采用了由单向节流阀 10 和气容 C 组成的延时回路。

9.5　主要气动元件选择

9.5.1　阀类元件选择

常用于气动控制系统的控制元件有电磁阀、气控阀和气动逻辑元件。这三种类型的控制元件由于结构上的不同，在性能上各有所长，在实现同一控制目的时可按照要求选择。电磁阀结构形式和规格繁多，适合于可编程控制器控制的气动回路。但是直动式电磁阀若使用交流电磁铁时，万一阀芯换向不灵或卡死，易烧毁交流电磁铁线圈。因而可靠性较气控阀和气动逻辑元件差。且电磁阀对恶劣环境如高温、潮湿、粉尘多、易爆、易燃等的适应性较差，而气控阀和气动逻辑元件对环境的适应性较强。电磁阀对控制信号的响应速度快，气控阀对控制信号的响应时间要十几毫秒，气动逻辑元件的响应时间要几毫秒至十几毫秒。气动逻辑元件的体积较小。电磁阀和气动逻辑元件的系统组成性（即连接、调试、匹配）好于气控阀。

根据执行元件的规格，在确定方向控制阀时，必须明确下列各项性能：流量特性、响应特性、工作温度范围、安装尺寸、最低工作压力、所用润滑油等。控制阀的这些特性必须与执行元件相匹配，符合系统的要求。

选择控制元件的规格的主要参数是元件的通径。根据控制阀的流量特性和工作压力查表（表 9-2），初选阀的通径，应使阀的实际计算流量小于表中的额定流量。然后使所选阀的通径与连接的管道直径或其他元件的连接直径相匹配，尽量避免异径管连接。

表 9-2　换向阀的流量特性表

公称通径/mm	1.4	2	3	6	8	10	15	20	25	32	40	50
有效截面积 S/mm²	1.4	2.1	3	10	20	40	60	110	190	300	400	650
额定流量/(m³/h)（在 0.5MPa 压力下）		0.30	0.70	2.5	5.0	7.0	10	20	30	50	70	100
流通能力 C/(m³/h)	0.07	0.094	0.12	0.45	1.0	1.75	2.5	5.5	8.5	14	20	30
额定流量下的压力降/MPa	≤0.025		≤0.022	≤0.02	≤0.015	≤0.012	≤0.010	≤0.010	≤0.009	≤0.009	≤0.008

对于本设计案例的气动计量系统，根据阀的流量方程：

$$\dot{m} = AC_q C_m \frac{p_{up}}{\sqrt{T_{up}}} \tag{9-23}$$

其中：

$$C_m = \begin{cases} \sqrt{\dfrac{2r}{R(r-1)}} \times \sqrt{\left(\dfrac{p_{dn}}{p_{up}}\right)^{\frac{2}{r}} - \left(\dfrac{p_{dn}}{p_{up}}\right)^{\frac{r+1}{r}}}, & \dfrac{p_{dn}}{p_{up}} > p_{cr}\,(\text{subsonic}) \\[4mm] \sqrt{\dfrac{2r}{r(r+1)}} \times \left(\dfrac{2}{r+1}\right)^{\frac{1}{r-1}}, & \dfrac{p_{dn}}{p_{up}} < p_{cr}\,(\text{sonic}) \end{cases} \tag{9-24}$$

推举开始时，上游压力等于高压气源压力，即：

$$p_{up} = p_{high} + p_{atm} = 0.703\text{MPa}$$

根据前面的计算可知，此时下腔的初始压力为 0.332 MPa，则压力比为 0.47，小于临界压力比，气体为声速流动，但随着高压气体不断进入下腔使其压力升高，气体转变为亚声速流动，且压力比不断变化，这时利用流量公式反算出其阀口面积显得困难。因此，应选定一个推举过程中下腔压力大概平均值估算阀口面积。令 $p_{dn}=0.45MPa$。

高压卸载过程需要的平均气体质量流最大，假定推举过程耗时 10s，则平均质量流为：

$$\bar{Q}=(l_1+l_2)\times10^{-2}\times A_1\times\rho/t \tag{9-25}$$

式中 l_1——气缸移动前的位移；

l_2——气缸移动后的位移；

A_1——气缸高压腔活塞面积；

ρ——流动气体体积密度；

t——流动时间。

根据理想气体状态方程可知，$\rho=p/RT$，其中 p 取 p_{dn} 的值，根据这两个方程算出气体平均质量流为 $\bar{Q}=4.07g/s$，再根据阀的流量方程得：阀口面积 $A=8.16mm^2$，取 $A=8mm^2$。

因此，主控阀与高压气源阀阀口面积均可取为 $8mm^2$，其他顺序阀与换向阀阀口面积可初取 $5mm^2$。

9.5.2 辅助元件选择

（1）延迟回路气容 C 的体积计算

现已知高压气源压力 0.7013MPa，$T=293K$，经有效面积 $A=5mm^2$ 向定积气容 V 充气，气容内绝对压力由 1.013 MPa 到 0.6013MPa 需要的时间为 t。假定充气时间不是很长，视为充气过程为绝热过程。则：

起点压力比：$\sigma_1=0.1013\div0.7013\approx0.144<0.528$；

终点压力比：$\sigma_2=0.6013\div0.7013\approx0.857$。

故可知气体从超临界状态开始计算至亚临界状态结束。根据方程：

$$t=\frac{6.156\times10^{-2}\times V}{\sqrt{T}A}[\varphi_1(\sigma_1)-\varphi_1(\sigma_2)] \tag{9-26}$$

$$\varphi_1(\sigma_1)=0.144$$
$$\varphi_1(\sigma_2)=0.857$$

式中 V——充气的定积容积的体积，m^3；

A——进气孔的有效面积，m^2；

T——充气气源的温度，K；

σ_1——起点压力比；

σ_2——终点压力比。

假定时间 $t=5s$，计算出 $V=0.00975m^3=9.750L$。

（2）空气过滤器的选用

由于饱和蒸气压的关系，其安装处最好是温度尽量低，且靠近气动装置的地方，以便供给系统清洁干燥的压缩空气。其类型可根据执行元件和控制元件的过滤精度而定。

① 操纵气缸等一般气动回路及截止阀等，取过滤精度 $50\sim70\mu m$。

② 操纵气动马达或空气透平之类用空气压力使金属部件之间做高速相对运动的场合，以及像喷雾润滑那样向机械部件的滑动部分吹入空气的场合，取过滤精度 $\leqslant 25\mu m$。

③ 气动精密测量装置所用的空气、金属硬配合滑阀，射流元件等，取过滤精度 $5\sim10\mu m$。

必须指出，由于进入空气过滤器的空气是指已通过压缩机、后冷却器、油水分离器、气罐的空气，空气质量不同，上述数据有时候要适当变化，且空气过滤器的通径应与减压阀相同。

对于本设计，选用过滤精度为 $60\mu m$ 的空气过滤器。

（3）油雾器

油雾器作为三联件串联使用，选择时保持三者通径一致。

9.5.3　确定管路直径

系统管路的内径可根据满足该段流量的要求，同时考虑和已经确定的控制元件通径相一致的原则初步确定。为了防止管内压力损失过大，可采用下式对管路内径 d 进行验算，确保其能满足流量流速要求。

$$d \geqslant \sqrt{\frac{4q}{\pi v}} \tag{9-27}$$

式中　d——管路内径，m；

　　　q——压缩空气在管路内的体积流量，m^3/s；

　　　v——压缩空气在管路内的流速，m/s，取 $v=10m/s$。

一般压缩空气在厂区管路内流速为 $8\sim10m/s$，用气车间内的流速 $10\sim15m/s$。一般流速有如下限制：15A 以下的小通径管路为 20m/s 以下，15A 以上管路为 30m/s 以下。

所以计算得到：

$$d \geqslant \sqrt{\frac{4q}{\pi v}} = 0.002m$$

9.6　设计经验总结

设计前通常应了解主机结构、主机的工作过程。在设计前应该对主机的传动方式，如机械传动、电传动、液压传动或气压传动等各种方案进行评估，最终确定用气压传动时再进行以下几个步骤：

① 执行机构的运动速度及其调整范围，运动平稳型，运动的定位精度，传感元件的安装位置，执行元件的操作力，信号转换、联锁要求、紧急停车，操作距离，自动化程度，等等。

② 了解主机的工作环境，如温度和湿度变化范围、振动、冲击、防尘、防爆、防腐蚀等要求。

③ 和机、电、液配合的要求，气动系统对控制方式、动作的程序要求，整机对控制系统要求，等等。

④ 了解气动系统对外形尺寸、重量、价格和可靠性的要求。气动系统的外形尺寸和重量必须限制在主机空间允许和主机结构能够承受的范围内设计。在主机达到正常工作和可靠的前提下，气动系统的价格应该尽量低。

第 10 章　气动助力器气动系统设计

气动助力器是一种工业生产中常见的设备，它是一种全气动的机械臂，可以由操作人员轻松操控，帮助操作人员将较重零部件进行转运和装配。由于气动助力器在带载和空载状态下可以处于平衡状态，故而可以大大降低操作人员的劳动强度。本章将以气动助力设备为例讲解气动系统的设计方法。

10.1　气动助力器气动系统设计流程

气动助力器的气动系统设计根据助力器不同类型的复杂程度而异，通常情况下，气动助力器的运动速度较慢，没有特殊要求的情况下可以看成是匀速运动，不需要进行系统动态特性的仿真研究，类似于气压传动系统的设计方法。图 10-1 描述了该系统的基本设计内容和流程。

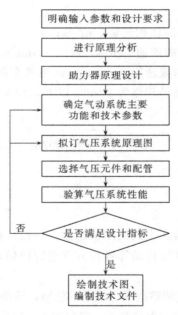

图 10-1　气动助力器气动系统设计内容和设计步骤

对于气动助力器气动系统，首先应明确其应用层面的输入参数和设计要求，如负载大小、负载行程、运动速度、姿态要求等，从而进行助力器基本结构和类型分析，确定系统构成原理，并可以将输入参数和设计要求转化为气动系统设计参数和系统功能，以及可以初步判断系统是否需要进行动特性分析和校核。其次，根据气动系统功能要求进行气动原理图的设计，根据设计参数对气动元件和配件进行选型计算，在验算合格后，得到正确的气动系统。

10.2　气动助力器系统设计要求

10.2.1　气动助力器系统组成及工作原理

工业用助力设备按照工作介质可分为压缩空气（气动）式、弹簧（扭簧）式、电动式、气-液式。弹簧（扭簧）式助力器结构最为简单，是靠弹性力来平衡负载的重量。由于弹簧力一般较小，因此这类助力器的负载一般都很小（10～20kg），同时由于弹簧保持恒力（或近似恒力）的行程较小，这类助力器的工作行程也较小，一般只用于生产线上电动工具的助力。电动式助力器是靠力矩电机来平衡负载的重量，这类助力器的负载一般也较小（小于50kg），同时由于工作时电机要一直加电，能耗大、效率低。这类助力器目前已较少使用。气动式助力器靠气体的压力能来平衡负载的重量。这类助力器的负载适中（30～200kg），结构相对简单，工作效率较高，因此得到了广泛的应用，目前工程上使用的助力器，绝大部分都是这类助力器。

气动式助力器一般有两种形式：软索式和连杆式。图 10-2 中（a）为软索式助力器，气缸输出端通过悬臂定滑轮与工件使用软索连接，只能平衡负载的重量，不能控制负载的姿态；图 10-2 中（b）为连杆式助力器，气缸铰接在悬臂一端，工件连接在悬臂另外一端，助力器能平衡负载的重量，还能控制负载的姿态。

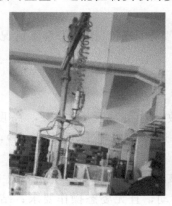

(a) 软索式助力器　　　　　　　　　　(b) 连杆式助力器

图 10-2　常见气动助力器机构形式

软索式助力器的基本工作原理如图 10-3 所示。

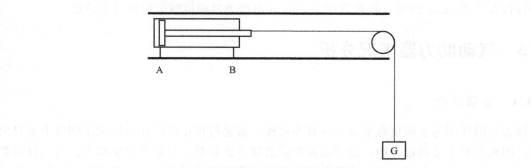

图 10-3　软索式助力器平衡原理示意图

气动助力器的基本组成如下：

① 执行元件：助力气缸；

② 控制元件：减压阀；

③ 气源：通常使用现场高压气源；

④ 辅助元件：手动切换阀（电磁阀）、气源过滤器、气罐。

助力气缸用于输出能平衡工件重量的力，使得工件在竖直方向上能自由运动（操作人员输出很小的力即可）。

减压阀用于调节助力气缸的进气腔的压力大小，使其可满足气缸出力要求，并能在气缸运动过程中保持稳定压力。

通常助力器使用通用气动接头来连接现场气源，并在前端安装气源过滤器，气罐用于气源意外断气后的安全保障。

手动切换阀和电磁阀用于切换助力器工作状态。

10.2.2　气动助力器系统的工作要求

气动助力器系统的工作要求主要体现在助力器提起负载的过程中，一般要求如下：

① 能够平衡负载重量，使得人员上下操作负载时轻便、柔顺；

② 满足负载行程要求；

③ 满足负载速度要求；

④ 满足其他具体工况使用要求。

要求①～③是每个助力器均需满足的条件，要求④则根据使用具体情况而定，例如洁净、安全、低噪声等。

10.2.3　设计参数和技术要求

设计一个气动助力器气动系统，设计参数为：负载重量 30kg，高度行程 1000～1300mm（无工件姿态要求，只需要竖直上下运动，水平移动不考虑），最大速度为 0.2m/s，供气压力不低于 0.7MPa。

根据输入参数和技术要求，可以分析得到该气动助力器需要完成的主要功能是平衡 30kg 的工件的重量，使之在竖直方向可以轻便移动，且无姿态操作要求；结合前面不同类型助力器原理介绍（软索式助力器的气缸出力与工件重量相同即可；连杆式助力器的气缸出力与工件重量存在一定几何关系，需要根据悬臂的角度计算得到，气动系统其他部分基本相同），可以看出使用软索式气动助力器即可满足设计要求，设计要求中的高度行程只需要满足其行程大于 300mm 即可，最低高度 1000mm 由助力器的机械结构设计来满足。

10.3　气动助力器工况分析

10.3.1　运动分析

助力器的作用为平衡负载重量，使其在操作人员进行很小的操作的情况下即可上下自由运动，因此在整个运动过程中，助力器需提供能够平衡负载重量的固定驱动力。当元件需要上升时，由操作人员上提负载，使得负载在此驱动力下即可缓慢上升，其速度由操作人员手动调节；当元件需要悬停时，由操作人员放开负载，使得负载在助力器平衡力下即可停止运动；当元件需要下落时，由操作人员下压负载，使得负载在此驱动力下即可缓慢下落，其速度由操作人员手动调节。

由图 10-2 可以看出，软索式气动助力器的运动需求为单方向直线运动，由于输出端通过定滑轮与负载相连，助力器需要提供向左的驱动力即可，应将气源连接至气缸 B 端，气缸 A 端为排气口。

10.3.2　负载分析

使用助力器提升负载时通常运动较慢，且精度要求较低（位置精度由操作人员手动完成），一般不考虑负载的惯性，故对气缸的出力要求即为负载重力 300N。在部分气动助力器的设计中，如果专门提出需要对操作人员的出力控制，则需要对系统进行全运动范围的动态特性校核，此时则需要考虑负载的惯性力、速度、人员操作力等参数的匹配设计。

10.3.3　确定执行元件

根据前述系统的要求和工况分析，可以选定执行元件为双作用单出杆气缸，从操作人员的柔顺性考虑，一般要求为低摩擦气缸。

10.4　气动助力器气动系统参数确定和其他功能要求

10.4.1　确定工作压力

根据助力器使用工况，常用工业用气供气压力不低于 0.7MPa，本设计中最大供气压力为 0.7MPa，初步选定最大工作压力为 0.4MPa。

10.4.2　确定主要参数

（1）气缸出力

根据设计要求负载为 30kg，由图 10-3 中可以看出由于气缸和负载通过定滑轮连接，因此气缸出力即为负载重力 300N。

（2）气缸行程

通过图 10-3 可以分析得到，气缸行程即为负载竖直方向运动范围，故数值为 300mm。

（3）气缸最大速度

通过图 10-3 可以分析得到，气缸速度即为负载运动速度，因此气缸最大速度不低于 0.2m/s。

10.4.3　其他功能要求

气动系统的其他要求一般为低噪声、洁净、安全、润滑等。本系统中由于气缸运动速度较慢，通常情况下可以不考虑噪声的影响；洁净即按照不同工况的要求来确认具体洁净等级；安全主要为断气保护；气动助力器的气缸润滑通常采用低摩擦气缸即可。

10.5 气动助力器气动系统原理图绘制

根据气动助力器的工作原理，绘制其气动系统原理图，如图 10-4 所示。

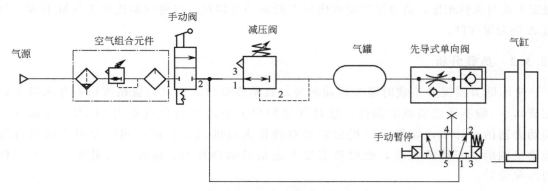

图 10-4 气动助力器气动系统原理图

气动助力器通常外接供气气源，因此使用空气组合三联件对高压气体进行了干燥、过滤以及稳压处理（稳压压力设置为 0.7MPa）；手动阀可切换系统开关状态；减压阀控制气缸输出力大小；气罐用于稳定输出压力；先导式单向阀和手动暂停阀组合在一起可以起到断气保护以及手动暂停的功能；气缸用于平衡负载重力。

10.5.1 气动助力器工作状态

操作：手动阀打开，减压阀调节至平衡压力。

主回路气体流经管路：高压气体→空气组合元件→手动阀→减压阀→气罐→先导式单向阀→气缸有杆腔。

安全保护回路：高压气体→空气组合元件→手动阀→手动暂停阀→先导式单向阀控制端口。

气体流动线路如图 10-5 所示。

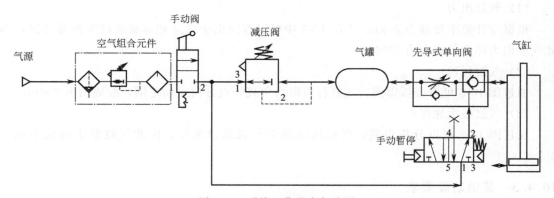

图 10-5 系统工作状态气路图

需要注意的是，在工作时，气缸两腔的气体流进流出的方向由工件的运动方向决定，而不是固定的。

10.5.2　气动助力器手动暂停状态

操作：手动暂停阀打开。

主回路气体流经管路：高压气体→空气组合元件→手动阀→减压阀→气罐→先导式单向阀。

安全保护回路：高压气体→空气组合元件→手动阀→手动暂停阀→排出。

气体流动线路如图 10-6 所示。

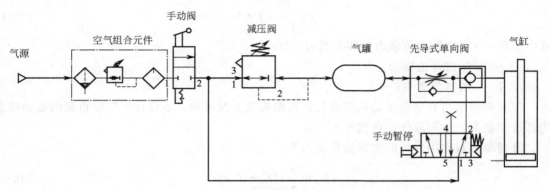

图 10-6　手动暂停状态气路图

手动暂停阀按钮按下后，高压气体由接口 1 连接至接口 4，由于接口 4 上接有堵头，封闭，因此手动暂停阀将没有气体从接口 2 流出，故先导式单向阀封闭，从而使得气缸有杆腔封闭，活塞将暂停运动，如需恢复，只需要将手动暂停阀复位即可。

10.5.3　气动助力器断气保护状态

操作：外接气源断气。

主回路和安全保护回路没有气体流动，气体流动线路如图 10-7 所示。

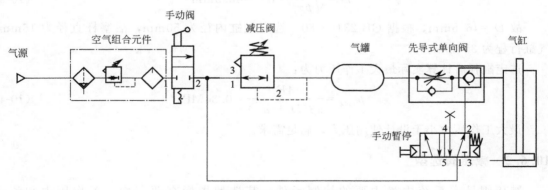

图 10-7　断气保护气路图

供气中断后，手动暂停阀尽管保持打开状态，但由于接口 2 没有气体流出，使得先导式单向阀关闭，气缸有杆腔封闭，从而气缸可以保持当前位置，避免突然下落造成安全事故。此时操作人员应停止操作，先排除故障，然后手动调节先导式单向阀的排气速度，使得工件缓慢下落，之后再重新通气，避免压力不稳造成工件抖动。

10.6　气动助力器气动系统元件选型

10.6.1　气缸选型

根据负载出力需求，气缸实际出力不低于 300N。

气缸的轴向负载力（工作负载）与理论推力的关系如下：

$$\beta = \frac{F}{F_0} \times 100\% \tag{10-1}$$

式中　F——气缸轴向负载力，即夹紧力，N；

　　　F_0——气缸理论推力，N；

　　　β——气缸负载率。

气缸负载率与其负载运动状态有关，根据夹紧工况可知，本设计中气缸负载的运动状态为低速动载荷，故而取气缸负载率为 0.5。

普通单杆双作用气缸的实际输出推力为：

$$F_0 = \frac{\pi}{4}(D^2 - d^2)p \tag{10-2}$$

式中　F_0——气缸理论推力，N；

　　　D——气缸缸径，mm；

　　　d——活塞杆径，mm；

　　　p——气缸工作压力，MPa。

活塞杆直径与气缸出力无关，根据 GB 2348—80《液压缸气缸内径及活塞杆外径尺寸系列》，选定为 16mm，气缸行程为 350mm。

因此，根据出力 300N 可以求得缸径为：

$$D = \sqrt{\frac{4F}{p\pi\beta} + d^2} = 46.5\text{mm} \tag{10-3}$$

故 $D = 46.5$mm，根据 GB 2348—80，选定气缸内径为 50mm，活塞杆直径为 16mm，气缸行程为 350mm。

选定缸径后计算实际最大工作压力为：

$$p_{\max} = \frac{4F}{\pi\beta(D^2 - d^2)} = 0.34\text{MPa} \tag{10-4}$$

最大工作压力小于设计使用压力，满足需求。

10.6.2　减压阀选型

减压阀是本系统中最主要的控制元件，其选型指标有两方面，工作压力和流量特性。

工作压力：根据设计参数，减压阀需满足在供气压力 0.7MPa 时，可实现 0～0.4MPa 的压力调节。

流量特性则需要根据负载速度来计算。

气缸以最大速度运动时，流量计算公式为：

$$q_c = 0.0462(D^2 - d^2)v(p + 0.102) \tag{10-5}$$

式中　q_c——最大耗气量，L/min（ANR）；

　　　D——气缸缸径，cm；

　　　v——气缸的最大速度，mm/s；

　　　p——气缸的工作压力，MPa。

取最大速度为 200mm/s，计算得 $q_c = 91.6$L/min。因此减压阀需满足在 0.7MPa 供气压力时，输出 0.34MPa 稳定压力，并满足 q_c 的流量需求。

根据供气和工作压力初步选择型号为 IR2010N02BG，其流量特性如图 10-8 所示，根据供气和工作压力的工作点，可以看到该工况下最大输出流量接近 900L/min（ANR），满足设计需求。

10.6.3　管道和其他元件选型

其他元件包括空气组合元件、手动开关阀、先导式单向阀、手动暂停阀。

（1）管道选型

气动管道与多个参数有关，如气缸速度、缸径、压力等，可以通过 7.5.4 节内容来进行计算，即用式（7-44）估算管径 d，然后根据系统的元件在表 7-15 中查询管损，验算系统管损是否满足使用要求。通常流水线上管损取 0.1bar（1bar＝0.1MPa），车间范围取 0.5bar，工厂范围取 0.8bar，本系统是一个设备，管路较短，元件较少，取 0.1bar 即可。工程上通常可以通过查找图

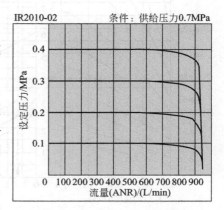

图 10-8　IR2010 减压阀流量特性

10-9 所示的曲线来确定。本设计中，选用外径 8mm、内径 6mm 的柔性管。

（2）空气组合元件

为延长气动元件使用寿命，降低故障率，通常使用气源处理元件对外接气源进行一定处理。目前较多的是使用多个处理元件集成的空气组合元件，如 SMC 公司生产的除油、过滤以及减压阀一体的 F.R.L 三联件。本设计中选用 AC20，其包括空气过滤器 AF20-A、减压阀 AR20-A 以及油雾器 AFM20-A。

空气组合元件主要是对高压气体进行干燥、过滤以及压力调节，通常可以选择空气处理三联件。为满足气缸活塞运动时的输出力以及运动速度需求，需计算出气缸在最大速度时的流量以及管道中的流量，三联件的流量不低于两者之和。

$$Q_1 = \frac{\pi(D^2 - d^2)v(p + 1.013) \times 60}{4 \times 1.013 \times 10^6}(\text{L/min}) \tag{10-6}$$

$$Q_2 = \frac{\pi d_L^2 v(p + 1.013) \times 60}{4 \times 1.013 \times 10^6}(\text{L/min}) \tag{10-7}$$

式中　D——气缸内径，mm；

　　　v——气缸最大运动速度，mm/s；

　　　p——气缸工作压力；

　　　d_L——管道内径。

通过式（10-6）和式（10-7）可以计算得到三联件的流量不小于 93.6L/min。

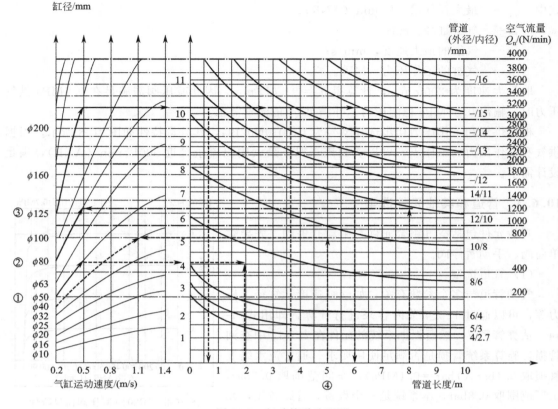

图 10-9　气动管道选型图

可以计算得到三联件的流量不小于 92L/min。需要注意的是空气过滤器、油雾器的指标与工况要求有关，如洁净、防爆等，如无特殊要求，无需对出口侧油雾浓度和过滤精度要求过高，以降低成本。

根据型号，初步选定为 AC20-A 三联件，查询其流量特性如图 10-10 所示（入口压力 0.7MPa），可以看出，系统流量满足要求。

（3）手动开关阀

手动开关阀根据功能需求选定，如需释放残气可选择二位三通阀或者三位四通阀，如不需要该功能可选择二位二通阀。

（4）先导式单向阀

先导式单向阀的控制接口没有特殊的要求，因此主要考虑主流动管路是否能够满足气缸的流量需求。

通过型号查询流量，如表 10-1 所示。可以看到 ASP330 系列单向阀流量满足本系统设计要求，对于先导式单向阀的针阀口的流量特性，本设计中不做特殊要求。

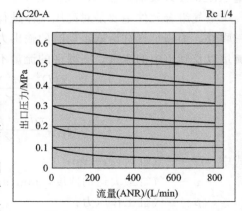

图 10-10　AC20 系列流量特性

表 10-1　ASP 先导式单向阀流量参数

型号		ASP330F		ASP430F		ASP530F		ASP630F
管子外径	米制	$\phi6$、$\phi8$	$\phi6$	$\phi8$	$\phi8$	$\phi10$	$\phi10$	$\phi12$
	英制	$\phi1/4''$ $\phi5/16''$	—	$\phi1/4''$ $\phi5/16''$	$\phi5/16''$	$\phi3/8''$	—	$\phi3/8''$ $\phi1/2''$
控制流向 自由流向	流量/ [L/min(ANR)]	180	330	350	600	750	1100	1190
	声速流导/ [dm³/(s·bar)]	0.58	1.04	1.08	1.86	2.32	3.4	3.68
临界 压力比	控制流向	0.15		0.15		0.15		0.15
	自由流向	0.25		0.25		0.25		0.25

注：流量是压力为 0.5MPa、温度 20℃时的值；1bar＝0.1MPa。

（5）手动暂停阀

手动暂停阀是一个二位五通的手动阀，该阀通断的是气体信号，因此只要能满足阀的通断切换功能即可。

（6）气罐

系统中设计有一个气罐来稳定输出给气缸有杆腔的压力，一般选用容量 5～10L，额定压力 1MPa 即可，如果对系统操作力要求不高，也可以省略。

10.6.4　气泵选型

在某些特定的工况环境中，如移动式的设备需求以及无泵站供气的厂房中，也可使用小型气泵对助力器供气。气泵的参数主要包括输出压力和排气量。通常工业用空压机额定压力为 0.7MPa，可以满足需求。

空压机容量则按照式（7-39）计算：

$$Q = \Gamma\alpha_1\alpha_2 \sum_{i=1}^{n} q_{V_z}(i) \tag{10-8}$$

根据实际工况，可选择不同系数，本设计中选择最低系数，可计算得到空压机容量为：

$$Q = 168\text{L/min(ANR)} \tag{10-9}$$

如果不对其他设备供气，选择容量超过 180～200L/min（ANR）即可。

10.7　设计经验总结

① 气动助力器的原理是使用减压阀调节助力气缸的压力来平衡负载重量，核心元件是减压阀和助力气缸，主要对其压力和流量特性进行校核计算。在实际系统研制时，考虑气缸的摩擦力会影响操作人员的轻便性和系统的柔顺性，可以增加单向力控制系统来提升气动助力器使用效果。

② 本章内容主要考虑了气动助力器气动系统中影响系统功能和关键参数的元件选型计算，实际设计中还有很多因素和特性需要考虑，如使用温度范围、寿命、泄漏量、尺寸、电气特性等，可以参照气动设计手册进行选型和校核。

参 考 文 献

[1] 姜永武，刘薇娜．组合机床设计．成都：西南交通大学出版社，2004.

[2] 柳利平．Z6500 水平定向钻机动力头及其液压驱动系统动力学研究［硕士学位论文］．西安：长安大学，2009.

[3] 侯波．基于插装阀的单面多轴钻孔机床液压系统研究．安徽理工大学学报，2006，26（1）：18-21.

[4] 朱小明．交流变频调速技术在液压系统中的应用．新技术新产品，2007（10）：68-70.

[5] 孙海波．包钢 4# 高炉开口机旋转部分液压系统设计改造．包钢科技，2002，28（1）：58-61.

[6] 马颖．高炉炉顶放散阀的改造．山东冶金，2003，25（1）：69.

[7] 赵静一，王颖，李侃．高炉炉顶液压系统的设计及故障树分析．冶金设备，2006，156（2）：58-61.

[8] 何行，赵俊利．火炮高低平衡机的设计．科技情报开发与经济，2006，16（24）：199-200.

[9] 顾克秋，张鸽．火炮高低机刚度的有限元计算方法．四川兵工学报，2000，22（1）：15-17.

[10] 赵岗，马大为，方帆．使用多领域协同仿真的火箭炮高低机建模与分析．机械科学与技术，2007，26（5）：668-673.

[11] 汪立志，汪力，袁兵，等．DQL1200/1200·30 斗轮机液压系统改造．机床与液压，2000（增刊）：202-203.

[12] 汪力，江国才，杨毅．DQL1500/1800·30 型斗轮机斗轮驱动系统的改造．港口科技，2009，（6）：32-33，37.

[13] 王玉兴，唐艳芹，孙冬野，等．斗轮堆取料机变幅试验装置的动态特性．农业机械学报，1999，30（2）.

[14] 于国飞，许纯新，曹金海，等．斗轮堆取料机的斗轮及传动装置研制．建筑机械，2001，（4）：39-43.

[15] 王娟．斗轮堆取料机的力学分析［硕士学位论文］．大连：大连海事大学，2009.

[16] 耿华．斗轮堆取料机工作装置动态特性研究［硕士学位论文］．长春：吉林大学，2007.

[17] 于茂友．斗轮堆取料机工作装置性能研究［硕士学位论文］．长春：吉林大学，2008.

[18] 冯滨．斗轮堆取料机控制系统开发设计［硕士学位论文］．大连：大连理工大学，2009.

[19] 闫军．火电厂斗轮机自动控制系统的研究与开发［硕士学位论文］．北京：华北电力大学，2003.

[20] 董伟亮，罗红霞．液压闭式回路在工程机械行走系统中的应用．工程机械，2004，（5）：38-41.

[21] 罗绍亮，江琳．液压配管内径及壁厚的合理计算与选用．机电工程技术，2010，39（6）：128-129.

[22] 张立娟．液压系统油液温升计算及冷却器选型．重工与起重技术，2007，16（4）：26-27.

[23] 成大先．机械设计手册：第 5 卷·6 版．北京：化学工业出版社，2016.

[24] 秦大同，谢里阳．现代机械设计手册：第 4 卷．北京：化学工业出版社，2011.

[25] 孙靖民．现代机械设计方法．哈尔滨：哈尔滨工业大学出版社，2003.

[26] 吴卫荣．气动技术．北京：中国轻工业出版社，2018.

[27] 刘文婷．粒状物料计量系统气控回路设计与仿真．液压与气动，2014（10）：64-66.

[28] 黄志坚．气动系统设计要点．北京：化学工业出版社，2015.

[29] 吴晓明．现代气动元件与系统．北京：化学工业出版社，2018.

[30] 张利平．液压气动系统设计手册．北京：机械工业出版社，1997.

[31] 胡伟．液压与气动应用技术．北京：机械工业出版社，2018.

[32] 黄志坚．实用液压气动回路 880 例．北京：化学工业出版社，2018.

[33] SMC（中国）有限公司．现代实用液压气动技术．北京：机械工业出版社，2003.

[34] 吴振顺．气压传动与控制．哈尔滨：哈尔滨工业大学出版社，2009.

[35] 高殿荣，王益群．液压工程师技术手册．2 版．北京：化学工业出版社，2016.